中央高校教育教学改革基金(本科教学工程)
“复杂系统先进控制与智能自动化”高等学校学科创新引智计划　联合资助
中国地质大学(武汉)“双一流”建设经费

数字图像处理

SHUZI TUXIANG CHULI

魏龙生　陈珺　刘玮　贺良华　编著

中国地质大学出版社
CHINA UNIVERSITY OF GEOSCIENCES PRESS

图书在版编目(CIP)数据

数字图像处理/魏龙生等编著.—武汉:中国地质大学出版社,2023.3
中国地质大学(武汉)自动化与人工智能精品课程系列教材
ISBN 978-7-5625-5505-6

Ⅰ.①数… Ⅱ.①魏… Ⅲ.①数字图像处理-高等学校-教材 Ⅳ.①TN911.73

中国国家版本馆 CIP 数据核字(2023)第 035173 号

数字图像处理 魏龙生 陈珺 刘玮 贺良华 **编著**

责任编辑:周 旭 选题策划:毕克成 张晓红 周 旭 王凤林 责任校对:张咏梅

出版发行:中国地质大学出版社(武汉市洪山区鲁磨路 388 号) 邮编:430074
电 话:(027)67883511 传 真:(027)67883580 E-mail:cbb@cug.edu.cn
经 销:全国新华书店 http://cugp.cug.edu.cn

开本:787 毫米×1092 毫米 1/16 字数:277 千字 印张:13.75
版次:2023 年 3 月第 1 版 印次:2023 年 3 月第 1 次印刷
印刷:武汉市籍缘印刷厂

ISBN 978-7-5625-5505-6 定价:50.00 元

自动化与人工智能精品课程系列教材

编委会名单

主　任：吴　敏　中国地质大学(武汉)

副主任：纪志成　江南大学

李少远　上海交通大学

编　委：(按姓氏笔画为序)

于海生　青岛大学

马小平　中国矿业大学(徐州)

王　龙　北京大学

方勇纯　南开大学

乔俊飞　北京工业大学

刘　丁　西安理工大学

刘向杰　华北电力大学

刘建昌　东北大学

吴　刚　中国科学技术大学

吴怀宇　武汉科技大学

张小刚　湖南大学

张光新　浙江大学

周纯杰　华中科技大学

周建伟　中国地质大学(武汉)

胡昌华　中国人民解放军火箭军工程大学

俞　立　浙江工业大学

曹卫华　中国地质大学(武汉)

潘　泉　西北工业大学

序

为适应新工科建设要求，推动自动化与人工智能融合发展，中国地质大学（武汉）自动化学院联合教育部高等学校自动化类专业教学指导委员会和中国自动化学会教育工作委员会的有关专家，依托先进模块化的课程体系，有机融入“课程思政”的相关要求，突出前沿性、交叉性与综合性的新内容，组织编写了自动化与人工智能精品课程系列教材，以服务于新时代自动化与人工智能领域的人才培养。

本系列教材涵盖了专业基础课、专业主干课、专业选修课、课程设计等教学内容。教材设置上依托教育部高等学校自动化类专业教学指导委员会首批自动化专业课程体系改革与建设试点项目（全国五个试点项目之一）和中国地质大学（武汉）教育教学改革项目的研究成果，以“重视基础理论、突出实际应用、强化工程实践”的课程体系设计为主线。教材设置包括增强知识点教学的连贯性，提高对自动化系统结构认知的完整性；知识点对应的工具成体系，提高对主流技术和工具认知的完整性；面对特定应用环境的设计技术成体系，提高对行业背景下设计过程认知的完整性。它充分体现以控制理论、运动控制、过程控制、嵌入式系统、测控软件技术、人工智能与大数据技术等为模块的教材设计。

本系列教材由教育部高等学校自动化类专业教学指导委员会委员、中国自动化学会教育工作委员会委员、高校教学主管领导和教学名师担任编审委员会委员，并对教材进行严格论证和评审。

本系列教材的组织和编写工作从 2019 年 5 月开始启动，并与中国地质大学出版社达成合作协议，拟在 3～5 年内出版 20 种左右的教材。

本系列教材主要面向自动化、测控技术与仪器及相关专业的本科生，控制科学与工程相关专业的研究生以及相关领域和部门的科技工作者。一方面为广大在校学生的学习提供先进且系统的知识内容，另一方面为相关领域科技工作者的学习和工作提供参考。欢迎使用本系列教材的读者提出批评意见和建议，我们将认真听取意见，并作修订。

自动化与人工智能精品课程系列教材编委会

2020 年 12 月

前 言

随着人工智能、深度学习的不断发展，数字图像处理中新的技术和方法不断涌现，而现有相关教材大部分以讲解传统方法为主，使用 Visual C＋＋作为编程语言，难以满足学生学习和就业的需要。本书从自动化与人工智能的角度出发，注重理论与实践相结合，每个章节中加入了数字图像处理的最新研究成果，所有程序提供了目前广泛使用的 Python 源代码，选取热门案例，浅显易懂，使初学者快速从入门到精通，满足研究和工作的需要。

本书共七章，内容安排如下：

第一章绪论，主要介绍了数字图像的发展简史、基本概念以及图像处理的任务特点，其间辅以经典案例，让学生快速了解图像处理这门课程。

第二章视觉和图像基础，主要包括人眼的构造、光度学的基本知识和人眼的视觉特性，介绍了人类视觉系统的特点，并研究其等效数学、物理模型。

第三章图像增强，详细阐述了点运算、空间运算、变换域运算，在此基础上，引入人类视觉感知系统，介绍了基于 Retinex 算法的图像增强。

第四章图像压缩，首先概述了图像压缩技术的基本方法，然后分别介绍图像压缩技术的两类方法，即无损压缩和有损编码，最后介绍几种图像压缩的国际标准。

第五章图像分割，介绍了常用的几种图像分割方法，主要包括边缘检测、边缘连接、门限化处理、区域性检测等，给出了每种方法的实现代码。

第六章图像复原，介绍了理论基础，包括图像降质模型、反问题、正则化约束，在此基础上，介绍了常见的复原方法，如频域复原、混叠图像的复原、有噪图像的复原、盲复原。

第七章数学形态图像处理，主要包括数字形态背景、形态学基础、二值图像形态学基本运算、二值图像形态学实用算法、灰度图像形态学算法。

课程建设是一项长期而艰苦的工作，在本书编撰过程中参阅了大量资料和著作，吸收了同行们辛勤劳动的成果，在此表示感谢，同时也感谢我的研究生们在教材编撰过程中的帮助。

由于编著者水平有限，时间紧张，书中难免出现疏漏，希望读者提出宝贵意见，以便再版时修改和完善，甚为感谢。

编著者

2022 年 9 月

目　录

第一章　绪　论

本章主要介绍了数字图像处理的发展简史、基本概念以及图像处理的任务特点，其间辅以经典案例，让学生快速了解图像处理这门课程。

第一节　数字图像的发展简史

早期人们对外界的感觉是直观的，主要通过绘画来表达对客观世界的视觉印象。望远镜延伸了人的宏观视觉范围，而显微镜则帮助人们洞察微观世界。19 世纪中叶，照相机的发明使人们将瞬间的视觉印象变成永恒的记录，而 20 世纪彩色胶卷的问世则实现了从黑白灰的记录向真实的彩色记录的改变。

数字图像技术起源于 20 世纪初。早在 1921 年，人们利用巴特兰(Bartlane)电缆图片传输系统，经过大西洋在伦敦和纽约之间传输了第一幅数字化的新闻图片；到了 1929 年，则采用图像压缩技术改善该海底电缆发送的图片质量。上述工作只是图像数字化的初步尝试，为了对图像的灰度、色调和清晰度进行改善，人们曾采用各种方法对图像的传输、打印和恢复技术进行改进。这种努力一直持续到 20 世纪 50 年代，当时的电子计算机技术已经发展到一定水平，人们开始尝试利用计算机来处理图形和图像信息。

数字图像处理(digital image processing)作为一门学科，形成于 20 世纪 60 年代初期。早期图像处理的目的是提高图像的质量，以改善人的视觉效果。常用的图像处理方法有图像增强、复原、编码、压缩等。1964 年美国宇航局喷气推进实验室(NASA JPL)首次成功地应用了数字图像处理技术。当时 JPL 对“徘徊者 7 号”探测器发来的几千张月球照片进行了几何校正、灰度变换、去除噪声等处理，并考虑太阳位置和月球环境的影响，用计算机绘制了月球表面的照片。1965 年，JPL 又对探测飞船发回的一万多张照片进行了更为复杂的图像处理，使图像质量得到进一步提升。JPL 的相关工作推动了图像复原技术的研究和发展。同时，JPL 的工作在世界上也引起了诸多领域学者的关注,促进了数字图像处理技术从空间技术开发向其他领域的拓展。

20 世纪 60 年代末到 70 年代初,在进行空间应用的同时,数字图像处理技术开始应用于地球遥感和地质勘探领域,用以进行地质资源探测、土地测绘、农作物估产、水文气象监测、环境监测等。这些应用促进了图像增强和图像识别技术的研究和发展。此外,同一时期,数字图像处理技术在医学诊断领域也得到了应用推广。英国电子工程师亨斯菲尔德(Hounsfield)(图 1-1)制成世界上第一台计算机断层扫描仪(computed tomography,CT)用于人体某一部位疾病的检查。而计算机断层技术的发展也促进了图像重构技术的研究和发展。

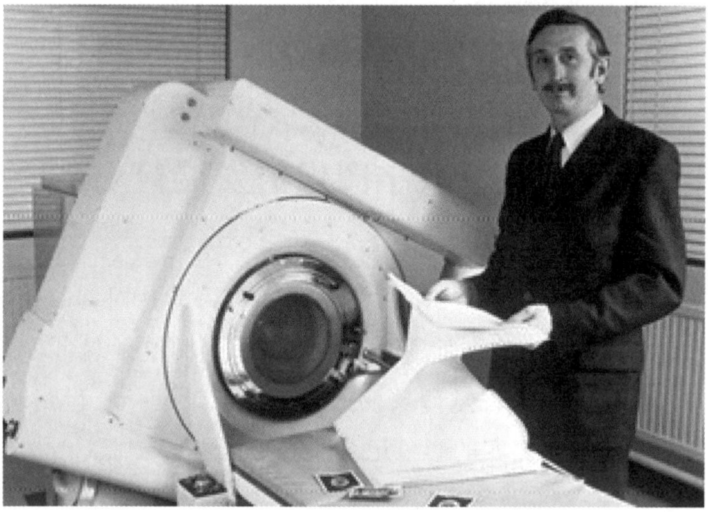

图 1-1　亨斯菲尔德及早期的 CT

20 世纪 70 年代中期开始,随着计算机技术和人工智能、思维科学研究的迅速发展,数字图像处理向更高、更深层次发展,人们开始研究如何用计算机或其他智能装置模仿人类视觉系统理解外部世界,数字图像处理进入图像理解或计算机视觉阶段。1965 年出现的快速傅里叶变换(FFT)是一个具有代表性的成果,它提供了一种高效率的图像处理工具,在图像处理基础上,人们进一步开展了图像分析和图像理解的研究与应用工作。这些工作需要对人类的视觉过程有进一步的理解,甚至需要建立视觉的数学模型,以计算机视觉(机器视觉)来仿真人类视觉。一个具有代表性的成果是 20 世纪 70 年代末美国麻省理工学院(MIT)的马尔(Marr)教授提出的视觉计算理论。该理论成为计算机视觉领域其后十多年的主导思想。

20 世纪 80 年代末到 90 年代,随着高速计算机和集成电路技术的发展,图像处理技术更趋成熟。同时,伴随全球通信技术的蓬勃发展,可视电话、高清晰度电视、多媒体计算机、因特网等新技术和新产品迅速出现。在这一背景下,图像压缩和多媒体技术获得了突破并得到了广泛应用。此外,在图像通信、办公自动化系统、地理信息系统、医疗设备、卫星影像传输及分析、工业自动化、装备制造、智能交通、数据处理与分析等领域，各种图像处理技术均取得了广泛的开拓性进展，并逐渐进入成熟应用阶段。数字图像处理学科也从信息处理、自动控制系统理论、计算机科学、数据通信、电视技术等学科中脱颖而出，成长为旨在研究“图像信息的获取、存储、显示、传输、变换、理解与综合利用”的崭新学科。

进入21世纪，随着网络技术、人工智能等技术的发展，基于内容的图像和视频检索、虚拟现实、基于大数据的图像和视频处理等又成为数字图像处理领域新的研究热点。

综上所述，数字图像处理技术在科学研究、国民经济和社会发展中的重要作用是显而易见的。正因为如此，数字图像处理的相关理论和技术受到了各界的广泛关注。在众多科技工作者的不懈努力下，数字图像处理技术已经取得了令人瞩目的成就，并且向着更深入、更智能的方向发展。

第二节　数字图像的基本概念

随着信息化进程的不断推进，我们已经进入大数据(big data)和云计算(cloud computing)时代。“大数据”是由数量巨大、结构复杂、类型众多的数据构成的数据集合，是基于云计算的数据处理与应用模式。人们普遍认为大数据具有“4V”特征：

(1)数据量(volume)巨大，从TB级别跃升到PB级别。

(2)时效性(velocity)要求高速，处理速度快，常需秒级完成。

(3)多样性(variety)明显，体现在数据类型繁多，包括网页、网络日志、社交工具数据、电子商务数据、视频、图片等。

(4)可信性(veracity)反映数据可靠性的程度，当数据巨量、来源多元时，这些数据本身的质量存在可疑性，数据分析后的利用价值可想而知。

例如在监控过程中形成的用于防范的全天候采集数据中，能够作为取证的有用数据可能只发生在秒数量级。由于图像和视频数据已经占整个大数据的80%以上，如何表示、采集、处理、传输、管理和利用这些数据是迫切需要解决的问题。人们希望通过图像等数据的整合共享、交叉复用，形成智力资源和知识服务能力。

图像(image)是自然界景物的客观反映。自然界的图像无论是在亮度、色彩上，还是在空间分布上，其数值都是以模拟形式出现的，这一过程被称为模拟图像(analog image)。模拟图像处理可分为利用透镜等装置的光学处理和利用电子器件的电子处理两种。传统的电视系统摄取、传输和显示的图像是模拟图像，需借助于连续信号处理理论分析、设计、测试和存储图像，无法采用计算机或其他数字信号处理系统直接进行处理、传输和存储。

在数字图像领域，我们将图像视为由许多大小相同、形状一致的像素(pixel)组成，每个像素具有一定的属性。因此，一幅图像可以用二维矩阵表示，形成点阵格式(dot matrix format)，图像空间分辨率用单位长度的像素数表示，其单位为点(像素)/in(dot per inch，DPI)，如常见屏幕分辨率为 72 DPI，激光打印机常用的分辨率为 600 DPI；也可用行数×列数的方式表示图像的大小和分辨率，如设置数码相机的分辨率为 3456×2592，约合 900 万(9MB)像素，又如彩色照片打印分辨率为 180 DPI，则可打印 48.8cm×36.6cm 大小的照片。

如图 1-2 所示为一个小图标及该图标放大 4 倍(水平和垂直分别放大 2 倍)后的正方形像素。放大以后的数字图像出现马赛克(mosaic)现象，只能看到像素的形状和其他属性(如颜色等)。图像的数字化包括采样(sampling)、量化(quantization)和编码(coding)3 个主要步骤。在空间对连续坐标进行离散化的过程称为采样，而进一步将图像的幅度值(可能是灰度或色彩)整数化的过程则称为量化。编码是按照一定的规律，把量化后的值用二进制数字表示的过程。这样得到的数字图像信号可以通过电缆、微波、卫星等通信线路传输。在接收端的处理过程与上述数字化过程相反，以便恢复成原来的模拟图像信号。上述数字化的过程又称为脉冲编码调制(pulse code modulation，PCM)。一般来说，一个完整的图像处理系统输入和显示的都是便于人眼观察的模拟图像。

与像素密切相关的操作有亚像素和超像素两种：

(1)亚像素(subpixel)。在成像的过程中，获得的图像数据是将图像进行了离散化处理，由于感光元件本身的能力限制，在成像面上每个像素只代表中心点附近的灰度或颜色。事实上，相邻像素之间还有更小的被称为“亚像素”的像素存在，且能用算法和软件将其近似计算出来。如图 1-3 所示的亚像素，每 4 个大点围成的矩形区域为实际光电传感器上的像素点，小点为亚像素点。根据相邻两像素之间插值情况的不同，调整亚像素的精度，通过亚像素插值的方法可以实现从小矩形到大矩形的映射，从而提高图像的分辨率。

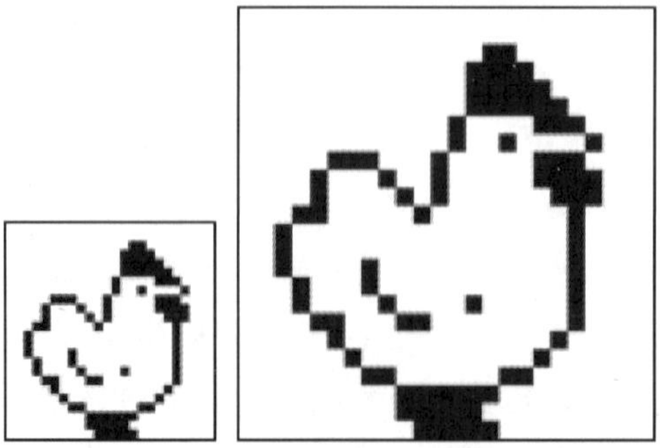

(a)原图 (b)将原图放大4倍

图 1-2 像素

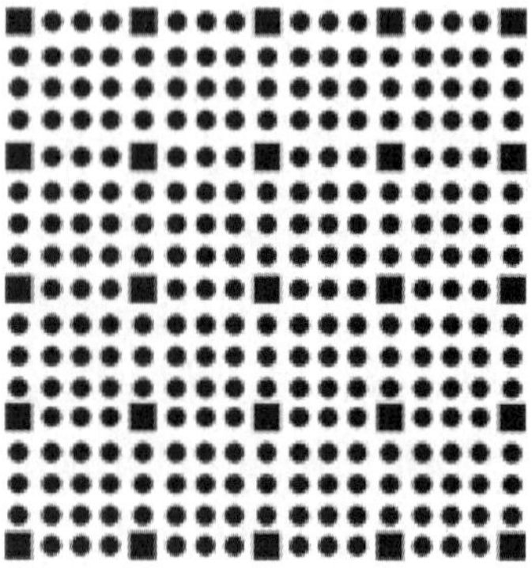

图 1-3 亚像素示意图

(2)超像素(superpixel)。把一幅像素级的图像划分成许多大小不同且具有具体特征(如颜色、灰度、纹理等)的区域级图像，然后从这些分割后的区域中提取有用信息，组成子区域的像素的集合被称作超像素。

数字图像处理是用计算机或数字设备对图像进行加工、分析，以达到所需效果的技术。目前，图像处理一般指数字图像处理。

第三节　图像处理的任务特点

一、图像处理的任务

一般来说，图像处理需要完成以下一项或几项任务：

(1)提高图像的视觉质量以达到人眼主观满意或较满意的效果。人们通过图像增强、图像恢复、图像几何变换、图像代数运算、图像滤波等处理手段使受到污染、干扰等因素影响产生的低清晰度、变形图像的质量得到改善。

(2)提取图像中目标的某些特征，便于计算机分析或机器人识别。这些处理也可以划归于“图像分析”的范畴。例如，边缘检测、图像分割、纹理分析常用作模式识别、计算机视觉等高级处理的预处理。

(3)为了存储和传输庞大的图像和视频信息，常常需要对这类数据进行有效的压缩。常用的方法有统计编码、预测编码和正交变换等。

(4)信息的可视化。许多信息(如温度场、流速场、生物组织内部等)并非可视的，但转化为视觉形式后可以充分利用人们对可视模式快速识别的能力，更便于人们观察、分析、研究、理解大规模数据和许多复杂现象。信息可视化结合了科学可视化、人机交互、数据挖掘、图像技术、图形学、认知科学等诸多学科的理论和方法，是研究人、计算机表示的信息以及它们相互影响的技术。

(5)信息安全的需要。它主要反映在数字图像水印和图像信息隐藏方面，也是21世纪图像工程出现的新热点之一。数字水印是利用多媒体数字产品中普遍存在的冗余数据与随机性，把水印信息可见或不可见地嵌入数字作品，以期达到保护数字产品的版权或完整性的一种技术。在计算机通信、密码学等学科中，数字水印也有其用武之地。

图像处理的任务是获取客观世界的景象并转化为数字图像，通过增强、复原、重建、变换、编码、压缩、分割等处理，将一幅图像转化为另一幅具有新的意义的图像。一般称静止的图像为图片(picture)，而称活动的图像为视频(video)。

人们对“图像处理”的理解有广义与狭义之分。狭义的“图像处理”重点讨论为改善视觉效果、存储或传输效率，在输入图像和输出图像之间进行的变换。广义的“图像处理”还可以包括“图像分析”(image analysis)和“图像理解”(image understanding)等。图像分析指对图像中感兴趣的目标进行检测和测量；图像理解指在图像分析的基础上，进一步研究图像中各目标的性质和它们之间的关系，以得到对图像反映的场景的合理解释。从抽象程度看，图像处理处于低层，图像分析处于中层，而图像理解处于高层。本书中，“图像处理”指与图像有关的理论、技术和系统，主要介绍经典的图像处理理论和方法，对一些重要的图像分析内容和图像理解的技术热点也做相应的介绍，以扩展读者的知识面，同时使读者进一步感受三者之间的联系与差异。我们可将图像处理的主要任务分成以下几类。

1. 图像获取与数字化

图像获取与数字化是指将自然界的图像通过光学系统成像并由电子器件或系统转化为模拟图像信号，再由模拟/数字转换器(ADC)得到原始的数字图像信号。图像获取也称图像采集(image acquisition)。图像采集十分重要，原始的图像质量高会大大减轻后期处理的负担。尽管图像处理硬件和软件可以在一定程度上弥补采集过程中存在的缺陷，但获取高信噪比、高保真度的原始图像仍然非常必要。

2. 图像增强

图像增强(image enhancement)的作用是对视觉不满意的图像进行改善，突出图像中所感兴趣的部分。例如强化图像高频分量，可使图像中物体的轮廓清晰，细节明显；而强化图像低频分量则可减少图像中噪声的影响，即对高频噪声起平滑作用。可见，尽管人们并不一定知道图像降质(degradation)或退化的原因，但通过使用图像增强技术得到的新图像质量在主观视觉上更为良好。通过图像增强，可以改变原来图像全部或局部的亮度、对比度、色彩分布等参数，使增强后的图像更加赏心悦目。对于图像分析和图像理解来说，图像增强往往作为这些过程的前期处理(预处理)，可使分析效果更好或更容易理解。图 1-4 针对给定图像中的应用场合，有目的地增强了图像的整体和局部特征，将过暗的部分变得亮度适中，使用去雾(dehazing)功能，使得模糊的原图像变得更加清晰。

3. 图像复原

图像复原(image restoration)也称图像恢复。如果对图像退化的原因或过程(如某种噪声的影响、运动造成的模糊、光学系统的几何失真等)有一定的了解，我们就可以通过理论推导或实验数据建立退化的数学模型(降质模型)，那么我们也就可以采用某种滤波方法把降质的图像在一定程度上恢复成原始图像。在图像恢复中，建立图像

(a)原图　　(b)去雾增强后的图像

图 1-4 去雾图像增强

的退化模型是关键。理论上，降质的模型一般是非线性、时变和空间变化的，但这种模型即使是使用计算机也很难处理。所以，在一定的精度下，用线性、时不变和空间不变的降质模型代替上述模型具有实际意义。图 1-5 是对微装配准备对接模糊图像进行逆滤波方法进行复原的实例，可见恢复后的图像要比原来的模糊图像清晰得多。

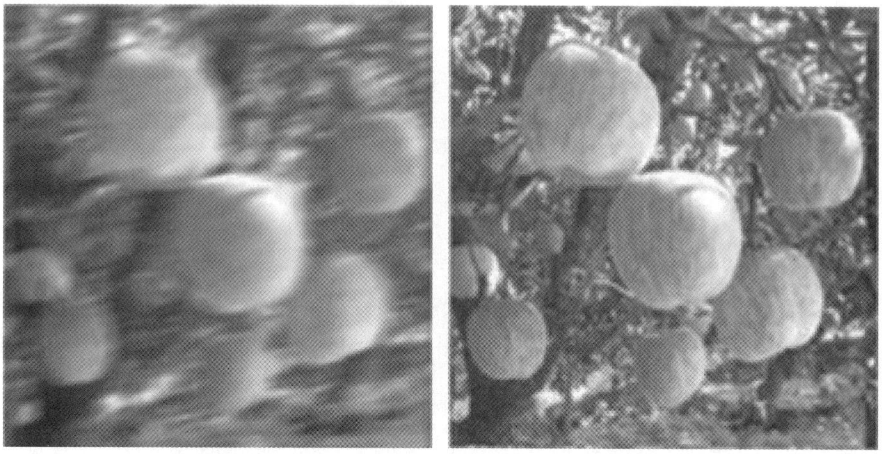

(a)原模糊图像　　(b)逆滤波恢复的图像

图 1-5 逆滤波复原

图像复原与图像增强都是为了提高图像的质量，它们之间的区别在于前者需要考虑图像降质的原因，而后者并不需要这样做。如图 1-4 所示的去雾的类似效果也可用复原的方法实现。在雾霭天气下，大气中的悬浮粒子对于物体表面的反射光有较强的前向散射作用，使得物体成像的亮度减弱。同时这种散射作用造成了图像饱和度、对比度降低以及色调偏移。这就需要建立大气散射模型，通过分析散射作用对成像的影响，依据不同方法并借助图像所含信息特征构造场景反照率(albedo)和景深(depth)的约束条件,估算出大气传输函数及相关参数进而恢复出清晰图像。

4. 图像重建

图像重建(image reconstruction)是一类特殊的图像复原技术。图像采集是由实际图像产生二维数据的过程。相反的问题是,如果我们知道一组与图像相关的物理数据,又如何得到图像呢?图像重建试图通过物体横削面的一组投影数据建立图像。输入的是一系列投影图像,输出的是一幅重建图。图像重建在医学、工业检测、数据压缩等领域都有重要的应用价值,计算机断层摄影是图像重建的成功范例。物体内部的数据是由各种能量流(如X射线、电子束、超声波等)穿透物体而获得的。体视学(stereology)的思想是将图像重建与计算机图形学的光照模型和各种渲染技术相结合,把多幅二维图像合成为三维图像,生成高度真实感的图像。体视学在医学领域是应用最早的。现在利用有效的工具可以完成对人体器官、软组织和病变体的三维重建与三维显示。

由于图像是三维景物的二维投影,一幅图像本身不具备复现三维景物的全部几何信息的能力,很显然三维景物背后的部分信息在二维图像画面上是反映不出来的。因此,要分析和理解三维景物,就必须做合适的假定或附加新的测量,如双目图像或多视点图像。在理解三维景物时需要知识导引,这也是人工智能领域正在致力于解决的知识工程问题。

目前主要有傅里叶逆变换和级数展开重建技术两类重建图像的方法。通常图像重建的数学模型较复杂,计算量大,涉及投影模型、迭代计算等。医学设备中的CT和MRI都属于投影重建设备。

5. 图像变换

图像阵列较大,直观性强,但图像的某些特性(如频率特性、纹理特性等)在空间域中难以获得和处理,计算量也很大。各种图像变换(image transformation)的方法,如离散傅里叶变换(DFT)、离散沃尔什-哈达玛变换(DWHT)、离散余弦变换(DCT)和离散小波变换(DWT)等,可以间接地将空间域的处理转换到变换域进行更有效的处理。通过DFT,可以将空间域的图像变换为图像频谱,再在频率域进行各种数字滤波以获得图像质量的改善、数据量的压缩或突出某些特征便于后期处理。DWT在空间域和频率域中都具有良好的局部化特性,受到人们的普遍重视。一些图像编码算法已经吸收到国际标准中,如JPEG标准采用DCT算法,而PEG2000采用DWT算法。

6. 图像编码与压缩

图像编码与压缩(image coding and compression)在图像存储和传输中起着至关重要的作用。我们知道,数据量庞大是数字图像的显著特点之一。在多媒体技术中,现有的大容量存储器和宽带网络技术仍不能满足对图像数据处理、存储和传输的需要。因此，图像及其他海量数据的压缩是必需的。而且，由于图像等数据中存在相当大的冗余信息，这类数据的无损压缩和有损编码也是有可能的。编码是压缩技术中最重要的方法，它是发展最早且比较成熟的图像处理技术。

数字图像中相邻像素的相关性较强，说明图像信息压缩的潜力很大。在图像画面上，经常有很多像素有相同或接近的灰度或色彩。就电视画面而言，同一行中相邻两个像素或相邻两行间的像素，其相关系数可达 0.9 以上，而相邻两帧之间的相关性比帧内相关性还要大一些，通过图像编码与压缩，我们可以实现几倍到十几倍无失真的无损压缩，几十倍甚至上百倍允许失真条件下的有损编码。图像编码压缩技术可减少描述图像的数据量（即比特数），以便节省图像传输、处理的时间并减少所占用的存储器容量。

图像及视频压缩已经渗透到了人们的生活中，VCD、DVD 的普及就是明证。各种图像和视频压缩标准（如 JPEG 标准、MPEG 标准）大力推动了数据压缩技术的进步和相关软件与硬件的产业化。高清晰度数字电视的普及使压缩技术在图像通信领域得到更显著的发挥。尽管未来存储设备的容量会更大，信道带宽会更宽，但数据压缩技术仍然是多媒体系统不可缺少的关键技术之一。

7. 图像分割

图像可以视为由背景和一个或多个目标组成。图像分割（image segmentation）是按一定的规则将图像分成若干有意义或感兴趣区域的过程，每个区域可能代表一个对象（目标或目标的一部分）。通过图像分割，图像中有意义的特征部分（如边缘、区域等）被提取出来。图像的这些特征是进一步进行图像分析和理解的基础。

人眼对图像进行分割比较直观，也很迅速，但由计算机来进行图像分割并非易事。我们希望分割后的图像更便于计算机或机器人识别和理解，它是图像处理向图像分析过渡的一个关键步骤。然而，一般图像的构成是十分复杂的，对图像自动分割十分困难，且分割的结果往往不能令人满意。目前，印刷体的光学字符识别（optical character recognition，OCR）、指纹识别等应用领域已开始使用自动分割技术。大部分图像的分割需要人工干预来提高分割的可靠性和有效性。图像分割是一个重要且难度较大的课题，至今仍然是图像处理工作者乐此不疲的研究对象。图 1-6 为汽车车牌识别的系统程序流程图。

图 1-6　汽车车牌识别的系统程序流程图

虽然目前已研究出不少边缘提取、区域分割的方法，但还没有一种普遍适用于各种图像的有效方法。因此，对图像分割的研究还在不断深入之中，它是目前图像处理研究的热点之一。

8. 图像融合

由于单一图像传感器获取的数据信息量有限，往往难以满足实际需要，而利用多源数据则可以提供对观测目标更加可靠的观察。图像融合(image fusion)利用了多源信息进行决策和行动的理论、技术和工具，将从多源信道(传感器、数据库或人为获取的信息)采集到的关于同一目标的不同成像机理、不同工作波长范围、不同工作环境与要求的图像数据经过图像处理最大限度地提取各自信道中的有利信息，消除多传感器信息之间可能存在的冗余和矛盾，最后综合成高质量的图像，以供观察或进一步处理。图像融合以提高图像信息的利用率、改善图像获取的精度和可靠性、提升原始图像的空间分辨率和光谱分辨率为目的，形成对目标清晰、完整、准确的信息描述，有利于系统对目标进行可靠的探测、识别、跟踪及情景感知。

各种遥感器所获得的大量光谱遥感图像的分辨率、灰度等级可能相差很大，如能有效融合将为人们提供更加清晰、可用的图像。不同途径的遥感图像首先需要配准，然后再进行融合。2013 年我国公布"高分一号"(GF-1)卫星获取的首批影像图。该卫星是国家重大科技专项——高分辨率对地观测系统的第一颗卫星，卫星配置了 2 台分辨率为 2m 全色/8m 多光谱的高分辨率相机和 4 台分辨率为 16m 的多光谱中分辨率宽幅相机。如图 1-7 所示影像图为"高分一号"卫星首次开机成像获取的图片，体现了卫星多模式同时工作的能力。

(a)2m高分辨率全色图像　(b)8m高分辨率多光谱图像　(c)已融合图像

图 1-7　多光谱和全色图像的融合

多传感器图像融合技术最早被应用于遥感图像的分析与处理中，在测绘、地质、农业、气象及军事目标识别等方面得到了广泛应用。到 20 世纪 80 年代末，人们才开始将图像融合技术应用于一般图像处理。随着 20 世纪 90 年代 LANDSAT-7、SPOT5、RADARSAT、JERS-1、ERS-1 卫星的发射，图像融合更成为遥感技术的研究热点。目前图像融合在医学、计算机视觉、对地观测、机场导航、安全监控、智能交通、地理信息系统、工业过程控制、智能机器人等民用领域也得到了广泛应用，甚至成为解决某些难题的关键技术之一。在军事领域，以多传感器（如多热像仪、电视摄像仪及激光测距仪等）技术为核心内容的战场感知已成为现代战争中最具影响力的军事高技术。在医学领域中，通过多源医学图像融合可以综合不同模态医学图像的优点，从而为医学诊断、人体功能和结构研究提供更充分的信息。CT 和 MRI 图像的融合处理已成功应用于颅脑放射治疗和颅脑手术可视化中（图 1-8）。CT 图像与 MRI 图像有很好的信息互补性。CT 的空间分辨率高于 MRI，而 MRI 的对比分辨率高于 CT，特别是软组织对比分辨率明显优于 CT。

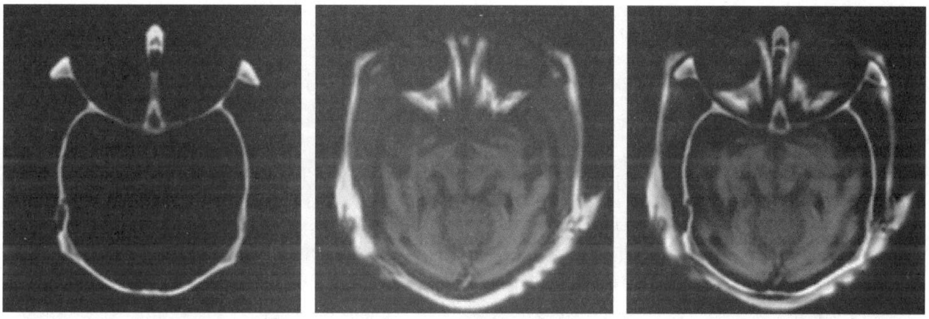

(a)CT图像　(b)MRI图像　(c)融合后的图像

图 1-8 医学图像融合结果

二、数字图像处理的特点

数字图像处理利用数字计算机或其他专用的数字设备处理图像，与光学等模拟方式相比，它具有以下鲜明的特点。

1. 具有数字信号处理技术共有的特点

（1）处理精度高。图像采集设备可将一幅模拟图像数字转化为任意大小和精度的二维数组供处理设备加工。根据应用的需求，数字化的像素数可以从几十到几百万，甚至上千万；每个像素的等级可以量化为 1 位到 16 位，甚至更高；活动图像的帧率可以从 10Hz 到 60Hz。而对处理设备来说，对不同数据量的图像处理程序大致是一样的。

（2）重现性能好。理论上，数字图像处理不会因图像的存储、传输等过程而导致图像质量的退化。图像的质量主要受数字化过程时采样样本数、量化精度、处理过程中的处理精度等的限制，在一定范围内，人眼和机器视觉的分辨率都是有限的，所以要保持足够的处理精度，数字图像处理过程才能够保证原有图像的重现。

（3）灵活性高。与模拟图像处理相比较，由于图像处理软件功能十分强大、扩展性好、与用户可以友好交互，数字图像处理不仅能完成一般的线性处理和非线性处理，而且一切可以用程序实现的智能信息处理都可以采用该方法。

2. 数字图像处理后的图像用途

数字图像处理后的图像可能是供人观察和评价的，也可能作为机器视觉的预处理结果。如果供人观察，则处理后的图像的质量优劣必然受人的主观因素影响。由于人的视觉系统十分复杂，受环境条件、视觉性能、人的心理和知识背景等因素的影响，其评价体系也难以统一，故对图像处理的评价往往从客观和主观两方面进行。另外，机器视觉是依靠计算机来模仿人的视觉功能的，可通过对人类视觉感知机理的研究促进计算机视觉的研究，但图像庞大的信息量、多义性、环境因素的影响以及不同知识的导引，使得机器视觉对图像的理解的正确性远远低于人类视觉。

3. 数字图像处理技术适用面宽

原始模拟图像可以来自多种信息源，它们可以是可见光图像，也可以是不可见的波谱图像，如各种射线图像（图 1-9）、超声波图像或红外图像（图 1-10）。从图像反映的客观实体尺度看，可以小到电子显微镜图像，大到航空照片、遥感图像甚至天文望远镜图像。这些来自不同信息源的图像只要被变换为数字编码形式后，均可用计算机来处理。

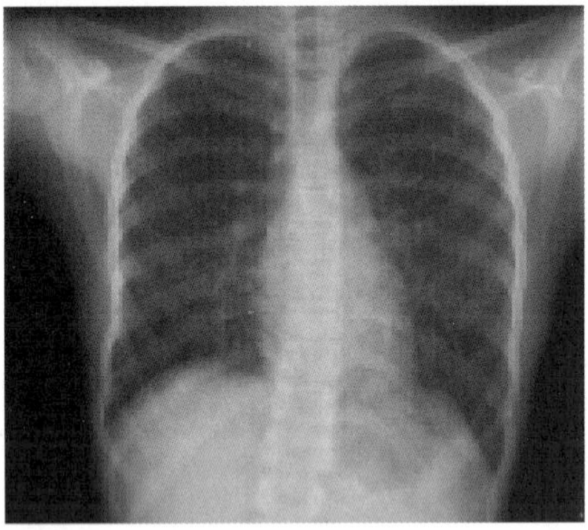

图 1-9 胸部 X 光片图像

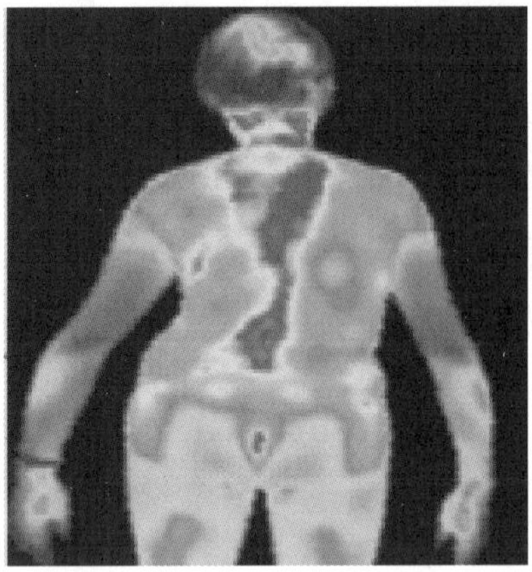

图 1-10 红外热像仪检测的人体

4. 数字图像处理技术综合性强

由于数字图像处理技术适用面宽，涉及的技术领域也十分广泛，从学科分类来看，将其划分为交叉学科比较合适。数学、物理学（包括光学、电学等）等领域是数字图像处理的理论基础，计算机技术、电子技术、摄影技术、电视技术、通信技术等是其实现的支撑技术。

5. 数字图像处理的不足之处

（1）数字图像处理的信息大多是二维或二维以上的多维信息，数据量巨大。一幅中等分辨率的 VGA 640×480×256 色图像的数据量为 300kB;传送一路 PCM 彩色电视图像的速率达 108Mb/s,则每秒的数据量可达 13.5MB。这么大的数据量和传输速率对计算机的计算速度、网络的带宽、媒体的存储容量等提出了很高的要求,因此数据压缩成为不可缺少的处理环节。

(2)数字图像信号占用的频带较宽。在模拟域,视频信号的带宽比音频信号的带宽约高两个数量级。为了保证图像的质量,根据采样定理,数字化后,数字视频占用的频带进一步加宽。所以,在成像、传输、存储、处理、显示等各个环节的实现上,宽频带对处理和传输设备提出了更高的要求,同时与数据压缩对应的频带压缩技术也是图像处理的一个值得注意的问题。

(3)处理费时。由于图像数据量较大,因此处理比较费时,特别是采用区域处理方法时,处理结果与中心像素邻域有关导致花费的时间更多。要实现快速甚至实时处理图像,就要对图像处理系统提出更高的要求,多处理器并行系统、嵌入式系统等专用处理系统为提高图像处理速度提供了有效的解决方法。

四、数字图像处理的应用

图像是人类获取和交换信息的主要来源。图像处理起初主要应用在遥感、医学等领域,然而随着人类活动范围的不断扩大、需求的不断提高,图像处理的应用渗透到科学研究、工程技术和人类社会生活的各个领域。

1. 航天和航空技术方面的应用

在飞机遥感和卫星遥感技术中,数字图像处理起到了其他技术无法替代的作用。侦察飞机或卫星获取的大量空中摄影照片需要进行处理和分析,如果进行人工处理和识别,则需要花费大量的人力资源,不仅速度慢,还容易产生人为误差。采用计算机图像处理系统来判读分析,既节省了人力,又加快了速度,还可以从照片中提取人工处理所不能发现的大量有用信息。20 世纪 60 年代末以来,美国及一些国际组织发射了陆地卫星(如 LANDSAT 系列)和天空实验室(如 SKYLAB),由于成像条件受飞行器位置、姿态、环境等的影响,图像质量总是不高,必须采用数字图像处理技术对其进行几何校正、恢复、增强等,从而还原图像的本来面目。如 LANDSAT 系列陆地卫星,采用多波段扫描器(MSS),在 900m 高空对地球每一个地区以 18d 为一个周期进行扫描成像,其图像分辨率大致相当于地面上的十几米或 100m。飞行器先将成像的模拟图像进行数字化处理,而后将得到的数字信号存入磁带,在卫星经过地面站上空时,高速传送下来,然后由处理中心分析判读。现在,通过发射合理分布的卫星星座可以 3～5d 观测地球一次。高分辨率卫星遥感图像可以得到优于 1m 的空间分辨率。

从飞机遥感和卫星遥感获得的图像数据是极其有用的,利用陆地卫星所获取的图像可以进行资源调查、灾害检测、资源勘查、农业规划、城市规划、气象预报等。人们一方面拥有大量可以发挥积极作用的信息，而另一方面又让它闲置起来慢慢地过时而变得无用。为解决这一矛盾，20 世纪末，“数字地球”的概念被提了出来。“数字地球”以计算机技术、多媒体技术和大规模存储技术为基础，以宽带网络为纽带，运用海量地球信息对地球进行多分辨率、多尺度、多时空和多种类的三维描述，从而支持和改善人类的活动与生活质量。可见，数字图像处理技术是“数字地球”的重要技术基础之一。

2. 生物医学工程方面的应用

数字图像处理在生物医学工程方面的应用十分广泛，且具有无创伤、快速、直观、准确等优势。数字图像处理在医学上应用最成功的技术要数 X 射线 CT 技术，该技术的主要研制者因此获得诺贝尔生理学或医学奖。除 CT 技术之外，还有一类是对医用显微图像的处理分析，如红细胞、白细胞分类，染色体分析，癌细胞识别等。此外，在 X 光肺部图像增强、超声波图像处理、心电图分析、立体定向放射治疗等医学诊断方面都广泛地应用图像处理技术。目前，影像归档和通信系统(picture archiving and communication systems，PACS)的建立将在医学图像处理与分析的基础上为数字医院打下坚实的基础。

3. 通信工程方面的应用

数字图像通信包括传真、电视电话、数字电视、电视会议等。当前通信的主要发展方向是声音、文字、图像和数据结合的多媒体通信，电信网、广播电视网和互联网将以“三网合一”的方式形成多媒体通信网。由于图像的数据量巨大，必须采用编码技术来压缩信息的数据量。图像通信特别是高清晰度的视频通信已成为实现多媒体通信的一个瓶颈，编码压缩技术是必须突破的关键技术之一。

第三代移动通信技术(3G)以宽带多媒体为重要特征，其终端产品——智能 3G 手机，小巧便携，集电话、笔记本电脑和图像通信等于一身，可提供发送彩信、拍摄和传送动态图像、接收标清电视节目等各种信息服务。

第四代移动通信技术(4G)集 3G 与无线局域网(wireless local area networks，WLAN)于一体，并能够传输高质量视频图像。4G 最大的数据传输速率超过 100Mb/s，这个速率是 3G 移动通信速率的 50 倍。由于 4G 可以接受高分辨率的电影和电视节目，从而成为合并广播和通信的新基础设施中的一个纽带。

第五代移动通信技术(5G)已经进入商用阶段。5G 网络实现宽信道带宽，其数据传输速率比长期演进(long term evolution，LTE)蜂窝网络快 100 倍，可达 10Gb/s，国际电信联盟(ITU)IMT－2020 规范要求其速率高达 20Gb/s，以满足高清视频、VR/AR(虚拟现实/增强现实)大数据量传输的需求。下载一部 1080P 格式的高清电影只需几秒，这样的网速比当前的有线网络还要快，因而5G网络将不仅仅为手机提供服务，也将成为一种办公和家庭宽带网络。5G网络的另一个优点是较低的网络延迟，空中接口时延水平低于1ms(4G网络为30～50s)，可满足游戏、视频、自动驾驶、远程医疗等实时应用。另外，5G网络具有超大网络容量，每平方千米的最大连接数是4G网络的100倍，提供千亿设备的连接能力，支持的最高移动速度是4G网络的1.5倍，满足物联网通信的需求。

4. 工业自动化和机器人视觉方面的应用

在工业生产领域，图像处理和机器人技术有着广泛的应用，对提高劳动生产率具有重大意义。管理者可以通过监控系统远程监视车间的生产情况；自动装配线中的图像测量装置可以无损检测产品的质量，对产品进行分类。在一些危险、有毒、放射性大、劳动强度大的环境中，利用机器人完成识别工件、装配产品、维护设备更是必不可少的，它们已在太空、深海、重工业、高污染等场合中得到了有效利用。自动识别系统可以实现邮政信件的自动分拣，从而大大减轻物流工作人员的工作负担。

5. 军事和公安方面的应用

以信息技术为核心的高新技术化已经成为现代战争越来越明显的特征，正在引发一场深刻的军事革命。信息化战争(information war，IW)将逐步取代工业时代的机械化战争，成为未来战争的基本形态。图像信息的获取和利用将在信息化战争中扮演重要角色。图像处理和识别可以用于各种侦察照片的判读和导弹的精确制导。具有图像获取、传输、处理、评估、选择、存储和显示的军事指挥自动化系统(command，communication，control，computer and intelligence，CI)是结合以计算机为核心的技术装备与指挥人员，对部队和武器实施指挥与控制的“人机”系统。同样，为适应未来的信息化战争，坦克、飞机和军舰模拟训练系统等大量采用了包括图像处理技术在内的虚拟现实技术。

图像处理技术在公安业务中也发挥重要作用。特别是生物特征识别技术大量以图像信息(指纹、掌纹、虹膜、面像、步态、笔迹等)作为研究对象，在公安刑侦、出入境管理、智能通关、金融认证、电子商务等领域得到关注。生物特征识别技术也带动了智能卡、条形码等存储生物特征信息技术的发展。图像处理也应用于对各种其他图片的判读分析、不完整图片资料的复制和修复、交通视频监控中的“电子警察”、不停车自动收费系统等方面。

近年来，信息伪装技术发挥着越来越重要的作用。信息伪装将秘密信息隐藏于另一非机密的文件内容之中，其形式可以是任何一种数字媒体，如图像、视频、声音等。在被保护的对象中嵌入某些能够证明版权归属或跟踪侵权行为的信息，这些信息可能是作者的序列号、公司标志、有意义的文本等。水印中的隐藏信息能够抵抗各类攻击。即使水印算法是公开的，攻击者要想毁掉水印仍十分困难。数字水印作为在开放的网络环境下保护版权的新型技术，可以确认版权所有者、识别购买者，或者提供关于数字内容的其他附加信息，并将这些信息以人眼不可见的形式嵌入数字图像。此外，数字水印在证据篡改鉴定、数据的分级访问、数据的跟踪和检测、商业和视频广播、互联网数字媒体的服务付费及电子商务的认证鉴定等方面，也具有广阔的应用前景。另外，图像真实性鉴定也引起了人们的高度重视，如伪造照片常常引发道德和法律问题。如今一般人利用计算机软件就可轻易伪造出过去需要在暗室里经过几小时繁杂操作才能造假的照片。有些伪造的图像可以通过仔细观察加以判别。然而，在许多情况下，我们需要基于计算机软件工具的数字图像鉴定技术。这些技术需要了解图片的统计特性或几何特性会受到何种具体作弊手法的破坏，然后编制一套算法来找出这些破绽。如从不同的照片上截取所需图像会出现明暗问题；合成的照片由于拍摄时光线条件不同，照片上的人或物会存在细微差别；检查照片是否存在因缩放操作而产生的像素伪迹；发现 JPEG 压缩存在不一致的漏洞。

随着智慧城市、平安城市项目的发展，门锁作为住宅安全的重要保障，越来越受到人们的重视。生物识别门禁系统所占的市场份额在 2018 年突破 276 亿元人民币，并预计每年将以 20%～40%的速度增长，它通过进出人员的生物特性对进出权限进行识别，最常见的是指纹识别、虹膜识别和人脸识别门禁系统。

(1)指纹识别门禁系统：此系统主要通过采集人体的生物特征——指纹，并对每个人的指纹进行特征提取，然后用提取出来的指纹特征与之前存储在指纹库里的指纹特征信息进行对比，完成整个识别的过程。指纹作为人的生物特征，具有很高的唯一性，两个人很难拥有相同的手指纹路，所以此方法安全性较高。但是人的指纹很容易被仿造，而且对于一些手指纹路不清晰的人很不友好，如一些游泳运动员，或者指纹不清晰的老年人。

(2)虹膜识别门禁系统：虹膜是眼球壁中层的扁圆形环状薄膜，每一个虹膜都包含着独一无二的结构，利用这一特点，可以拍摄出每个人特定的虹膜图像，建立数据库，当有人要通过某道门禁时，需要将他的眼睛靠近虹膜门禁采集设备，设备会自行将其虹膜图像采集出来，从采集出的虹膜图像中提取出虹膜识别所需要的特征，传输到后台服务器，与数据库中的虹膜特征进行对比，相似度比较接近时，即赋予其开门的权限，电控锁会接收到开门的信号。

(3)人脸识别门禁系统：人脸是生物最基本的特征，相比较其他特征，人脸识别的使用更广泛。因为人脸采集设备比较简单，只需要一台照相机。识别设备价格较低，且具有非入侵性。采集到人脸图像之后，需要对其进行图像预处理，因为采集到的人脸图像可能受到光照等自然条件和拍摄的人脸被遮挡等人为因素的影响。从预处理之后的人脸图像中能更为准确和快速地提取出识别所需的人脸特征，将此特征与数据库中预先采集的人脸特征进行比对，即特征匹配。如比对的结果在误差允许范围内，则后台的服务器就会向门禁控制器发出开门的指令，否则就不会开门。

6. 材料科学方面的应用

随着材料科学和计算机技术的发展，计算机图像分析系统逐渐成为辅助研究材料结构与性能之间定量关系的一种重要手段。通过光学或电子显微镜、光谱等各种材料表征手段可获得有关材料结构和性能的影像。例如，2009 年美国国家航天局（NASA）“火星科学实验室”（MSL）探索计划（又名“好奇号”火星车）被视为与哈勃项目相当的“极为重要的旗舰项目”。2012 年 8 月新型火星探测器“好奇号”着陆火星表面。“好奇号”装载了一系列成像设备。火星手持透镜成像仪（MAHLI）安装在“好奇号”的机械骨末端，可以拍摄小到 12.5μm 的地貌特征的彩色照片。“化学与相机”（ChemCam）的激光拍摄装置可以向约 9m 外的火星岩石发射高能激光，而后分析蒸发的岩石成分。

以公路交通的沥青为例。沥青是一种复杂的胶体体系，为适应交通荷载和环境的要求，通过对道路石油沥青的改性来提高和改善沥青的各项性能已成为延长沥青路面使用寿命的重要措施，而其中以聚合物改性沥青的应用最为广泛。在改性沥青的应用过程中，常见的问题是宏观性能相当的改性沥青其使用性能却相差很大，即使是同一种改性沥青其性能亦可相差很远，要解决此类问题必须研究其微观结构。基于显微形态结构的分析方法成为研究改性沥青性能、机理的有效手段。苯乙烯-丁二烯-苯乙烯嵌段共聚物（SBS）改性沥青的原料是基质沥青，通过剪切、搅拌等方法使加入基质沥青中的一定比例的 SBS 改性剂均匀地分散于沥青中，再向材料中加入一定比例的专属稳定剂，共同形成 SBS 共混材料。利用 SBS 改性剂良好的物理性能对基质沥青做改性处理，通过对其显微图像的处理和分析（图 1-11），可以获取其数字特征，对 SBS 改性沥青的生产、性能测试和改善具有较显著的意义。

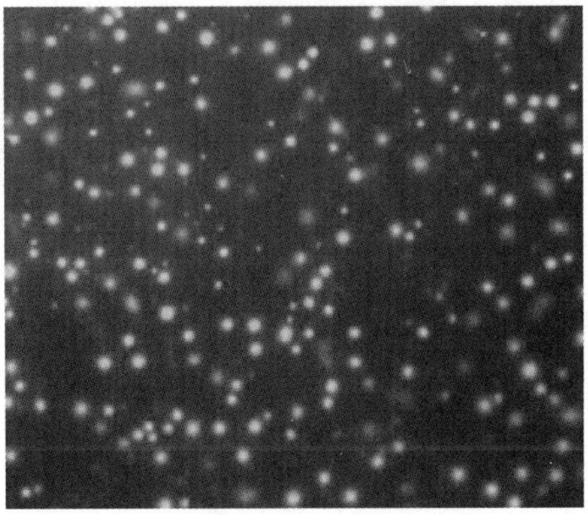

图 1-11　SBS 改性沥青材料的显微图

7. 生活和娱乐方面的应用

数字图像处理技术在文化艺术和生活娱乐方面所起的作用是有目共睹的。个人计算机（personal computer，PC）处理图像的能力已经达到昔日大型计算机的处理能力。数字摄像机、数码相机、扫描仪、高分辨率打印机等图像输入输出设备和各种各样的图像处理软件使PC如虎添翼。早期VCD和DVD的普及，现在智能手机、平板电脑和数字电视的兴起使数字图像处理设备进入千家万户。这类应用还有电视画面的数字编辑、艺术照片、电子游戏、纺织工艺品设计、服装设计与制作、发型设计、计算机美术、运动员动作分析和评分等。智能手机被设计为具有较强的图像处理功能，如卫星地图、名片识别、二维码识别等。其中二维码是用某种特定的几何图形按一定规律在平面上分布的条、空相间的图形来记录数据符号信息。通过二维码扫描，用户可以进行解析网址、购买产品、物流管理、防伪等操作。

8. 智能交通方面的应用

智能交通系统(intelligence traffic system，ITS)使道路上的交通及相关信息尽量完整并保证实时性；交通参与者、交通管理者、交通工具、道路管理设施之间的信息交换实时和高效；控制中心对执行系统的控制更加高效；处理软件系统具备自学习、自适应的能力。在ITS中，图像和视频信号处理技术被广泛应用且日趋成熟。例如，车辆检测系统、车牌识别系统、视频监控系统、辅助驾驶系统、电子警察系统等，保证了繁忙的交通正常有序、高效安全。

平视显示器(head up display，HUD)是最早应用在军用飞机上的飞行辅助仪器。平视指飞行员无须低头就能看到需要的重要信息，避免低头看仪器表盘造成注意力中断以及丧失对状态意识的掌握，这种技术也被引入民用飞机和高档汽车。人们已经研发出了能兼容的胎压监测系统(tire pressure monitoring system，TPMS)，并能与汽车车载自动诊断系统(on board diagnostic，OBD)插口连接的多用型平视显示器(HUD)，缩称OBD＋HUD＋TPMS。

“好奇号”火星车为了实现自主巡航，装备了导航相机和避险相机。导航相机(NavCams)是装在桅杆上的两对导航用的黑白3D相机，每个相机有45°视野。避险相机(HazCams)是在4个角落的较低位置各装有的一对避开障碍用的黑白3D相机，每个相机约有120°视野。

五、图像处理与相关技术

图像以单幅、自然、静态为主要特征。在视觉信息处理研究和应用领域，图像与其他视觉信息之间有密切的联系，也存在明显的差异。

1. 视频

视频(video)是电视呈现的主要对象，表现为内容连续的动态图像。视频以帧(frame)为单位，每一帧可以看成一幅图像，根据观测对象的动态性，可以设置不同的帧频。根据人眼的视觉暂留效应，电视等生活娱乐用视频帧速一般为25帧/s或

30 帧/s。而高速摄像机是一种能够以小于 1/1000s 的曝光速率或超过 250 帧/s 的帧速捕获运动图像的设备。通常,高速摄像机每秒把超过 1000 帧的数据记录到动态随机存储器(DRAM)上,然后以低帧频回放,以研究瞬态现象或过程。为了降低数据量、提高数据传输的可靠性等,有时也有必要减少帧频。例如,"好奇号"主相机(Mast-Cam)桅杆上的主要成像工具为一个中焦段定焦和一个望远定焦,负责拍摄火星地貌的 1600×1200 CCD 高解析度彩色照片和 720P 的 10 帧/s 的视频。火星降落成像仪(MARDI)是一台安装在主车腹部的小型摄影机,在火星地表附近时启动,负责拍摄火星车降落地面过程中 5 帧/s 的影像。

2. 图形

这里特指计算机图形(computer graph),是指由外部轮廓线条构成的矢量图,即由计算机绘制的直线、圆、矩形、多边形、曲线、曲面、图表等画面。典型的图形处理软件包括平面设计软件 CorelDRAW、工程制图软件 AutoCAD、三维造型软件 3DS MAX 等。虽然图像和图形在显示、几何变换(移动、缩放、旋转和扭曲等)等方面具有相似之处,但与图像不同的是图形更多地反映人为设计的理念,且无噪声的影响。在图形文件中只记录生成图的算法和图上的某些特点,所以相对于位图图像的大量数据来说,它占用的存储空间也较小。但由于每次屏幕显示时都需要重新计算,故显示速度没有图像快。另外,在打印输出和放大时,图形的质量较高而点阵图图像常会发生失真。

3. 动画

计算机动画(computer animation)是将逐帧制作或拍摄的对象连续播放而形成运动的影像技术,如果对象是图形,则动画可以看成活动的图形。这时动画、图形之间的关系与视频、图像之间的关系类似。动画制作是一项分工极为细致的工作,通常分为前期制作、中期制作、后期制作。前期制作包括企划、作品设定等;中期制作包括分镜、原画、中间画、动画、上色、背景作画、摄影、配音、录音等;后期制作包括剪接、特效、字幕、合成、试映等。

4. 虚拟现实

虚拟现实(virtual reality, VR)技术是一种可以创建和体验虚拟世界的计算机仿真系统,它利用计算机生成一种多源信息融合的、交互式的三维动态视景和实体行为的系统仿真环境,并使用户沉浸到该模拟环境中,应用十分广泛。VR 系统具有多感知性、存在感、交互性、自主性等特征,VR 技术是仿真技术的一个重要方向,是仿真技术与计算机图形学、人机接口技术、多媒体技术、传感技术、网络技术等多种技术的集合。

5. 增强现实

增强现实(augmented reality, AR)技术的目标是在屏幕上把虚拟世界套在现实世界并进行互动。AR 技术是一种将真实环境信息和虚拟场景信息无缝集成的技术，它把原本在现实世界中一定时间和空间范围内很难体验到的实体信息通过计算机等相关技术和设备模拟仿真后再叠加，从而达到超越现实的感官体验。AR 技术包含多媒体、三维建模、实时视频显示及控制、多传感器融合、实时跟踪及注册、场景融合等技术与手段，提供不同于人类在常规情况下可以感知的信息。

第二章　视觉和图像基础

图像处理的许多目标都是帮助人更好地观察和理解图像中的信息，也就是说，最终要通过人眼来判断所处理的结果，因此，有必要研究人类视觉系统的特点，并研究它的等效数学、物理模型，从而在进行图像处理时，把它作为整个处理系统的一个环节来考虑。

然而，由于现代科学技术的水平还不能准确地解释有关人类视觉系统的全部生理、物理过程，因此关于人类视觉系统模型的讨论，只能建立在假设和与实验结果相符合的基础之上。在现实生活中，图像大部分都是彩色的，因此，有必要研究人类视觉对彩色的感知规律。

第一节　人眼的构造

人眼是一个平均半径约 20mm 的球状器官。它由三层薄膜包围着，最外层是坚硬的蛋白质膜，其中位于前方的大约 1/6 部分为有弹性的透明组织，称为角膜，光线从这里进入眼内；其余 5/6 为白色不透明组织，称为巩膜，它的作用是巩固和保护整个眼球。中间一层由虹膜和脉络膜组成。虹膜的中间有一个圆孔，称为瞳孔。它的大小可以由连接虹膜的环状肌肉组织（睫状肌）来调节（直径变化在 2～8mm 之间），以控制进入眼睛内部的光通量大小，其作用和照相机中的光圈一样。因种族的不同，虹膜也具有不同的颜色，如黑色、蓝色、褐色等。最内一层为视网膜，它的表面分布有大量光敏细胞。按照形状，这些光敏细胞可以分为锥状和杆状两类。每只眼睛中有 600 万～700 万个锥状细胞，并集中分布在视轴和视网膜相交点附近的黄斑区内。每个锥状细胞都连接一个神经末梢，因此，黄斑区对光有较高的分辨力，能充分识别图像的细节。锥状细胞既可以分辨光的强弱，也可以辨别色彩。白天的视觉过程主要靠锥状细胞来完成，所以锥状视觉又称白昼视觉。杆状细胞数目更多，每只眼睛中有 7600 万～

15 000 万个。然而，由于它广泛分布在整个视网膜表面上，并且有若干个杆状细胞同时连接在一根神经上，而这条神经只能感受多个杆状细胞的平均光刺激，使得在这些区域的视觉分辨力显著下降，因此无法辨别图像中的细微差别，只能感知视野中景物的总的形象。杆状细胞不能感觉色彩，但它对低照明度的景物往往比较敏感，夜晚的视觉过程主要由杆状细胞完成，所以，杆状视觉又称夜视觉。因此，夜晚所观察到的景物只有黑白、浓淡之分，而看不清它们的颜色差别。光敏细胞的分布如图 2-1 所示。

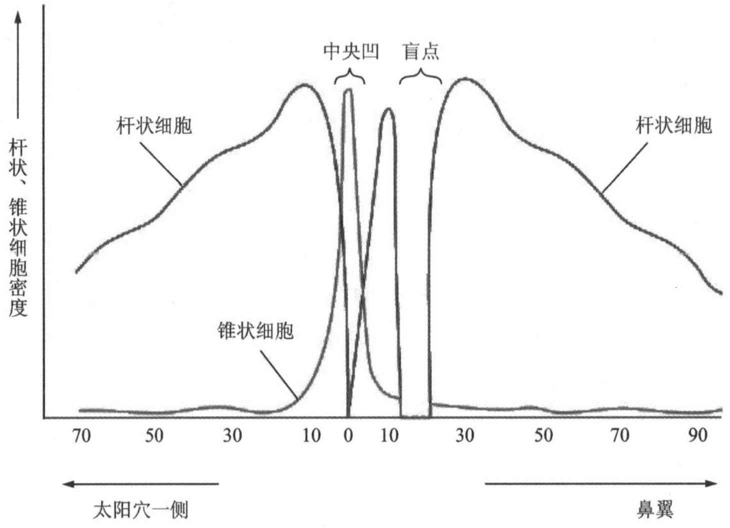

图 2-1 光敏细胞在视网膜上的分布情况

除了三层薄膜以外，在瞳孔后面有一个扁球形的透明体，称为水晶体。它由许多同心的纤维细胞层组成，由叫作睫状小带的肌肉支撑。水晶体的作用如同一个可变焦距的透镜，它的曲率可以由睫状肌的收缩进行调节，而睫状肌则根据锥状细胞感受到景物的聚焦情况改变其张力，从而使景象始终能刚好聚焦于黄斑区。

角膜和水晶体包围的空间称为前室，前室中是透明的水状液体，它能吸收一部分紫外线。水晶体的后面为后室，后室内充满的胶质状的透明体称为玻璃体，它可以滤光，起着保护眼睛的作用。

人眼在观察景物时，光线通过角膜、前室水状液、水晶体、后室玻璃体，在视网膜的黄斑区周围成像。视网膜上的光敏细胞感受到强弱不同的光刺激，产生强度不同的电脉冲，并经神经纤维传送到视神经中枢，不同位置的光敏细胞产生了和该处光强弱成比例的电脉冲，这样，大脑中便形成了一幅景物。

第二节　光度学的基本知识

在具体讨论视觉特征之前，先介绍一些有关光度学的基本知识。

一、电磁辐射和可见光光谱

电磁波的波谱范围很广(图 2-2)，可见光只占其中很小的范围，波长为 380～780nm。不同波长的光呈现出不同的颜色，随着波长的减小，可见光的颜色依次为红、橙、黄、绿、青、蓝、紫。只有单一波长成分的光称为单色光，含有两种及两种以上波长成分的光为复合光。人眼感受到复合光的颜色便是组成该复合光的单色光所对应颜色的混合色。太阳辐射电磁波谱范围恰好主要占据整个可见光谱范围。因此，所有可见色光的混合便是白色光。太阳辐射功率波谱如图 2-3 所示(辐射功率按波长的分布称为辐射功率波谱)。

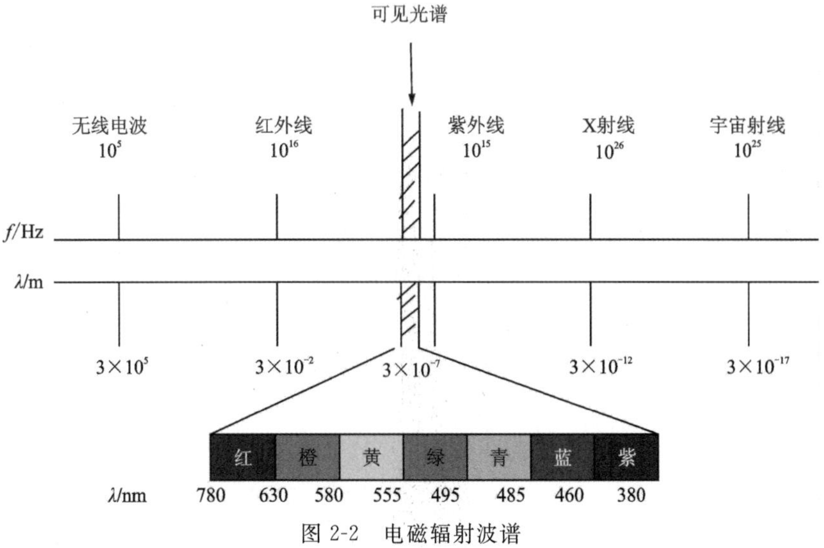

图 2-2　电磁辐射波谱

二、相对视敏函数

在辐射功率相同的情况下，不同波长的光不仅给人以不同的彩色感觉，而且也给人以不同的亮度感觉。

在获得相同的亮度感觉前提下，测出各种波长的辐射功率为 $P_o(\lambda)$，那么其倒数便称为波长为 λ 的光的视敏度，即

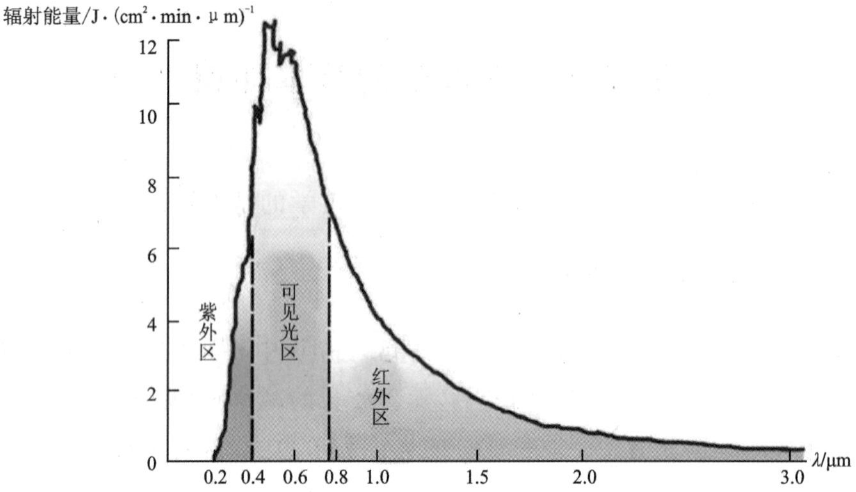

图 2-3 太阳辐射波谱

$$k(\lambda)=\frac{1}{P_o(\lambda)} \tag{2-1}$$

显然，$k(\lambda)$ 越大，获得相同亮度感觉，波长为 λ 的光需要辐射的功率越小，说明人眼对这种波长的光有较高的灵敏度；反之，$k(\lambda)$ 越小，说明人眼对该种波长的光不够敏感。注意，这里的 $P_o(\lambda)$ 仅是在定义 $k(\lambda)$ 时，在相同的亮度感觉前提下测出的各种波长的辐射功率。

实践表明，人眼对波长为 555nm 的光有最大的敏感度，即

$$k(\lambda)_{\max}=k(555)$$

于是，又把视敏度和它的比称作相对视敏函数，记为

$$V(\lambda)=\frac{k(\lambda)}{k(555)} \tag{2-2}$$

据式(2-1)，式(2-2)又可写成

$$V(\lambda)=\frac{P(555)}{P_o(\lambda)}$$

视敏函数的取值范围为 0～1，最大值 1 发生在 $\lambda=555$nm 处，如图 2-4 所示。

三、光通量

由上面的讨论可知，人眼所感受到的光辐射功率，不仅和光本身所辐射的功率大小有关，也和人对不同波长光的视敏度有关。

对于任意可见光源来说，在其波长范围 380～780nm 内，将人眼接受的总光通量定义为

$$F=\int_{380}^{780}P(\lambda)V(\lambda)\mathrm{d}\lambda \tag{2-3}$$

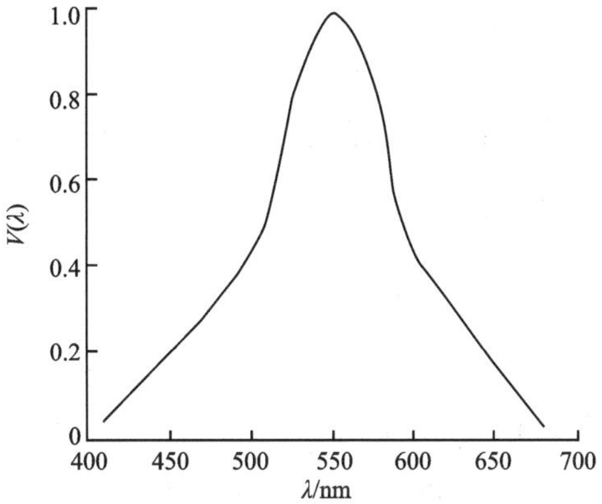

图 2-4　相对视敏函数曲线

式中：$P(\lambda)$ 为波长为 λ 的辐射功率。

国际通用的光通量单位是流〔明〕(lm)，国际照明委员会规定：绝对“黑体”在纯铂的凝固温度(2.045K)下从 $5.305\times10^{-3}\mathrm{cm}^2$ 面积上辐射的光通量为 1lm，而 1W 辐射功率的 555nm 波长的单色光所产生的光通量为 680lm。于是单位瓦和流〔明〕之间的关系为

$$1\mathrm{W}=680\mathrm{lm}\quad 或\quad 1\mathrm{lm}=\frac{1}{680}\mathrm{W}$$

四、发光强度

光源在单位立体角内发出的光通量，称为发光强度，简称光强，用 I 来表示，它和光通量之间的关系为

$$I=\frac{\mathrm{d}F}{\mathrm{d}\omega}\tag{2-4}$$

$$F=\int I\mathrm{d}\omega\tag{2-5}$$

式中：ω 为立体角，单位是球面度(sr)。

1sr 即直径为 1m 的圆球表面 $1\mathrm{m}^2$ 面积所对应的球心角。发光强度在国际单位制中的单位为坎〔德拉〕(cd)。发出 540×10^{12} Hz 频率的单色光源在给定方向上的发光强度成为 1cd。

若光源是各向同性的点光源，则它向四周的辐射是均匀的，那么，由于对应于球心的球面立体角为 4πsr，于是发光强度为 I 的点光源所发出的光通量为

$$F=4\pi I$$

因此，光强为 1cd 的点光源所发出的总光通量为 4πlm。

五、亮度

亮度是用来描述发光体表面明亮程度的。定义单位面积光源在法线方向上的发光强度为光源亮度，记为 B，则有

$$B = \frac{I}{\mathrm{d}s\cos\alpha} = \frac{\mathrm{d}F}{\mathrm{d}s\mathrm{d}\omega\cos\alpha} \tag{2-6}$$

式中：α 为观察方向与面元 ds 法线的夹角。

因此，亮度是与方向有关的。亮度的单位定义为 cd/m²，因此，一个亮度单位（1cd/m²）是指 1 m² 的发光表面在法线方向的发光强度为 1cd。

六、照度

受照面上某点的照度 E 定义为通过包含该点的单位面积的光通量，即

$$E = \frac{\mathrm{d}F}{\mathrm{d}s} \tag{2-7}$$

其单位是勒〔克斯〕(lx)。1 m² 表面上照射 1lm 的光通量，其照度为 1lx，即 1lx＝1lm/m²，照度与被照表面和光源在空间的几何关系有关。

在自然光照射下，各种环境中的照度如表 2-1 所示。

表 2-1　自然光照下各种环境中的照度

环境条件	黑夜	月夜	阴天室内	阴天室外	晴天室内	晴天室外
照度/lx	0.001～0.02	0.02～0.2	5～50	50～500	100～1000	1000～100 000

第三节　人眼的视觉特性

一、明暗和彩色视觉

图 2-5 为相对视敏函数曲线，图中右边的曲线是在白天正常光照条件下获得的，称为明视觉视敏函数曲线，锥状细胞在视觉过程中起主导作用。在夜晚或微弱光线作用下，杆状细胞将起主导作用，并对短波长的光敏感，视敏曲线将向左移，如图 2-5 中暗视觉线所示。当光线暗到一定程度时，只有杆状细胞起作用，此时人眼便无法辨别颜色。

彩色视觉是一种明视觉，它可以用亮度（luminosity）、色调（hue）和饱和度（saturation）3 个量来描述，称为彩色三要素，这样的彩色视觉模型又被称为 HIS 模型。亮度

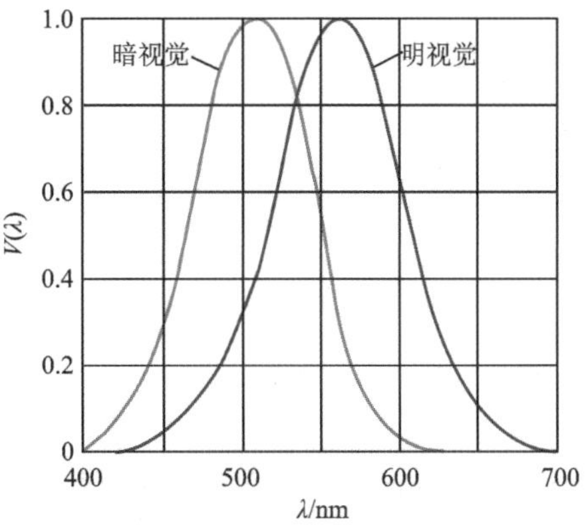

图 2-5　相对视敏函数曲线

是指彩色光所引起的人眼对明暗程度的感觉，显然亮度和照射光的强度有关。色调是指光的颜色，红、橙、黄、绿……都表示光的不同色调，改变色光的光谱成分，就会引起色调的变化。饱和度是指颜色的深浅程度，如深红、浅红等。色调和饱和度又合称为色度，它既能表示色光颜色的类别，又能表示颜色的深浅程度。

尽管不同波长的光引起不同的颜色感觉，但是，同一种颜色却可以用不同的光谱成分加以合成，如蓝色光和绿色光组合起来可以形成青色光，用红、绿、蓝三色光按适当比例组合起来可以形成白光，而白光经过分光镜又可分解成红、橙、黄、绿、青、蓝、紫等七色光。白光也可用这七种光加以合成。事实上，几乎绝大部分色光都可以由红(red)、绿(green)、蓝(blue)3 种色光按一定强度比例加以合成，因此又称红、绿、蓝为三基色，基于该三基色的彩色模型又称为 RGB 模型。

人眼之所以能辨色，是因为视网膜上有锥状细胞。但它又是怎样区分变化万千的各种颜色的呢？这一问题至今还没有搞清楚。但是，基于大多数颜色都可以由三基色加以合成这一事实，人们提出了一种视觉三色假说。这种假说虽然尚未经解剖生理学所证明，但是，它能较好地解释人类视觉能够辨色的客观实际。

视觉三色假说是假设锥状细胞有 3 种，分别对红、绿、蓝三色光敏感。如果分别画出它们对可见光响应的相对视敏函数曲线 $V_r(\lambda)$、$V_g(\lambda)$、$V_b(\lambda)$（图 2-6），那么将这 3 条曲线叠加便是如图 2-5 所示的明视觉视敏曲线。

由图 2-6 可以看出，3 条曲线是相互交叉的，说明某一波长的单色光可能引起 2 种或者 3 种锥状细胞的响应，总的彩色感觉将是这些锥状细胞响应的综合结果。例如，波长为 580×10^{-9}m 时，对应的是黄色光。此时，据图 2-6 曲线，它是红敏锥状细胞和绿敏锥状细胞同时被激励并给出响应的综合结果。事实上，不管外界光谱成分怎样组合，只要在 3 种锥状细胞上引起的响应组合是相同的，便有同一种颜色感觉。

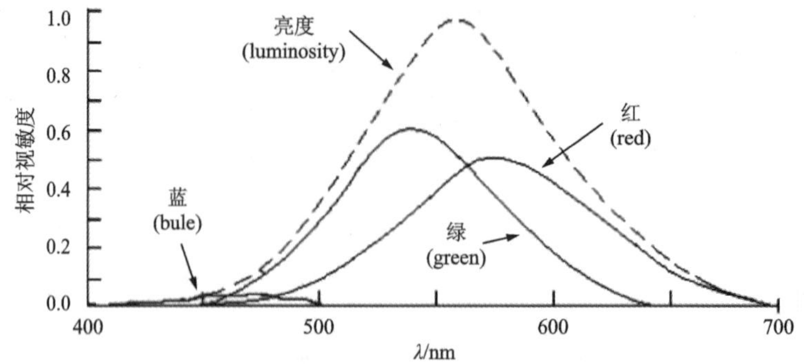

图 2-6 3 种锥状细胞的相对视敏函数曲线

设某种外界刺激的色光的功率波谱为 $P(\lambda)$，则对于 3 种色敏锥状细胞来说，其光通量分别为

$$\begin{cases} F_r = \int_{380}^{780} P(\lambda)V_r(\lambda)\,\mathrm{d}\lambda \\ F_g = \int_{380}^{780} P(\lambda)V_g(\lambda)\,\mathrm{d}\lambda \\ F_b = \int_{380}^{780} P(\lambda)V_b(\lambda)\,\mathrm{d}\lambda \end{cases} \tag{2-8}$$

大脑根据 F_r、F_g、F_b 三色合成的比例获得总的色度感觉，而三者合成的总光通量，决定了总的亮度感觉。

二、视觉范围和分辨力

视觉范围是指人眼所能感觉的亮度范围。这一范围非常宽，大约百分之几每平方米坎〔德拉〕到数百万每平方米坎〔德拉〕。但是，人眼并不能同时感受这样宽的亮度范围。事实上，在人眼适应了某一个平均的亮度环境以后，它所能感受的亮度范围要小得多。当平均亮度适中时，能分辨的亮度上、下限之比为 1000∶1；而当平均亮度较低时，该比值只有 10∶1。即使是客观上相同的亮度，当平均亮度不同时，主观感觉的亮度也不相同。例如，当环境为晴朗白天时，平均亮度为 1000 cd/m^2，此时，人眼可分辨的亮度范围为 200～2000 cd/m^2，就是说，低于 200 cd/m^2 的亮度都会引起黑色的感觉。但是，当环境亮度减少到 30 cd/m^2 时，可分辨的亮度范围便减少到 1～200 cd/m^2。此时，不仅 200 cd/m^2 已感到特别明亮，即使 100 cd/m^2 也感到很亮了。只有小于 1cd/m^2 的亮度才感觉成黑色。所以，人眼的明暗感觉是相对的。但由于人眼能适应的平均亮度范围很宽，所以总的视觉范围才很宽。

人眼之所以能适应环境亮度的变化，是因为瞳孔的调节作用和视觉细胞本身的调整能力。

人眼的分辨力(或视觉锐度)是指人眼在一定距离上能区分开相近两点的能力,可以用能区分开相近两点的最小视角的倒数来描述(图 2-7),即

$$q = \frac{1}{\theta} = \frac{d}{L}$$

式中:d 表示能区分的两点间的最小距离;L 为眼睛和该两小点连线的垂直距离。

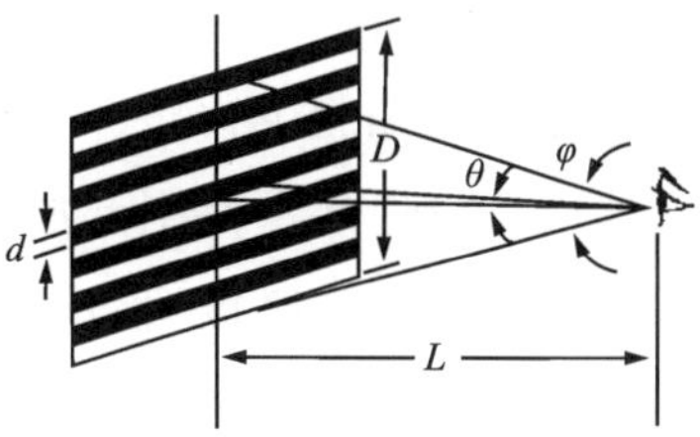

图 2-7　人眼分辨力的计算

如果用角分作单位,则有

$$q = \frac{d}{L} \times \frac{360}{2\pi} \times 60 = 3438\,\frac{d}{L}\text{(角分)}$$

人眼的分辨力和环境照度有关,当照度太低时,只有杆状细胞起作用,则分辨力下降;照度太高也无助于分辨力的提高,因为可能引起“眩目”现象。

人眼分辨力还和被观察对象的相对对比度有关。如果用 B 和 B_0 分别表示对象和背景的亮度,则相对对比度定义为

$$C_r = \frac{B - B_0}{B_0} \times 100\,\% \tag{2-9}$$

当 C_r 较小时,表明对象和背景亮度很接近,因此,分辨力自然要下降。

此外,运动速度也会影响分辨力,速度大,则分辨力下降。

人眼对彩色的分辨能力要比对黑白的分辨能力低,如果把刚能分辨出来的黑白相间的条纹换成红绿条纹,则无法分辨出红和绿的条纹来,而只能看出一片黄色。对于不同彩色,人眼的分辨能力也不相同。表 2-2 给出了当把对黑白细节的分辨能力定为 100%时,人眼对其他彩色的分辨力。

表 2-2　人眼对不同彩色的分辨力

彩色差别	黑白	黑绿	黑红	黑蓝	红绿	红蓝	蓝绿
分辨力/%	100	94	90	26	40	23	19

三、视觉适应性

当我们从明亮的阳光下走入正在放映电影的影院时,会感到一片漆黑,但过一会后,视觉便会逐渐恢复,人眼这种适应暗环境的能力称为暗适应性,通常这种适应过程约需 30s。人眼之所以能产生暗适应性,一方面是由于瞳孔放大的缘故,更重要的是因为完成视觉过程的视敏细胞发生了变换。此时将由杆状细胞代替锥状细胞,而前者的视敏度约为后者的 10 000 倍。

和暗适应性相比,亮适应性过程要快得多,通常只需几秒钟。例如,当在黑暗中突

然打开电灯时，人的视觉几乎马上就可以恢复。这是因为锥状细胞恢复工作所需的时间要比杆状细胞少得多。

由适应性还可能引起所谓的对比效应，如图 2-8 所示。图 2-8(a)～(c)中的小方块原本具有相同的亮度，但由于它们处于亮度不同的背景中，因此，给我们的主观感觉却是不相同的。当同时观察图 2-8 中的方块和背景时，似乎图 2-8(a)中间方块要比其他几个图中的亮，反之，似乎图 2-8(c)中的方块最暗。这便是所谓的同时对比效应。

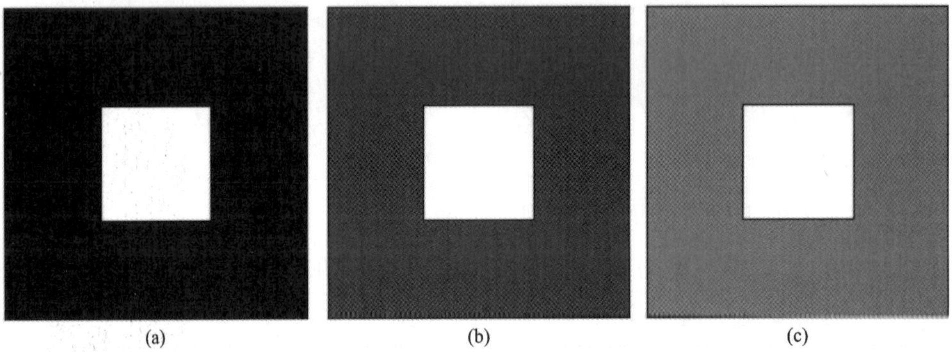

图 2-8 同时对比效应

这种现象可以用近旁适应性来解释。在观察图 2-8(a)中小方块的视敏细胞周围，同时也有许多视敏细胞在观察背景。由于背景很暗，这些细胞光灵敏度很高，观察小方块的视敏细胞受周围细胞的影响，亮度感觉增加，因此，似乎比其他小方块更亮些。

同样，在明暗不同或是彩色不同的背景中观察相同亮度的同一彩色，也会感到其饱和度不同，这便是彩色饱和度对比效应。

此外，在不同彩色背景中观察同一彩色，会感到彩色色调不同，这便是色调对比效应。还有一种面积对比效应，拿一个面积大的物体和一个面积小的物体相比，前者的亮度和饱和度似乎都要强一些。当把一个小的面积含于一个大的面积之中时，在主观感觉上，小面积彩色有向大面积彩色偏移的趋势，这种现象称为同化效应。

四、亮度感觉

从前面的讨论中我们知道，主观感觉到的景物亮度并不直接由景物本身的亮度所决定。那么亮度感觉和客观亮度之间究竟有什么关系呢？

在视觉范围讨论中我们曾指出，尽管人眼总的视觉范围很宽，但在特定环境下，人眼分辨亮度的范围事实上是很有限的，并且对于不同的亮度背景能觉察到的最小亮度变化 $\Delta B_{\min}$ 也不相同。所以，我们用相对的亮度变化来描述亮度感觉的变化，即

$$\Delta S = K' \frac{\Delta B}{B}$$

经积分后，总的主观亮度感觉

$$S = K'\ln B + K_0 = K\lg B + K_0 \tag{2-10}$$

式中：$K = K'\ln 10$，K 和 K' 均为常数。

式(2-10)表明，亮度感觉与亮度 B 的对数呈线性关系。这一规律称为韦伯-费希纳(Weber-Fechner)定律。

人眼在适应平均亮度情况下，能感受的相对亮度(黑、白)范围比较小，由于主观亮度感觉的相对性，给影像的传送和再现带来了方便。一方面，重现影像的亮度无须等于实际影像的亮度，而只需保持两者的最大亮度 B_{max} 和最小亮度 B_{min} 的比值 C 不变就可以了，该比值称为对比度，即

$$C = \frac{B_{max}}{B_{min}} \tag{2-11}$$

另一方面，人眼不能辨别的亮度差别，在复现时也没有必要复制出来。所以，只要复现影像和实际影像具有相同的对比度和亮度层次，就会给人以真实的感觉。

五、视觉惰性

视觉适应性理论指出，人眼对于亮度的突变并不是马上就适应的，而是需要一定的过渡时间，人眼这种对亮度改变进行跟踪的滞后性质称为视觉惰性。在突变的某亮度刺激下，人眼的最大亮度感觉可能比实际亮度大得多，这正是海上灯塔、急救或消防汽车上的灯光采用断续闪烁灯光的原因。当亮度突然消失时，人眼的亮度感觉并不马上消失，而是按指数规律逐渐消失。这便是当今电影可以用一张张相隔一定时间拍摄的图片，给人以连续运动感觉的原因。这种特性有时又被称为人眼的记忆特性。通常这种亮度感觉在亮度消失以后尚能保持 1/20～1/10s。因此，当闪烁光源每秒钟闪烁次数超过 10～20 次时，便会给人以均匀发光体的感觉。当闪烁频率较低时，便会给人以闪烁的感觉。通常，称不引起闪烁感觉的最低重复频率为临界闪烁频率。它的大小和很多因素有关，如亮度变化幅度、相继两幅画面的亮度分布和彩色情况、观察者到画面的距离、环境亮度等，但主要影响因素是光脉冲的亮度最大幅度。为了获得连续运动的影像，电影画面每秒放映 24 幅，但此时还会有亮度的闪烁感觉，为此又采用了遮光技术，即每幅画面放映两次，相当于每秒放映 48 辐画面，这样便可获得影像和亮度两个方面的连续性。同一原理被用于电视显像方面。事实上，为得到更好的连续感觉，电视画面是以每秒 50 幅的速度进行更换的。

六、马赫带效应

图 2-9 是由一些客观亮度彼此不同的窄带所组成的照片，其中每个窄带本身有着

均匀分布的客观亮度。然而，对于图中的每个窄条，人的主观亮度感觉却不是均匀分布的，而是感到所有窄条的右边都比左边亮一些，这便是所谓的马赫带效应(Math band effect)。

马赫带效应的出现是人类的视觉系统造成的，可以用人眼对突变的亮度刺激有着“超调”的响应来解释。在亮度较低一侧似乎感到更暗，而在亮度较高一侧似乎感到比实际亮度更亮，显然在图像的亮度改变的边界处，有着增强亮度的作用。

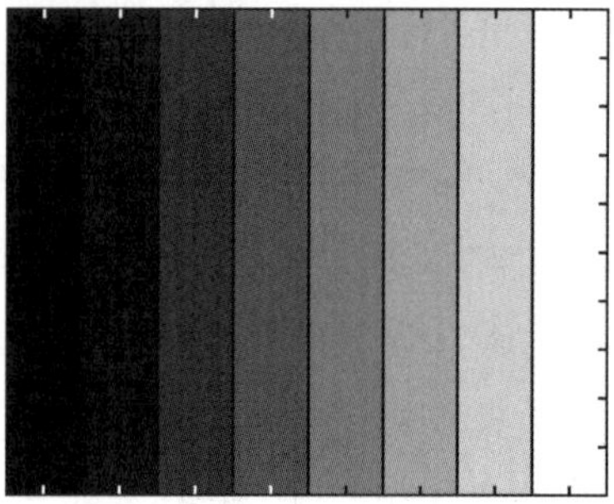

图 2-9　马赫带效应的例子

七、视觉模型

为便于分析和研究人类视觉系统对光图像感知过程，有必要把它的生理物理过程用数学或物理模型加以描述。然而，关于视觉系统的详细分析已超出本课程的内容。这里只讨论两种简单的模型。

1. 低通-对数-高通模型

这是根据人眼对外界光刺激的感知过程建立起来的模型，如图 2-10 所示。光刺激经角膜、前室水状液、瞳孔、水晶体、后室玻璃体照射到视网膜上，整个过程可视为感知的第一阶段。在这一阶段中，瞳孔适应外界光强的变化是有一定惯性滞后作用的。前室水状液和后室玻璃体对光刺激有散射作用，并且这种作用随着光刺激的空间频率增加而增大，通常意味着对高空间频率的光刺激有抑制作用。此外，由于视网膜上光敏细胞的数量和分布区域有一定限度，也意味着对高空间频率的光刺激的响应是有限的。最后，许多光敏细胞所感应的光信号都汇集到一个神经节再进行传递，这也将对高频变化起抑制作用。总之，这一阶段可以等效为一个低通滤波器，如图 2-10 中的第一个方块所示。

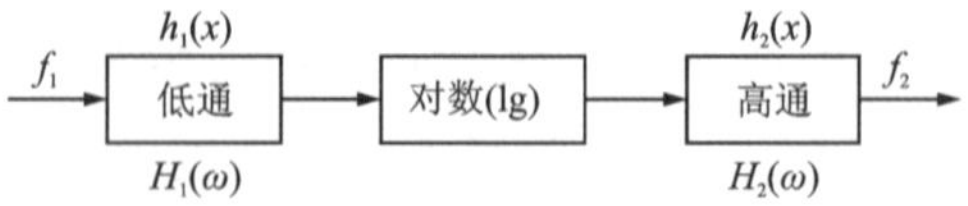

图 2-10　视觉系统的低通-对数-高通模型

光敏细胞对光的响应可视为感知的第二阶段。在关于亮度感觉的讨论中曾指出，主观亮度感觉和景物客观亮度之间呈对数关系，如式(2-10)所描述的那样。因此，这一阶段可等效于一个对数运算的非线性环节，如图 2-10 中的第二个方块所示。

感知的第三个阶段是视神经网络对光信号的传递。由于神经细胞的横向抑制特性，这一阶段可以等效为一个空间高通滤波器，如图 2-10 中最后一个方块所表示的那样。

费尔曼(Furman)对于感知的第三阶段,提出了向前的抑制模型、向后的抑制模型、向前分岔模型、向后分岔模型 4 种神经网络模型。然而这 4 种模型本质上都等效于空间高通滤波器。向后的抑制模型如图 2-10 所示。

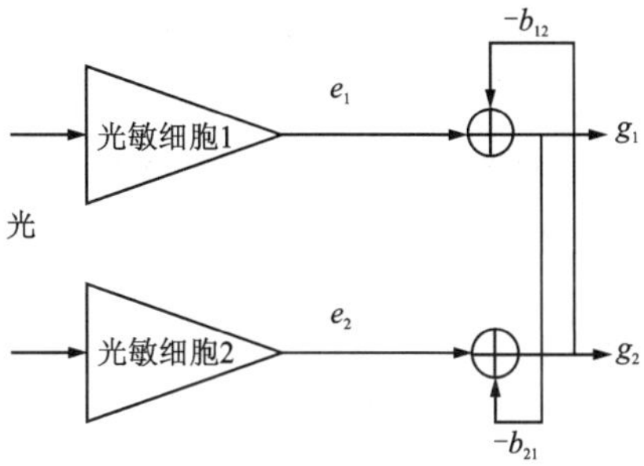

图 2-11　在视网膜神经网络上两个光敏细胞的向后抑制模型

经推导,其频率响应为

$$H_2(\omega) = \frac{1}{W(\omega)} = \frac{a^2 + \omega^2}{2a_0 a + (1 - a_0)(a^2 + \omega^2)} \tag{2-12}$$

式中:a_0,a 均为小于 1 的正数,且 $a < a_0$。它相当于一个高通滤波器,因为当 ω 为 0 和趋于无穷时有

$$H_2(0) = \frac{a}{2a_0 + a(1 - a_0)} \tag{2-13}$$

$$\lim_{\omega \to \infty} H_2(\omega) = \frac{1}{1 - a_0} \tag{2-14}$$

戴维森(Davidson)也给出了随瞳孔直径和聚焦程度变化的低通滤波器脉冲响应和频率响应函数,即

$$h_1(x) = \mathrm{e}^{-\alpha|x|} \tag{2-15}$$

$$H_1(\omega) = \frac{2\alpha}{\alpha^2 + \omega^2} \tag{2-16}$$

式中:α 为取决于瞳孔直径的参数,当瞳孔直径为 3mm 时,$\alpha = 0.7$,此时低通滤波器的半功率点截止频率为 6.6Hz。对应 $\alpha = 0.7$ 时的低通空间滤波器的频率响应为

$$H_{\mathrm{lp}}(\omega) = \frac{0.14}{0.49 + \omega^2} \tag{2-17}$$

2. 对数-带通模型

另一种简单的视觉系统模型是对数-带通模型。它把光刺激的接收和响应信号的传递两个阶段综合起来加以考虑,从而用一个空间带通滤波器表示其作用。

人工显示一个空间频率固定的正弦光栅(即黑白相间的条纹图案,在光刺激对人眼张角的范围内,条纹变化的每度周数即为该正弦光栅的空间频率),逐渐减少其对比度，直到人眼刚刚不能看到该光栅为止，便可得到对应于该频率的正弦光栅的对比度门限值。然后再改变正弦光栅的频率，重复上述实验，最后便可得到人眼相对灵敏度（它和对比度的倒数成正比，因为能鉴别出光栅时的对比度越低，则人眼灵敏度越高；实验时因取背景亮度不变，故所测灵敏度为相对灵敏度）和对正弦光栅刺激的频率响应的关系曲线。人眼刚好能辨别出来的光栅的包络曲线，便是视觉系统对正弦光栅刺激的频率响应，又称视觉系统的调制传递函数，常以符号 MTF 表示，人眼对低频和高频的灵敏度均小于对栏中间频率的灵敏度，即调制传递函数 MTF 刚好对应于一个带通滤波器。

考虑到光敏细胞对客观亮度响应的对数特性，于是把两者结合起来便得到如图 2-12 所示的对数-带通视觉模型。当然，它也可以表示带通-对数模型，其机理是一样的。

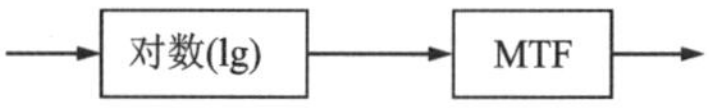

图 2-12 人类视觉系统的对数-带通模型

第三章　图像增强

图像增强是指对图像的某些特征，如边缘、轮廓、对比度等进行强调或尖锐化，以便于显示、观察或进一步分析与处理。增强不会增加图像数据中的相关信息，但它将增加所选择特征的动态范围，从而使这些特征的检测或识别更加容易。

图像增强的最大困难是很难对增强结果加以量化描述，只能靠经验和人的主观感觉加以评价。同时，要获得一个满意的增强结果，往往要靠人机的交互作用。然而，这丝毫没有减少图像增强在图像处理中的重要性。事实上，它常常作为许多后续分析与处理的基础。

第一节　点运算

点运算是指输入与输出图像之间的关系是从一个像素点到另一个像素点的逐点变换关系，用数学公式表示，即

$$g(x,y) = G[f(x,y)] \tag{3-1}$$

式中：$f(x,y)$ 和 $g(x,y)$ 分别表示变换前的图像（称为原图或旧图）和变换后的图像（称为新图）在 (x,y) 点的像素灰度；G 称为变换函数，它可以是线性函数，也可以是非线性函数。

G 为线性函数时对应的运算称为线性点运算，G 为非线性函数时对应的运算称为非线性点运算。不管哪种运算，它们的共同点是输出图像中的一个像素的灰度，仅和输入图像中的唯一一个像素的灰度有关，而和其余像素无关。这一点和后面将要介绍的“空间运算”不同，空间运算输出图像的一个像素的灰度，将由该图像的一个局部区域中的一组像素灰度决定。下面逐一介绍各种线性和非线性点运算。

一、线性灰度比例尺变换

灰度比例尺变换又称对比度展宽，可分为线性与非线性运算两类。本小节首先介

绍线性灰度比例尺变换算法。

1. 分段线性化灰度比例尺变换算法与窗切片

分段线性化灰度比例尺变换是典型的线性变换算法，如图 3-1 所示，其对应关系为

$$g=\begin{cases}\alpha f & 0\leqslant f<a\\ \beta(f-a)+g_a & a\leqslant f<b\\ \gamma(f-b)+g_b & b\leqslant f\leqslant L\end{cases}\quad(3\text{-}2)$$

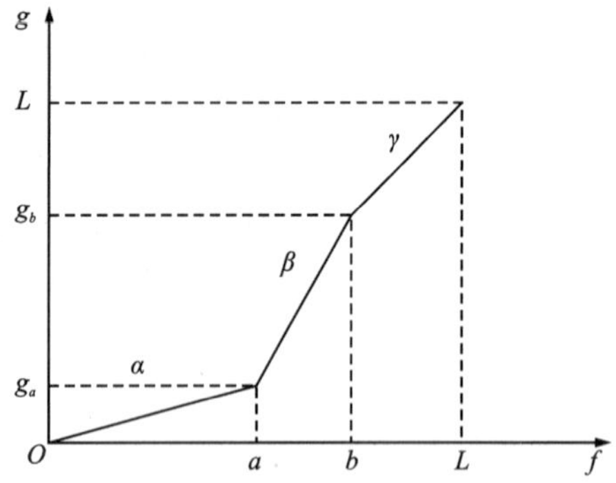

图 3-1 典型线性变换关系——分段线性化

式中：a,b,α,β,γ 为控制灰度映射关系的常数。

a,b 的选择可以决定低、中、高灰度级的范围，α,β,γ 的选择用于决定 3 个线段的斜率，其中

$$\alpha=\frac{g_a}{a},\beta=\frac{g_b-g_a}{b-a},\gamma=\frac{L-g_b}{L-b}\tag{3-3}$$

当 a,b,α,β,γ 取不同组合时，便可以得到不同的处理结果。例如：

(1) $\alpha=\gamma=0$ 时，$g=G(f)$ 曲线如图 3-2(a)所示，表示对于 $[a,b]$ 以外的原图灰度不感兴趣，均令为零，而处于 $[a,b]$ 之间的原图灰度，则均匀(线性)地变换成新图灰度。

(2) $\alpha=\gamma=\beta=0$，但 $g_a=g_b=L$，此时 $g=G(f)$ 曲线如图 3-2(b)所示，表示只对 $[a,b]$ 间的灰度感兴趣，且均变同样的白色，其余变黑，此时图像变成二值图。这种操作又称灰度级(或窗口)切片。

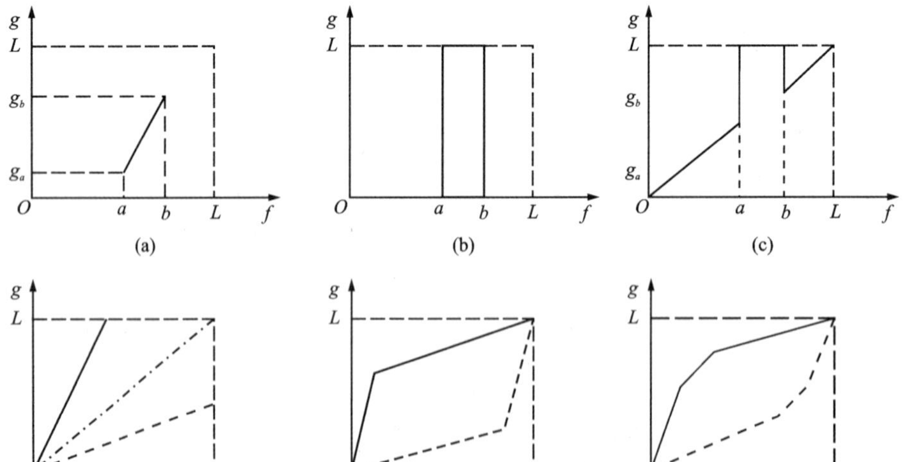

图 3-2 对比度展宽的集中特殊情况

还有其他一些线性灰度比例尺度变换关系如图 3-2(c)～(f)所示。图 3-2(c)的含

义是在保留背景的前提下，提升$[a,b]$间像素的灰度级，也是一种窗口或灰度级切片操作；图 3-2(d)展示了均匀展宽（实粗线）和均匀压缩（虚粗线）的变换情况，对角线表示了新旧图一样（没有变化）的情况；图 3-2(e)展示了暗区展宽（变亮）、亮区压缩（变暗），或者相反（分别对应图中的实线和虚线）；图 3-2(f)展示了暗区展宽、中间区域不变、亮区压缩，或者相反（分别对应图中的实线和虚线）；等等。

2. 图像翻转

图 3-3 展示了一种图像反转的变换，或者按传统模拟照相技术的术语称为“正负片反转”。图像反转的运算可以表示为

$$g(x,y) = L_{\max} - f(x,y) \tag{3-4}$$

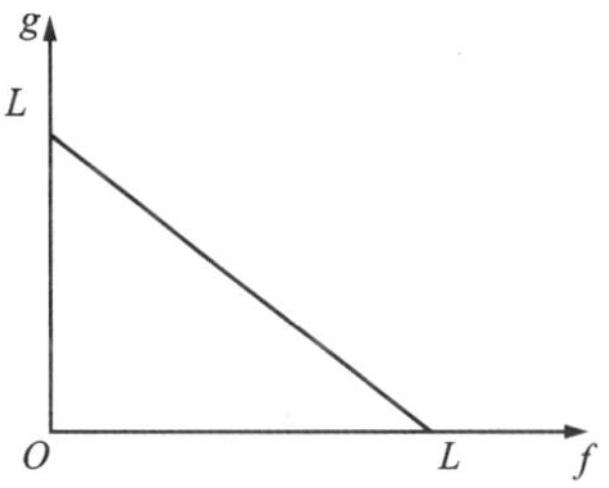

图 3-3 图像反转

这种处理在现实生活中会经常遇到，如胸部透视图片、CT 及 NMR 等医学胶片、老式照片底板，以及许多工程测量仪器等感光胶片、石碑拓片等。总之，这是一种常用的处理方法。图 3-4 给出了一个文本文件反转的实例。

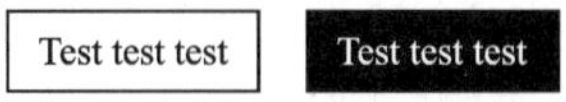

图 3-4 一个文本文件反转的实例

以上介绍的灰度比例尺变换都属于线性变换的范畴，其共同的特点是运算简单，易于实现。下面将再介绍一些非线性的灰度级变换运算。

二、非线性灰度比例尺变换

1. 幂次变换

一组新旧图变换曲线可由以下指数函数生成：

$$g = cf^{\gamma} \tag{3-5}$$

它表示一种灰度级幂次变换。当γ取不同值时可以获得不同的处理效果。例如，当$\gamma > 1$时将产生暗区削弱，亮区加强的效果；反之，当$\gamma < 1$时将产生暗区加强，亮区削

弱的效果。而当 $c=\gamma=1$ 时，将有 $g=cf$，对应于图中的对角线，即新、旧图只相差一个比例系数 c。不难看出，幂次变换和线性变换有类似的处理效果[见图 3-2(e)]，只是更细腻些，同时计算也更复杂一些。

式(3-5)也可以写成

$$g=c(f+\alpha)^{\gamma} \tag{3-6}$$

的形式，此时原图像在变换前灰度有个位移量 α。

2. 对数变换(动态范围调整)

针对傅氏频谱显示问题，存在一种压制大幅度信号(直流分量)，提升弱信号(大部分其他傅氏分量)的变换算法，它一般可以表示为

$$g(x,y)=c\log_b[|f(x,y)|+1] \tag{3-7}$$

式中：c 为比例系数；$f(x,y)$、$g(x,y)$ 分别代表旧、新图灰度级；式中的 1 和绝对值，是为了避免对负数和零取对数。

由式(3-7)可以看出，新、旧图之间是对数关系，b 为对数运算的底，可以是 10(十进对数)，也可以是 e(自然对数)。因此，这种灰度级变换也被称为对数变换。它的作用是改变函数的动态范围，因此又被称为动态范围调整算法。由于图像像素均取正数，因此式(3-7)也可改写成

$$g(x,y)=c\log_b[f(x,y)+1] \tag{3-8}$$

3. 指数变换

指数变换是对数变换的逆运算，可以描述为

$$g(x,y)=k^{\alpha f(x,y)}-1 \tag{3-9}$$

式中：k 与 α 为常数，可据实际操作的需要选取。

指数变换通常用于较灰暗图像的处理，用以扩展亮区信号。

4. 其他非线性变换

指数变换和对数变换都属于非线性变换，除了它们以外，图 3-5 给出了新、旧图像灰度级其他非线性变换关系，通常可以用指定原点 $(0,0)$ 和点 (L,L) 旧图 f 与新图 g 的数值对应关系，然后任选第三点 (f_3,g_3)，计算出

$$f_3=pL,\ g_3=qL$$

即横坐标和纵坐标分别占最大灰度级 L 的比例，然后用这三点拟合一条曲线，便得到一种新的灰度比例尺变换关系。如图 3-5(a)中的两条单调变化的曲线，其中实线表示暗区提升，亮区压缩的处理；虚线则刚好相反，表示暗区压缩，亮区提升的操作，其作用类似于图 3-2(e)的线性变换。只是这种变换具有更大的灵活性。

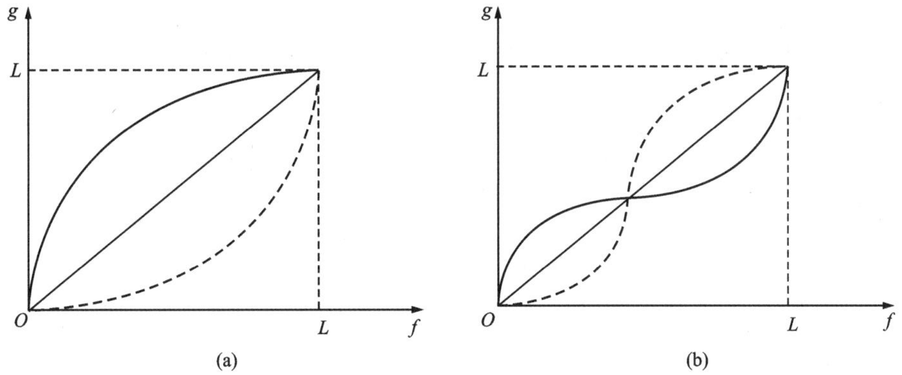

图 3-5　其他一些非线性变换

同理，如果除原点 (0,0) 和点 (L,L) 外，再取两点，就可以得到用 4 点拟合的曲线变换关系，此时还可以得到同时具有上凸和下凹的曲线变换关系，如图 3-5(b)中的两条曲线，其中实线表示暗区和亮区均提升，中间区域压缩的处理；虚线则刚好相反，表示暗区和亮区均压缩，中间区域提升的操作。一般来说，后者更实用些。

显然，利用这种变换可以得到和分段线性化相类似的增强效果，并且具有更大的灵活性，但同时也将付出更大的计算代价。

三、灰度级修正

通过记录装置把一景物变成一幅图像时，景物上每一点反射的光，并不是按同一比例转化成图像上相应点的灰度的。例如，对一景物进行拍照，由景物反射的光，经过相机的光学系统，照射到底片(或者 CCD 光电转换器件)上并使它感光。但是，这样获得的照片(或数字图像)，并非"均匀曝光"的。显然，那些靠近光轴的光，要比远离光轴的光衰减得要少一些。因此，对照片上各点的灰度级变换并不均匀，这种现象称为"晕映"。电子感光器件制作的不均匀性，也可能引起每个像点对于相同的照射亮度，产生并不相同的感应电信号。为了克服这种现象，必须逐点修正灰度级，从而使衰减多的点，在灰度上得到适当的补偿。可以用关系式表示这种修正，即

$$f(x,y) = e(x,y)g(x,y) \tag{3-10}$$

式中：$g(x,y)$ 对应 (x,y) 点的理想灰度级；$f(x,y)$ 对应 (x,y) 点的实际灰度级；$e(x,y)$ 对应 (x,y) 点使理想图像发生畸变的比例。

只要设法找到比例因子 $e(x,y)$，就可以根据实际图像 $f(x,y)$ 求取理想的图像 $g(x,y)$ 了。对于一个确定的记录系统来说，$e(x,y)$ 可用如下方法找到：先用该系统对于一已知亮度均匀的图像 $g_0(x,y) = c$ 进行记录，得到一个实际的"非均匀曝光"的图像 $f_c(x,y)$，由式(3-10)可得

$$e(x,y) = f_c(x,y)/g_o(x,y) = f_c(x,y)/c$$

于是，当用同一系统（注意必须保持使用条件不变）再记录其他图像 $g(x,y)$ 时，便可以根据实际记录的图像 $f(x,y)$ 求出原图像，即

$$g(x,y) = f(x,y)/e(x,y) = cf(x,y)/f_c(x,y) \tag{3-11}$$

在实际应用中应该注意，对实际图像各点灰度级的修正，不应使结果图像的灰度级超出所使用的显示设备的灰度级显示范围。如果遇到这种情况，只要把整幅图像的显示比例减小一个比例尺就可以了。

四、算术/逻辑运算

1. 相加运算（两幅图相叠加）

两幅图像和相加的运算可描述为

$$g(x,y) = f_1(x,y) + f_2(x,y) \tag{3-12}$$

其含义就是，新图像在坐标点 (x,y) 处的灰度值 $g(x,y)$ 等于两图像 $f_1(x,y)$ 和 $f_2(x,y)$ 在同一坐标点 (x,y) 处像素灰度值之和。

2. 相减运算（图像减影和变化检测）

两幅图像和相减的运算可描述为

$$g(x,y) = f_1(x,y) - f_2(x,y) \tag{3-13}$$

类似地，其含义就是，新图像在坐标点 (x,y) 点的灰度值 $g(x,y)$ 等于两图像 $f_1(x,y)$ 和 $f_2(x,y)$ 在同一坐标点 (x,y) 处像素灰度值之差。

两个数字图像相减又称为数字减影（digital subtraction）。在实际应用中，通常是利用对同一景物前、后两次摄取的图像相减，以检测在两次取象中间的景物变化。这种技术已被广泛应用于医学诊断、军事侦察和遥感中。例如，对一个人的心血管连续拍摄两幅照片，并在第二次拍片前，向血管中注射对 X 光有反应的碘造影液，这两幅图像对应像素相减后，只有碘造影液的心血管处，像素灰度不为零，其余器官、骨骼影像将被减掉。用这种方法可精确地测量有关血管和心脏的几何尺寸，用以诊断是否患病。同样道理，数字减影技术也被用于不同时间拍摄的同一地区的遥感图片，在军事上用于侦察是否有敌人军事调动或军事装备及建筑出现（如新机场、港口、导弹发射井、飞机、坦克、舰艇等的改变），因此，数字减影也被称为变化检测。在民用场合，数字减影则被用于自然灾害（水、旱、火灾等）监测，土地、深林等资源调查等。如图 3-6 所示为一个人类血管数字减影的例子，清晰的血管形态可以为医生做出正确的诊断提供根据。

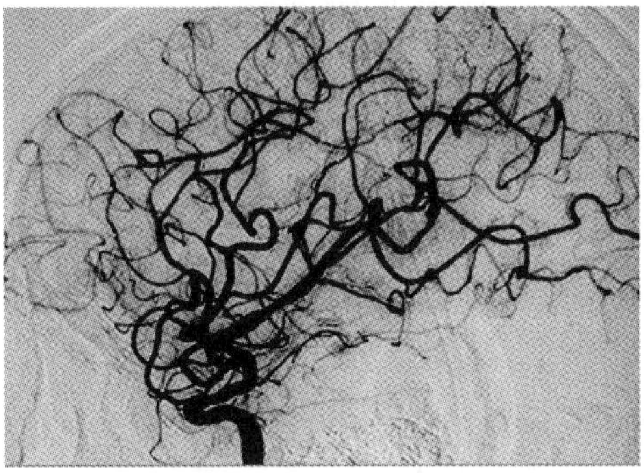

图 3-6　血管的数字减影图像

3. 相乘和逻辑与运算

两幅图像 $f_1(x,y)$ 和 $f_2(x,y)$ 相乘的运算和可描述为

$$g(x,y)=f_1(x,y)\times f_2(x,y) \tag{3-14}$$

类似地，其含义就是，新图像在坐标点的灰度值 $g(x,y)$ 等于两图像 $f_1(x,y)$ 和 $f_2(x,y)$ 在同一坐标点 (x,y) 处像素灰度值之积。

两幅图像相乘的处理通常用于提取一幅图像中某些感兴趣的对象。具体做法是将一幅图像制作为矩形模板，模板图像中像素灰度值为"1"。将该模板图像与待处理图像的感兴趣区域相乘，并提取相乘后那一部分的图像，就可以得到感兴趣对象的图像。

两幅图像 $f_1(x,y)$ 和 $f_2(x,y)$ 逻辑与运算可描述为

$$g(x,y)=f_1(x,y)\cap f_2(x,y) \tag{3-15}$$

需要说明的是，两幅图像各对应像素作逻辑运算，是指两个像素值对应的字符串作逻辑运算。

对于二值图像，这一运算可用于在一幅图像中提取感兴趣的对象，只要制作一个矩形模板，使模板大小可以覆盖该感兴趣区域，并使所有模板像素灰度值均取为"1"，然后用这个模板与该幅图像作逻辑与运算就可以了。

对于灰度图像，这一运算也可用于在一幅图像中提取感兴趣的对象，然而此时模板的选取稍微有所不同，即除了其大小也必须能够覆盖该感兴趣区域外，其所有模板像素灰度值要取为灰度最大值，对于 8b 的像素灰度值，即取为"11111111"。

4. 逻辑非及逻辑或运算

逻辑非的运算与图像翻转的作用完全相同，可以描述为

$$g(x,y)=\bar{f}(x,y)=L_{\max}-f(x,y) \tag{3-16}$$

两幅图像 $f_1(x,y)$ 和 $f_2(x,y)$ 逻辑或运算可描述为

$$g(x,y) = f_1(x,y) \cup f_2(x,y) \tag{3-17}$$

逻辑或的运算一般也被用于在一幅图像中提取感兴趣的对象，方法和逻辑与运算类似，只是此时的模板像素值取为最小值，对于 8b 的像素灰度值，即取为“00000000”。

5. 相除运算

两幅图像 $f_1(x,y)$ 和 $f_2(x,y)$ 相除的运算可描述为

$$g(x,y) = f_1(x,y)/f_2(x,y) \tag{3-18}$$

类似地，其含义就是，新图像在坐标点 (x,y) 点的灰度值 $g(x,y)$ 等于两图像 $f_1(x,y)$ 和 $f_2(x,y)$ 在同一坐标点 (x,y) 处像素灰度值之商。

两幅图像相除的处理通常用于消除多光谱遥感图像的入射光对于景物识别的影响。由于多光谱遥感图像摄取的同一地面景物图像，入射光的影响是相同的，而对于不同波段地物图像的差异仅仅表现于反射光的不同，因此不同波段两幅图像相除，可以抵消入射光的影响，而放大两幅图像的差异，有利于地物的鉴别。如表 3-1 所示，对于水和沙滩来说，在第 4 和第 7 波段图像中，两者的亮度反应差别均很小，或者说在这两个波段的图像中，水和沙滩两者很难加以区分。但是，如果将两幅图像相除，那么在所获得的图像中，水和沙滩的亮度比值就会有较大的差异，因此，也比较容易区分两者。

表 3-1 两幅图像相除增强的例子

波段	水-亮度	沙滩-亮度
4	16	17
7	1	4
4/7	16	4.25

五、直方图模型化

一幅图像的直方图，表示该图像中各种不同灰度级像素出现的相对频率。直方图模型化技术是指修正图像的直方图，使重新组成的图像具有一种期望的直方图形状。这对于展开具有窄的或者偏向一边的直方图图像来说是非常有用的。

由于期望变换后图像的直方图不同，直方图模型化方法有直方图均衡、直方图修正和直方图期望化 3 种。

1. 直方图均衡

概括地说，直方图均衡就是把一已知灰度概率分布的图像，经过一种变换，使之演

变成一幅具有均匀灰度概率分布的新图像。这样做的好处是把灰度过分集中分布于某个小的灰度区域的大部分像素，展开分布于整个灰度区间中，从而能够增强图像的细节。

设 r,s 分别表示被增强图像和变换后图像的灰度。为了简单，在下面的讨论中，假定所有像素的灰度已被归一化了。就是说，当 $r=s=0$ 时，表示黑色；$r=s=1$ 时，表示白色；而 $r,s\in[0,1]$ 表示像素灰度在黑、白之间变化。

现在取一个灰度变换

$$s=T(r)$$

它满足以下两个条件：

(1)在 $0\leqslant r\leqslant 1$ 区间中，$T(r)$ 是单调增加的单值函数。

(2)对于 $0\leqslant r\leqslant 1$，有 $0\leqslant T(r)\leqslant 1$。

相应的反变换为

$$r=T^{-1}\qquad 0\leqslant s\leqslant 1 \tag{3-19}$$

也满足上述两个条件。

可以认为，在一图像中，灰度值是一个在 $[0,1]$ 之间取值的随机变量，记为 R，因此，能够用概率分布来详细地描述其统计性质。设 $f_s(s)$ 和 $f_r(r)$ 分别表示新、旧图像中灰度的概率分布密度。现在的任务是，如何选取一个变换函数 $T(r)$，使得图像经此变换处理后，其概率分布密度 $f_r(r)$ 在新图中演变成 $f_s(s)$。

在概率论课程中我们知道，任何一个随机变量，其概率分布函数都是在 $[0,1]$ 之间变化的单调增加的单值函数，即刚好满足变换要求的两个条件。因此，取

$$s=T(r)=\int_0^r f_r(\omega)\mathrm{d}\omega\qquad 0\leqslant r\leqslant 1 \tag{3-20}$$

等式右端即为随机变量 R 的分布函数。作为 R 的随机变量函数的 S，其概率分布函数为

$$F(s)=P(S<s)=P(R<r)=\int_0^r f_r(\omega)\mathrm{d}\omega$$

相应的概率分布密度为

$$f_s=F'(s)=\left[f_r(r)\frac{\mathrm{d}r}{\mathrm{d}s}\right]_{r=T^{-1}(s)} \tag{3-21}$$

据式(3-20)可得

$$\frac{\mathrm{d}s}{\mathrm{d}r}=f_r(r)$$

因此，式(3-21)可写成

$$f_s(s)=1\qquad 0\leqslant s\leqslant 1$$

就是说，当取变换函数 $s = T(r)$ 为被变换图像的概率分布函数时，得到的新图像的灰度概率分布密度必然是归一化均匀分布的。这一结论显然和反变换函数 $r = T^{-1}(s)$ 无关，这一点很重要，因为反变换函数不总是容易得到的。

上述结论不难推广到离散情况，此时数字图像的概率分布密度可用各个灰度像素的统计频率近似表示，即第 k 级灰度出现的概率为

$$f_r(r_k) = \frac{n_k}{n} \quad 0 \leqslant r_k \leqslant 1 \quad k = 0,1,\cdots,L-1 \tag{3-22}$$

式中：n_k，n 分别表示具有第 k 级灰度的像素数和像素总数；L 表示灰度整量的最大级数。

于是式(3-20)可改写成

$$s_k = T(r_k) = \sum_{j=0}^{k} \frac{n_j}{n} = \sum_{j=0}^{k} f_r(r_j) \quad 0 \leqslant r_k \leqslant 1 \quad k = 0,1,\cdots,L-1 \tag{3-23}$$

这就是变换前、后旧图的像素灰度 r_k 和新图像素灰度 s_k 的变换关系公式。它和 r_k 的表示一样，在新图中，s_k 也应该是 $[0,1]$ 灰度区间 L 级归一化灰度中的第 k 级灰度，即应该有

$$s_k = \frac{k}{L-1} \quad s_k \in [0,1] \quad k = 0,1,\cdots,L-1 \tag{3-24}$$

例如，当 $L = 8$ 时，s_k 便应该是 0，1/7，2/7，…，6/7，1 等 8 个灰度中的一个。但是，变换后得到的 s_k 通常并不刚好满足式(3-24)，或者说并不刚好等于 8 个归一化灰度中的一个。为此还需重新量化，使之近似于其中的一个。通常采用四舍五入的量化方法，即取 k 近似于

$$\hat{k} = \mathrm{Int}\left[\frac{s_k - \hat{s}_{\min}}{1 - \hat{s}_{\min}}(L-1) + 0.5\right] \tag{3-25}$$

式中：$\hat{s}_{\min}$ 为变换后新图的最小灰度级，通常 $\hat{s}_{\min} = 0$ 。

因此，式(3-25)可以改写成

$$\hat{k} = \mathrm{Int}[s_k(L-1) + 0.5] \tag{3-26}$$

于是有

$$\hat{s}_k = \frac{\hat{k}}{L-1} \tag{3-27}$$

直方图均衡过程可以用图 3-7 加以描述，其实现的一般步骤如下：

(1)据式(3-22)求出旧图灰度直方图 $f_r(r_k) = \frac{n_k}{n}$ 。

(2)据式(3-23)变换函数 $s_k = T(r_k)$ 求出 s_k 。

(3)据式(3-25)或式(3-26)求出 $\hat{k}$ 。

(4)据式(3-27)求出 $\hat{s}_k$ 。

(5)将旧图中 r_k 对应的 n_k 赋予变换后对应的新图 $\hat{s}_k$，便得到了变换后的新灰度图像。

(6)绘出 $\hat{s}_k$ 与 n_k/n 的对应图，就得到了新图的灰度直方图。

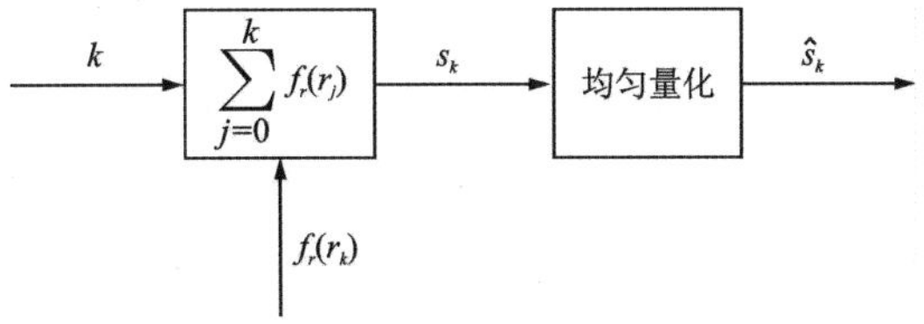

图 3-7　直方图均衡变换

下面举一实例说明直方图均衡的实施过程。

设有一幅 64×64 大小，8 级灰度的图像，其灰度直方图见表 3-2。

表 3-2　原图的灰度直方图

归一化灰度	0	1/7	2/7	3/7	4/7	5/7	6/7	1
像素数 n_k	790	1023	850	656	329	245	122	81
直方图 $f_r(r_k)$	0.19	0.25	0.21	0.16	0.08	0.06	0.03	0.02

现对其作直方图均衡化处理。

(1)据式(3-23)变换函数 $s_k = T(r_k)$ 求出 s_k。由于 $n = 64 \times 64 = 4096$，则有

$$s_0 = T(r_0) = f_r(r_0) = \frac{n_0}{n} = \frac{790}{4096} = 0.19$$

$$s_1 = T(r_1) = f_r(r_o) + f_r(r_1) = \frac{n_o + n_1}{n} = 0.44$$

$$s_3 = T(r_3) = f_r(r_0) + f_r(r_1) + f_r(r_3) = \frac{n_0 + n_1 + n_3}{n} = 0.65$$

类似地，可以求得的 s_k 见表 3-3 第 4 列。

(2)据式(3-26)求出 $\hat{k}$，见表 3-3 第 5 列。

(3)据式(3-27)求出 $\hat{s}_k$，见表 3-3 第 6 列。

(4)将旧图中 r_k 对应的 n_k 赋予变换后对应于新图的 $\hat{s}_k$，见表 3-3 第 7 列，便得到了变换后的新灰度图像。

(5)表 3-3 第 8 列给出了变换后新图的灰度直方图中，$\hat{s}_k$ 与 n_k/n 的对应关系。

表 3-3 直方图均衡化处理过程

原图像数据			变换后图像数据				
r_k	n_k	$f_r(r_k)=\frac{n_k}{n}$	s_k	$\hat{k}$	$\hat{s}_k$	n_k	n_k/n
0	790	0.19	0.19	1	0	0	0
1/7	1023	0.25	0.44	3	1/7	790	0.19
2/7	850	0.21	0.65	5	2/7		
3/7	656	0.16	0.81	6	3/7	1023	0.25
4/7	329	0.08	0.89	6	4/7		
5/7	245	0.06	0.95	7	5/7	850	0.21
6/7	122	0.03	0.98	7	6/7	985	0.24
1	81	0.02	1	7	1	445	0.11

这里再强调一次，关于待处理图像灰度区域的归一化假设并非直方图均衡化处理的必要条件。事实上，对于非归一化灰度区域，只要变换前后图像的灰度变化范围相同，那么这一方法同样成立。读者不难从前述推导中得出这一结论。

图 3-8 表示了一个图像经直方图均衡的效果。

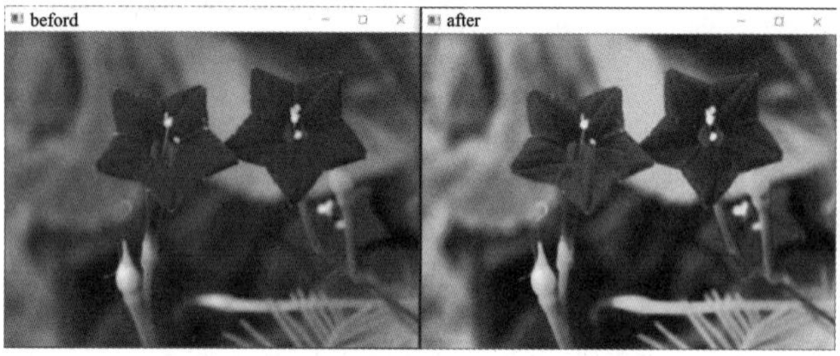

图 3-8 直方图均衡增强的实例

对应 Python 代码如下：

```
import cv2
img= cv2.imread('before.png', 1)
cv2.imshow('before', img)
(b, g, r)= cv2.split(img)
bH= cv2.equalizeHist(b)
gH= cv2.equalizeHist(g)
rH= cv2.equalizeHist(r)
dat= cv2.merge((bH, gH, rH))
cv2.imshow('after', dat)
cv2.imwrite("after.png", dat)
cv2.waitKey(0)
```

2. 直方图修正

可以把上面介绍的直方图变换推广到更一般的情况，即变换函数

$$s_k = T(r_k) = \sum_{j=0}^{k} f_r(r_j)$$

可以用与其性质相近的下述函数代替：

$$T(r_k) = \frac{\sum_{j=0}^{k} f_r{}^{1/n}(r_j)}{\sum_{j=0}^{L-1} f_r{}^{1/n}(r_j)} \quad n = 2,3,\cdots \tag{3-28}$$

或

$$T(r_k) = \lg(1+k) \quad K \geqslant 0 \tag{3-29}$$

$$T(r_k) = K^{\frac{1}{n}} \quad K \geqslant 0, n = 2,3,\cdots \tag{3-30}$$

而其余处理步骤不变。图 3-9 展示了直方图修正的操作过程。

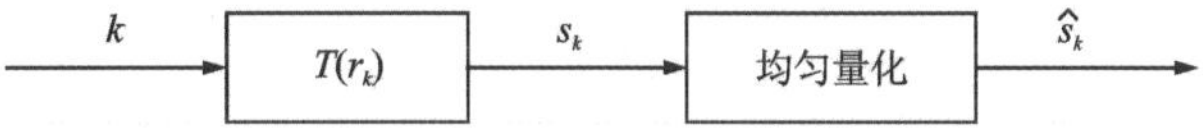

图 3-9　直方图修正操作过程

3. 直方图期望化（规格化）

这一增强操作是把已知直方图的图像，变换成具有某种期望直方图的图像。

设 $f_r(r)$ 和 $f_z(z)$ 分别表示原图像和变换后期望图像的概率分布密度。我们的问题是找到一种变换，使得原图经变换后，变成具有 $f_z(z)$ 分布的新图像。这种变换算法就称为直方图期望化算法。

根据前面的讨论，设想对原图和期望的图像都进行一次均衡变换 $T[r]$ 和 $G[z]$，那么将会得到具有相同的归一化均匀分布的变换结果，即令

$$s = T[r] = \int_0^r f_r(\omega)\mathrm{d}\omega \tag{3-31}$$

$$t = G[z] = \int_0^z f_z(\omega)\mathrm{d}\omega \tag{3-32}$$

那么，便有

$$f_s(s) = f_t(t) = 1 \tag{3-33}$$

就是说作为均匀分布的随机变量 s 和 t，有完全相同的统计性质，那么在统计意义上来说，它们是完全相同的。为此，用 s 取代 t 对式(3-32)取反变换

$$z = G^{-1}(s) \tag{3-34}$$

便可获得新图像各相应的灰度值。而新图像的灰度分布密度就是期望的 $f_z(z)$，于是问题便解决了。此处灰度 s 可以根据式(3-31)的直方图均衡化处理，由 $r \rightarrow s$ 的关

系获得。

由于 s 和 r 具有式(3-31)的关系，因此式(3-33)也可以写成

$$z = G^{-1}[T(r)] \tag{3-35}$$

这种直方图期望化方法遇到的主要问题是变换函数 $T(r)$ 和反变换函数 $z = G^{-1}(s)$ 如何获取。下面就原始图像和期望输出图像均为数字图像的一般情况，讨论直方图期望化算法的具体实现步骤。

(1)求出原始图像和期望输出图像的统计灰度直方图分别为

$$f_r(r_j) \quad j = 0,1,\cdots,L-1 \text{ 和 } f_z(z_i) \quad i = 0,1,\cdots,L-1$$

(2)按上节直方图均衡化的方法求取变换函数 $s = T[r]$，即

$$s_k = T(r_k) = \sum_{j=0}^{k} \frac{n_j}{n} = \sum_{j=0}^{k} f_r(r_j) \quad k = 0,1,\cdots,L-1 \tag{3-36}$$

同时也给出了 $r_k \to s_k$ 的转换关系。

(3)据式(3-34)，变换关系为

$$t_k = G(z_k) = \sum_{i=0}^{k} \frac{n_i}{n} = \sum_{i=0}^{k} f_z(z_i) \quad k = 0,1,\cdots,L-1 \tag{3-37}$$

(4)据式(3-34)，用 s_k 取代 t_k 求反变换函数

$$z_k = G^{-1}(s_k) \qquad k = 0,1.,\cdots,L-1 \tag{3-38}$$

(5)或者据式(3-35)，有

$$z_k = G^{-1}[T(r_k)] \quad k = 0,1,\cdots,L-1 \tag{3-39}$$

由 $r_k \to s_k$，就可以据式(3-38)或式(3-39)得到 z_k，然后把 r_k 对应的 n_k 赋予 z_k，便可求得 $f_z(z_k) = \frac{n_k}{n}$，从而得到期望的输出图像。

4. 局部直方图处理

前述各种直方图处理方法都是针对整幅图像做的，对于大部分区域都偏暗、偏亮或亮度区域过于集中的图像来说这显然是必要的。然而，有时一幅图像中会含有一些细节很丰富的小区域，而这些小区域的细节通常在对整幅图像做直方图处理时并不能被展示出来，或者说被忽略了。这种情况对于图像大部分区域具有相近灰度的情况很容易出现。

六、几何运算

图像的几何运算就是在不改变图像像素值的情况下，重新安排每个像素在空间的坐标位置，以达到对于图像的不同观测需要。例如把原图移动到一个新的空间位置(平移)，或者把原图转一个期望的角度(旋转)等。因此，图像几何运算又称为图像的空间变换。除了平移和旋转外，常用的几何运算还有图像镜像变换、图像转置和图像

缩放等。

1. 图像平移

图像平移就是把一幅图像整体移动到空间中一个新的位置，显然，每个像素坐标将具有完全相同的移动量。假设，每个像素在水平和垂直方向各移动了一个距离 T_x 与 T_y，原图像中任意一个像素的坐标为 (x,y)，平移后该像素的坐标变成为 (x',y') 那么，新老像素的坐标变换关系便是

$$\begin{cases} x' = x + T_x \\ y' = y + T_y \end{cases} \tag{3-40}$$

写成矩阵表达式便是

$$[x' \quad y' \quad 1] = [x \quad y \quad 1]\begin{bmatrix} 1 & 0 & 0 \\ 0 & 1 & 0 \\ T_x & T_y & 1 \end{bmatrix} \tag{3 - 41}$$

相反的操作，或逆变换便是

$$\begin{cases} x = x' - T_x \\ y = y' - T_y \end{cases} \tag{3-42}$$

$$[x' \quad y' \quad 1] = [x \quad y \quad 1]\begin{bmatrix} 1 & 0 & 0 \\ 0 & 1 & 0 \\ -T_x & -T_y & 1 \end{bmatrix} \tag{3 - 43}$$

需要说明的是，在经平移操作后，新图像所占空间将要超出原图像所占空间的范围，此时，如果新图像超出了显示区域范围，通常舍去超出的部分。

2. 图像旋转

图像旋转变换即把图像围绕坐标原点旋转一个角度。假设图像中的任意一点 (x,y) 到坐标原点的距离为 ρ，经过旋转达到新的一点 (x',y')，它们和坐标原点连线与 x 轴的夹角分别为 β 和 α，若用极坐标表示它们的位置，则有

$$\begin{cases} x = \rho\cos\beta \\ y = \rho\sin\beta \end{cases} \tag{3-51}$$

$$\begin{cases} x' = \rho\cos(\alpha + \beta) \\ y' = \rho\sin(\alpha + \beta) \end{cases} \tag{3-52}$$

由三角计算公式不难得到新旧坐标之间的变换关系为

$$\begin{cases} x = \rho\cos\alpha\cos\beta - \rho\sin\alpha\sin\beta = x\cos\alpha - y\sin\alpha \\ y = \rho\sin\alpha\cos\beta + \rho\sin\alpha\sin\beta = x\sin\alpha + y\cos\alpha \end{cases} \tag{3-53}$$

用矩阵表示即为

$$[x' \quad y' \quad 1]=[x \quad y \quad 1]\begin{bmatrix}\cos\alpha & \sin\alpha & 0\\ -\sin\alpha & \cos\alpha & 0\\ 0 & 0 & 1\end{bmatrix} \tag{3-54}$$

逐点进行变换便可完成图像旋转的变换。注意的是，旋转后图像可能有一部分超出原图所在的空间区域，通常把超出部分舍去。

3. 图像镜像变换

图像的镜像变换包括水平镜像变换和垂直镜像变换两种。水平镜像变换就是将原图像原地水平翻转 180°，或者也可以理解为以原图垂直中心线为轴，左右两半部分水平翻转交换其位置；垂直镜像变换就是将原图像原地垂直翻转 180°，或者也可以理解为以原图水平中心线为轴，上下两半部分垂直翻转交换其位置。

假设，图像的最大水平坐标为 X_{max}，图像的最大垂直坐标为 Y_{max}，原图像中任意一个像素的坐标为 (x,y)，镜像变换后该像素的坐标变成 (x',y')，那么，水平镜像变换后的新老像素的坐标变换关系便是

$$[x' \quad y' \quad 1]=[x \quad y \quad 1]\begin{bmatrix}-1 & 0 & 0\\ 0 & 1 & 0\\ X_{max} & 0 & 1\end{bmatrix}=[X_{max} \quad -x \quad y \quad 1] \tag{3-44}$$

反变换为

$$[x \quad y \quad 1]=[x' \quad y' \quad 1]\begin{bmatrix}-1 & 0 & 0\\ 0 & 1 & 0\\ X_{max} & 0 & 1\end{bmatrix}=[X_{max} \quad -x' \quad y' \quad 1] \tag{3-45}$$

类似地，垂直镜像变换后的新老像素的坐标变换关系便是

$$[x' \quad y' \quad 1]=[x \quad y \quad 1]\begin{bmatrix}1 & 0 & 0\\ 0 & -1 & 0\\ 0 & Y_{max} & 1\end{bmatrix}=[x' \quad Y_{max} \quad -y \quad 1] \tag{3-46}$$

反变换为

$$[x \quad y \quad 1]=[x' \quad y' \quad 1]\begin{bmatrix}1 & 0 & 0\\ 0 & -1 & 0\\ 0 & Y_{max} & 1\end{bmatrix}=[x' \quad Y_{max} \quad -y \quad 1] \tag{3-47}$$

4. 图像转置

图像转置就是把图像中的每个像素的位置坐标 (x,y) 互换成 $(x'=y,y'=x)$。用公式描述即为

$$[x' \quad y' \quad 1] = [x \quad y \quad 1]\begin{bmatrix} 0 & 1 & 0 \\ 1 & 0 & 0 \\ 0 & 0 & 1 \end{bmatrix} = [y \; x \; 1] \tag{3-48}$$

类似地，反变换为

$$[x \quad y \quad 1] = [x' \quad y' \quad 1]\begin{bmatrix} 0 & 1 & 0 \\ 1 & 0 & 0 \\ 0 & 0 & 1 \end{bmatrix} = [y' \; x' \; 1] \tag{3-49}$$

事实上，矩阵

$$\begin{bmatrix} 0 & 1 & 0 \\ 1 & 0 & 0 \\ 0 & 0 & 1 \end{bmatrix} \tag{3-50}$$

的逆矩阵就是自身，所以，反变换式(3-49)也可由式(3-48)左乘如式(3-50)所示的逆矩阵求得。

5. 图像缩放

当需要仔细观察图像的细节时，通常要对图像进行放大，有时还需要相反的操作，将图像缩小。它的作用如同拍照时的变焦距(zoom)。这种将图像放大或缩小的操作，简称为图像的缩放。

(1)重复细化。重复细化是指每个像素沿着行扫描线方向先重复自己一次，然后对于新生成图像的每一个像素再按列扫描方向重复自己一次。例如原始图像为

$$f(i,j) = \begin{bmatrix} 1 & 2 & 3 \\ 4 & 5 & 6 \end{bmatrix}$$

则变换后图像为

$$g(i,j) = \begin{bmatrix} 1 & 1 & 2 & 2 & 3 & 3 \\ 1 & 1 & 2 & 2 & 3 & 3 \\ 4 & 4 & 5 & 5 & 6 & 6 \\ 4 & 4 & 5 & 5 & 6 & 6 \end{bmatrix}$$

这个过程相当于在原图行和列元素中，交替地插入一个零值，然后和一个元素为 1 的矩阵 $\boldsymbol{H}$ 进行卷积

$$\boldsymbol{H} = \begin{bmatrix} 1 & 1 \\ 1 & 1 \end{bmatrix}$$

上述操作的结果图像被放大 4 倍，重复上述操作图像会继续被放大。然而，这种简单的像素重复带来的后果是图像会变得模糊。放大到一定程度人眼就会感觉出这种变化，即图像产生方块效应(马赛克)。

$$f(i,j)=\begin{bmatrix}1&2&3\\4&5&6\end{bmatrix}\rightarrow 插零 \rightarrow \begin{bmatrix}1&0&2&0&3&0\\0&0&0&0&0&0\\4&0&5&0&6&0\\0&0&0&0&0&0\end{bmatrix}\rightarrow 和\ \boldsymbol{H}\ 卷积 \rightarrow \begin{bmatrix}1&1&2&2&3&3\\1&1&2&2&3&3\\4&4&5&5&6&6\\4&4&5&5&6&6\end{bmatrix}$$

(2)插值放大。为了克服像素简单重复带来的问题,可以采取对图像相邻像素进行插值的方法放大图像。具体做法是,对于每一行的像素,沿着行方向先进行一次线性插值,然后再对每列像素沿着列的方向进行一次插值。沿行方向的线性插值可以表示为

$$\begin{cases}g_1(m,2n)=f(m,n) & 0\leqslant m\leqslant M-1\\ g_1(m,2n+1)=\dfrac{1}{2}[f(m,n)+f(m,n+1)] & 0\leqslant n\leqslant N-1\end{cases} \tag{3-55}$$

沿着列方向的线性插值为

$$\begin{cases}g_2(2m,n)=g_1(m,n) & 0\leqslant m\leqslant M-1\\ g_2(2m+1,n)=\dfrac{1}{2}[g_1(m,n)+g_1(m+1,n)] & 0\leqslant n\leqslant N-1\end{cases} \tag{3-56}$$

上述线性插值过程也可以通过原图隔行隔列插零后,与下述矩阵进行卷积获得,即

$$\boldsymbol{H}=\begin{bmatrix}\dfrac{1}{4}&\dfrac{1}{2}&\dfrac{1}{4}\\ \dfrac{1}{2}&1&\dfrac{1}{2}\\ \dfrac{1}{4}&\dfrac{1}{2}&\dfrac{1}{4}\end{bmatrix} \tag{3-57}$$

高阶插值可由上述方法推广得到,如当对图像进行 P 阶放大插值时,在行和列则要插入 P 行 P 列个零,然后和矩阵 $\boldsymbol{H}$ 卷积 P 次。

图像缩小的过程和前述类似,也可以用简单地删除偶数行和偶数列像素来实现。

(3)直接对像素坐标运算的图像缩放。一种简单的图像缩放处理方法是只对每个像素的坐标进行缩放。例如,若想在 x 轴和 y 轴分别把图像放大 S_x 和 S_y 倍,那么相应的图像变换公式为

$$[x'\quad y'\quad 1]=[x\quad y\quad 1]\begin{bmatrix}S_x&&\\&S_y&\\&&1\end{bmatrix}=[x\times S_x\quad y\times S_y\quad 1] \tag{3-58}$$

若想在 X 轴和 Y 轴把图像分别缩小为原来的 $1/S_x$ 和 $1/S_y$,即逆变换为

$$[x\ y\ 1]=[x'\quad y'\quad 1]\begin{bmatrix}\frac{1}{S_x} & & \\ & \frac{1}{S_x} & \\ & & 1\end{bmatrix}=[\frac{x'}{S_x}\quad \frac{y'}{S_y}\quad 1] \tag{3-59}$$

尽管图像是放大或所缩小了，但是图像的像素点数是不变的。

这种缩放所产生的一个问题是，当放大倍数 S_x 和 S_y 不为整数时，计算所得到的新像素坐标也可能不为整数，或者说在新图像坐标系中找不到对应的采样点。为此，需要对其做插值运算。前述图像旋转操作也会产生类似的问题。通常的解决办法是寻找出与计算得到的图像坐标位置最近的图像像素位置，然后把原像素灰度赋予它，这种方法被称为最邻近插值法。

第二节　空间运算

空间运算是指对于一个像素的邻域空间内诸像素灰度的一种运算，而该像素的灰度值就是经过该运算后所获得的结果。或者说，一个像素的灰度值，由其邻域像素的某种运算决定。空间运算的算法很多，下面逐一进行介绍。

一、噪声平滑

在传统的图像处理的图书中，有关图像平滑的内容都是放到图像增强中加以介绍的，这是因为抑制图像中的噪声，无疑会凸显出图像的有益信息，从而使图像更为清晰，因而符合图像增强的定义。但是，需要说明的是，在近年来出版的一些有关图像处理的图书中，把它放到图像恢复中去讲解，这也是正确的。因为从观测图像中消除噪声影响，从而使处理后图像更加接近于原图，正是图像恢复要解决的问题之一。因此，无论把这部分内容放到哪里去讨论，都是可以理解的。

1. 领域平均

大部分噪声，如由敏感元件、传输通道、整量化器等引起的噪声，多半是随机性的。它们对某一像素点的影响，都可以看作是孤立的，因此，和邻近各点相比，该点灰度值将有显著的不同。基于这一分析，可以用所谓邻域平均的方法，来判断每一点是否含有噪声，并用适当的方法消除所发现的噪声。

图(3-10)中 $f(x,y)$ 表示 (x,y) 点的实际灰度，O_i 表示其邻接各点的灰度，域平均方法可以表示为

$$\hat{f}(x,y)=\begin{cases}\frac{1}{8}\sum_{i=1}^{8}O_i & \left|f(x,y)-\frac{1}{8}\sum_{i=1}^{8}O_i\right|>\varepsilon \\ f(x,y) & \end{cases} \tag{3-60}$$

式中：ε 称为门限。

O_1	O_2	O_3
O_8	$f(x,y)$	O_4
O_7	O_6	O_5

图 3-10 像素 $f(x,y)$ 及其 8 邻域像素

ε 可以根据对误差容许的程度，选为图像灰度均方差 σ_f 的若干倍，即 $\varepsilon=k\sigma_f$；也可以用实验的方法，选为总灰度级的一个百分数，即 $\varepsilon=A\%L$，其中 L 为总灰度级数，A 为大于零的正数。

这种邻域平均方法实际上等价用一个空间低通滤波器对图像 $f(x,y)$ 进行低通滤波，因此也被称为空间低通滤波法，若该滤波器的脉冲响应为 $H(r,s)$，则滤波输出或新的数字图像 $\hat{f}(x,y)$ 可以用离散卷积表示，即

$$\hat{f}(m,n)=\sum_{r=-k}^{k}\sum_{s=-l}^{l}f(m-r,n-s)H(r,s)\quad m,n=0,1,2,\cdots,N-1 \tag{3-61}$$

式中：k、l 据所选邻域大小来决定，一般来说，$k=l=1$（即 3×3 的小邻域）效果就很好了。邻域取得过大，会使灰度突变的一些有用信息，如景物边缘等，变得模糊起来。$\boldsymbol{H}(r,s)$ 为加权函数，习惯上称为模板或掩模（mask）。常用的模板有

$$\begin{cases}\boldsymbol{H}_1=\frac{1}{9}\begin{bmatrix}1&1&1\\1&1&1\\1&1&1\end{bmatrix},\boldsymbol{H}_2=\frac{1}{10}\begin{bmatrix}1&1&1\\1&2&1\\1&1&1\end{bmatrix},\boldsymbol{H}_3=\frac{1}{16}\begin{bmatrix}1&2&1\\2&4&2\\1&2&1\end{bmatrix}\\ \boldsymbol{H}_4=\frac{1}{8}\begin{bmatrix}1&1&1\\1&0&1\\1&1&1\end{bmatrix},\boldsymbol{H}_5=\frac{1}{2}\begin{bmatrix}0&\frac{1}{4}&0\\\frac{1}{4}&1&\frac{1}{4}\\0&\frac{1}{4}&0\end{bmatrix}\end{cases} \tag{3-62}$$

模板的取法不同，中心点或邻域的重要程度也不相同，因此，应根据问题的需要选取合适的模板。但不管什么样的模板，必须保证全部权系数之和为单位值。

这种空间低通滤波事实上等价于用模板中心点逐一对准每一像素 $f(m,n)$，然后将模板的元素和它所"压上"的图像元素对应相乘，再求和，其结果就是该中心点像素平滑后的输出 $\hat{f}(m,n)$。显然，在实际处理时必须补充图像四周两行、两列像素，这可以用外插方法求得。或者就直接取和最上、最下两行，最左、最右两列元素完全相同的

两行、两列元素补充之即可。

2. 多幅图像的平均

如果叠加于图像上的噪声 $\eta(x,y)$ 是非相关，且是具有零均值的随机噪声，则可以用几张在相同条件下获得的这种随机图像的平均值表示原图像，就是说，若

$$f(x,y)=g(x,y)+\eta(x,y)$$

式中：$g(x,y)$ 表示原无噪声图像，$f(x,y)$ 为叠加了噪声后的图像。

则可以用

$$\hat{f}(x,y)=\frac{1}{M}\sum_{i=1}^{M}f_i(x,y) \tag{3-63}$$

来估计 $g(x,y)$。显然这种估计是无偏的，因为

$$E[\hat{f}(x,y)]=\frac{1}{M}\sum_{i=1}^{M}E[f_i(x,y)]=\frac{1}{M}\sum_{i=1}^{M}g_i(x,y)=g(x,y)$$

其估值误差为

$$\begin{aligned}\sigma_{\hat{f}}^2&=E\{[\hat{f}(x,y)-g(x,y)]^2\}\\&=E\{[\frac{1}{M}\sum_{i=1}^{M}f_i(x,y)-g(x,y)]^2\}\\&=E\{[\frac{1}{M}\sum_{i=1}^{M}\eta_i(x,y)]^2\}\\&=\frac{1}{M}\sigma_\eta^2\end{aligned}$$

即估值误差是每幅图像方差的 $1/M$。

3. 方向平滑

为了在平滑的同时检测出边缘，可以使用方向平滑滤波器。在若干方向上计算空间平均值 $\bar{f}(i,j:\theta)$（图 3-10）。

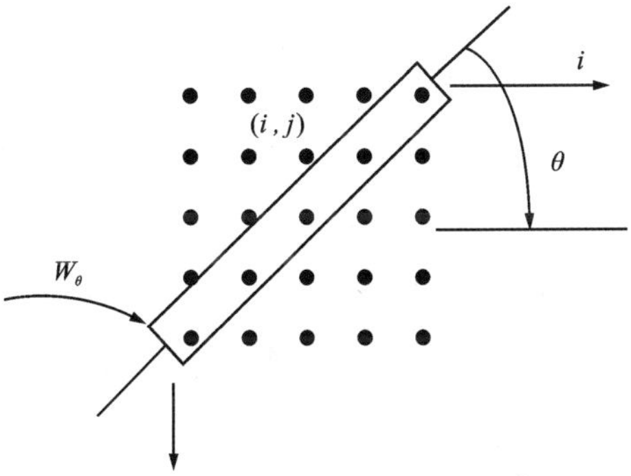

图 3-10　方向平滑滤波器窗的取法

$$\bar{f}(i,j:\theta)=\frac{1}{N_\theta}\sum_{(m,n}\sum_{\in W_\theta)}f(i-m,j-n) \tag{3-64}$$

式中：W_θ 为一矩形窗，其长边和水平方向夹角为 θ；N_θ 为 W_θ 内像素数；(i,j) 为中心像素坐标，方向角 θ 的方向为 $|f(i,j)-\bar{f}(i,j:\theta)|$ 取最小值对应的方向，它表示在像素 (i,j) 处边缘的方向。

利用多个方向模板对同一图像滤波后，取输出的平均值作为中心像素的输出，可以得到类似的平滑保边效果。这样的多组方向模板常用的有 Prewitt、Kirsch 和 Robinson 3 种，它们均由 8 个方向模板组成。

1)Prewitt 模板

$$\boldsymbol{M}_0=\begin{bmatrix}1&1&1\\1&-2&1\\-1&-1&-1\end{bmatrix},\boldsymbol{M}_1=\begin{bmatrix}1&1&1\\1&-2&-1\\1&-1&-1\end{bmatrix},\boldsymbol{M}_2=\begin{bmatrix}1&1&1\\1&-2&-1\\1&1&-1\end{bmatrix},\boldsymbol{M}_3=\begin{bmatrix}1&-1&-1\\1&-2&-1\\1&1&1\end{bmatrix}$$

$$\boldsymbol{M}_4=\begin{bmatrix}-1&-1&-1\\1&-2&1\\1&1&1\end{bmatrix},\boldsymbol{M}_5=\begin{bmatrix}-1&-1&1\\-1&-2&1\\1&1&1\end{bmatrix},\boldsymbol{M}_6=\begin{bmatrix}-1&1&1\\-1&-2&1\\-1&1&1\end{bmatrix},\boldsymbol{M}_7=\begin{bmatrix}1&1&1\\-1&-2&1\\-1&-1&1\end{bmatrix}$$

2)Kirsch 模板

$$\boldsymbol{M}_0=\begin{bmatrix}5&5&5\\-3&0&-3\\-3&-3&-3\end{bmatrix},\boldsymbol{M}_1=\begin{bmatrix}5&5&-3\\5&0&-3\\-3&-3&-3\end{bmatrix},\boldsymbol{M}_2=\begin{bmatrix}5&-3&-3\\5&0&-3\\5&-3&-3\end{bmatrix},\boldsymbol{M}_3=\begin{bmatrix}-3&-3&-3\\5&0&-3\\5&5&-3\end{bmatrix}$$

$$\boldsymbol{M}_4=\begin{bmatrix}-3&-3&-3\\-3&0&-3\\5&5&5\end{bmatrix},\boldsymbol{M}_5=\begin{bmatrix}-3&-3&-3\\-3&0&5\\-3&5&5\end{bmatrix},\boldsymbol{M}_6=\begin{bmatrix}-3&-3&5\\-3&0&5\\-3&-3&5\end{bmatrix},\boldsymbol{M}_7=\begin{bmatrix}-3&5&5\\-3&0&5\\-3&-3&-3\end{bmatrix}$$

3)Robinson 模板

$$\boldsymbol{M}_0=\begin{bmatrix}1&2&1\\0&0&0\\-1&-2&-1\end{bmatrix},\boldsymbol{M}_1=\begin{bmatrix}2&1&0\\1&0&-1\\0&-1&-2\end{bmatrix},\boldsymbol{M}_2=\begin{bmatrix}1&0&1\\2&0&-2\\1&0&-1\end{bmatrix},\boldsymbol{M}_3=\begin{bmatrix}0&-1&-2\\1&0&-1\\2&1&0\end{bmatrix}$$

$$\boldsymbol{M}_4=\begin{bmatrix}-1&-2&-1\\0&0&0\\1&2&1\end{bmatrix},\boldsymbol{M}_5=\begin{bmatrix}-2&-1&0\\-1&0&1\\0&1&2\end{bmatrix},\boldsymbol{M}_6=\begin{bmatrix}-1&0&1\\-2&0&2\\-1&0&1\end{bmatrix},\boldsymbol{M}_7=\begin{bmatrix}0&1&2\\-1&0&1\\-2&-1&0\end{bmatrix}$$

二、图像锐化

图像锐化的目的是加强图像中景物的边缘和轮廓。边缘和轮廓一般都位于灰度突变的地方,由此我们很自然地想到用灰度差分可以把它们提取出来。然而,由于边缘、轮廓在一幅图像中常常具有任意的方向,而差分运算是有方向性的,因此和差分方向一致的边缘、轮廓便检测不出来。因而,我们希望找到一些各向同性的检测算子,它们对任意方向的边缘、轮廓都有相同的检测能力。具有这种性质的锐化算子有梯度、拉普拉斯和其他一些相关算子。

1. 基于空间高通滤波的锐化

1)基于梯度的锐化

基于梯度的锐化实际上是基于图像一阶微分运算的锐化。二元函数 $f(x,y)$ 在坐标点 (x,y) 处的梯度矢量可以用其一阶微分定义为

$$\mathbf{G}[f(x,y)]=\begin{bmatrix}\dfrac{\partial f}{\partial x}\\[2ex]\dfrac{\partial f}{\partial y}\end{bmatrix} \tag{3-65}$$

梯度的幅度

$$\mathbf{G}[f(x,y)]=\sqrt{(\frac{\partial f}{\partial x})^2+(\frac{\partial f}{\partial y})^2} \tag{3-66}$$

矢量的幅角

$$\theta_M=\arctan(\frac{\partial f}{\partial y}/\frac{\partial f}{\partial x}) \tag{3-67}$$

现在证明,梯度幅度 $G[f(x,y)]$ 是一个各向同性的微分算子。

将图像坐标系旋转一个 θ 角,得到一个新的平面坐标系 $x'O'y'$,新旧坐标之间的变换关系为

$$x=x'\cos\theta-y'\sin\theta$$
$$y=x'\sin\theta+y'\cos\theta$$

将函数 $f(x,y)$ 对 x',y' 取偏导数,即

$$\begin{cases}\dfrac{\partial f}{\partial x'}=\dfrac{\partial f}{\partial x}\dfrac{\partial x}{\partial x'}+\dfrac{\partial f}{\partial y}\dfrac{\partial y}{\partial x'}=\dfrac{\partial f}{\partial x}\cos\theta+\dfrac{\partial f}{\partial y}\sin\theta\\[2ex]\dfrac{\partial f}{\partial y'}=\dfrac{\partial f}{\partial x}\dfrac{\partial x}{\partial y'}+\dfrac{\partial f}{\partial y}\dfrac{\partial y}{\partial y'}=-\dfrac{\partial f}{\partial x}\sin\theta+\dfrac{\partial f}{\partial y}\cos\theta\end{cases} \tag{3-68}$$

于是

$$\left(\frac{\partial f}{\partial x'}\right)^2+\left(\frac{\partial f}{\partial y'}\right)^2=\left(\frac{\partial f}{\partial x}\right)^2+\left(\frac{\partial f}{\partial y}\right)^2$$

可见梯度幅度 $\mathbf{G}[f(x,y)]=\sqrt{\left(\frac{\partial f}{\partial x}\right)^2+\left(\frac{\partial f}{\partial y}\right)^2}$ 具有各向同性或旋转不变性。

可以用令 $\partial f/\partial x'$ 对 θ 求偏导数等于零的方法，求出函数 $f(x,y)$ 的最大变化率所在方向为

$$\theta_M = \arctan(\frac{\partial f}{\partial y}/\frac{\partial f}{\partial x}) \tag{6-69}$$

可见，梯度幅角方向就是函数的最大变化率方向，而梯度幅度也就是函数沿方向的最大变化率。

综上所述，对于图像锐化来说，梯度幅度是一种合适的微分运算子，它不仅具有各向同性的性质，而且给出了该像素点灰度的最大变化率。

为了方便，后文用“梯度”这个术语来代替“梯度幅度”，但在这样称呼时，请注意它和梯度矢量的区别。

对于数字图像，微分将近似用差分代替；沿 x 和 y 方向的一阶差分可分别表示为

$$\Delta_x f(i,j) = f(i+1,j) - f(i,j)$$

$$\wedge_y f(i,j) = f(i,j+1) - f(i,j)$$

沿与 x 轴成任意夹角 θ 方向的差分，相应地可表示为

$$\Delta_\theta f(i,j) = \Delta_x f(i,j)\cos\theta + \Delta_y f(i,j)\sin\theta$$

数字梯度矢量为

$$\boldsymbol{G}[f(i,j)] = \begin{bmatrix} \Delta_x f(i,j) \\ \Delta_y f(i,j) \end{bmatrix} \quad \begin{matrix} i = 0,1,2,\cdots,N-1 \\ j = 0,1,2,\cdots,N-1 \end{matrix}$$

其幅度，即数字梯度在该点的最大差分

$$G[f(i,j)] = [\Delta_\theta f(i,j)]_{\max} = \sqrt{(\Delta_x f)^2 + (\Delta_y f)^2} \tag{3-70}$$

式中：

$$\Delta_x f = \Delta_x f(i,j), \Delta_y f = \Delta_y f(i,j)。$$

矢量的幅角

$$\theta_M = \arctan(\Delta_y f/\Delta_x f) \tag{3-71}$$

一幅 512×512 像素的数字图像，就有大约 26 万个像素点需作梯度运算，可见计算公式的繁简，对处理工作量影响极大。为此，在实际中常把式(3-70)简化成

$$G[f(i,j)] \approx |f(i+1,j) - f(i,j)| + |f(i,j+1) - f(i,j)| \tag{3-72}$$

或者

$$\max(|\Delta_x f(i,j)|, |\Delta_y f(i,j)|) \tag{3-73}$$

或者用交叉的差分表示梯度，即取

$$G[f(i,j)] \doteq \{[f(i+1,j+1) - f(i,j)]^2 + [f(i+1,j) - f(i,j+1)]^2\}^{1/2}$$

或其用近似表达式表示，即

$$G[f(i,j)] = |f(i+1,j+1)-f(i,j)| + |f(i+1,j)-f(i,j+1)| \quad (3\text{-}74)$$

$$G[f(i,j)] = \max[|f(i+1,j+1)-f(i,j)|, |f(i+1,j)-f(i,j+1)|] \quad (3\text{-}75)$$

这种交叉梯度称为罗伯茨(Roberts)梯度。

不管上述哪种表示法,所有梯度值都和相邻像素之间的灰度差分成比例。这一性质使我们有可能利用它来增强图像中景物的边界。因为恰恰是这些边界上的点,灰度变化比较大,因而有较大的梯度值。而那些灰度变化比较平缓的区域,梯度值也相应地比较小,对于那些灰度值相同的区域,梯度值将减到零。

2)基于拉普拉斯(Laplacian)算子的锐化

基于拉普拉斯算子的锐化实际上是基于图像二阶微分运算的锐化。

一个连续的二元函数 $f(x,y)$,其拉普拉斯运算可以用其二阶微分运算定义为

$$\nabla_2 f = \frac{\partial^2 f}{\partial x^2} + \frac{\partial^2 f}{\partial y^2} \quad (3\text{-}76)$$

式中:∇^2 称为拉普拉斯算子。

仿照梯度幅度旋转不变性的证明方法,不难证明 $f(x,y)$ 的拉氏运算 ∇_f^2 也具有旋转不变性。因此,它也可以用来增强图像中那些灰度发生突变的点和线。

对于数字图像,微分将被差分取代。二元函数 $f(i,j)$ 对水平与垂直坐标的一阶差分可描述为

$$\Delta_i f(i,j) = f(i+1,j) - f(i,j)$$

$$\Delta_i f(i,j) = f(i,j+1) - f(i,j)$$

类似的,$f(i,j)$ 对 i 和 j 的二阶差分分别为

$$\Delta_i^2 f(i,j) = f(i+1,j) + f(i-1,j) - 2f(i,j)$$

$$\Delta_i^2 f(i,j) = f(i,j+1) + f(i,j-1) - 2f(i,j)$$

于是,对数字图像 $f(i,j)$ 的拉普拉斯运算据式(3-59),定义为

$$g(i,j) = \nabla^2 f(i,j) = f(i+1,j) + f(i-1,j) + f(i,j+1) + f(i,j-1) - 4f(i,j) \quad (3\text{-}77)$$

上述差分的定义应该满足:①在图像的平滑区域(灰度不变的情况)应该为零;②对应于灰度突变(阶梯或斜坡)情况,在突变的起始点差分不为零;③沿着斜坡(线或面)的差分不为零。

用卷积形式来表示式(3-77)的运算,可得

$$g(i,j) = \sum_{r=-k}^{k} \sum_{s=-l}^{l} f(i-r,j-s)\boldsymbol{H}(r,s) \quad (3\text{-}78)$$

式中:

$$\boldsymbol{H}(r,s) = \begin{bmatrix} \boldsymbol{H}(-1,-1) & \boldsymbol{H}(-1,0) & \boldsymbol{H}(-1,1) \\ \boldsymbol{H}(0,-1) & \boldsymbol{H}(0,0) & \boldsymbol{H}(0,-1) \\ \boldsymbol{H}(1,-1) & \boldsymbol{H}(1,0) & \boldsymbol{H}(1,1) \end{bmatrix} = \boldsymbol{H}_1 = \begin{bmatrix} 0 & 1 & 0 \\ 1 & -4 & 1 \\ 0 & 1 & 0 \end{bmatrix} (r,s) = (-1,0,1)$$

这是一种高通空间滤波的形式，只要适当地选择滤波因子(权函数)$\boldsymbol{H}(r,s)$，就可以组成不同性能的高通滤波器，从而使边缘得到期望的增强。这些滤波因子矩阵也就是前面介绍过的模板(掩模)。常用的高通模板还有

$$\boldsymbol{H}_2=\begin{bmatrix}1 & 1 & 1\\ 1 & -8 & 1\\ 1 & 1 & 1\end{bmatrix},\ \boldsymbol{H}_2=\begin{bmatrix}-1 & 2 & -1\\ 2 & -4 & 2\\ -1 & 2 & -1\end{bmatrix},\ \boldsymbol{H}_2=\begin{bmatrix}0 & 1 & 0\\ 1 & -5 & 1\\ 0 & 1 & 0\end{bmatrix}$$

把上述模板中的系数反号，还可以得到另外一些对应的模板，不难理解其作用是完全相同的。

$$\boldsymbol{H}_5=\begin{bmatrix}0 & -1 & 0\\ -1 & 4 & -1\\ 0 & -1 & 0\end{bmatrix},\ \boldsymbol{H}_6=\begin{bmatrix}-1 & -1 & -1\\ -1 & 8 & -1\\ -1 & -1 & -1\end{bmatrix},\ \boldsymbol{H}_7=\begin{bmatrix}1 & -2 & 1\\ -2 & 4 & -2\\ 1 & -2 & 1\end{bmatrix},\ \boldsymbol{H}_8=\begin{bmatrix}0 & -1 & 0\\ -1 & 5 & -1\\ 0 & -1 & 0\end{bmatrix}$$

因此，拉普拉斯算子的锐化处理实际上就是一种高通空间滤波。

正如前述，在用模板对图像进行处理时，只需使模板按电视扫描的方式对像素逐个扫描，然后用模板的每一系数和它所“压”的对应像素灰度相乘，再对窗内所有乘积求和作为该中心像素的输出就可以了。

3)基于索贝尔(Sobel)算子的锐化

可进行锐化的模板(空间高通滤波器)还有很多，下面先介绍基于 Sobel 算子的锐化模板。该模板的表达式为

$$\boldsymbol{s}=(\boldsymbol{d}_x^2+\boldsymbol{d}_y^2)^{\frac{1}{2}} \tag{3-79}$$

$$\begin{aligned}\boldsymbol{d}_x&=[f_{i-1,j-1}+2f_{i,j-1}+f_{i+1,j-1}]-[f_{i-1,j+1}+2f_{i,j+1}+f_{i+1,j+1}]\\ \boldsymbol{d}_y&=[f_{i+1,j-1}+2f_{i+1,j}+f_{i+1,j+1}]-[f_{i-1,j-1}+2f_{i-1,j}+f_{i-1,j+1}]\end{aligned} \tag{3-80}$$

4)基于普雷威特(Prewitt)算子的锐化

$$\boldsymbol{I}_s=(\boldsymbol{d}_x^2+\boldsymbol{d}_y^2)^{\frac{1}{2}} \tag{3-81}$$

用模板表示 $\boldsymbol{d}_x$、$\boldsymbol{d}_y$，有

$$\boldsymbol{d}_x=\begin{bmatrix}1 & 0 & -1\\ 1 & 0 & -1\\ 1 & 0 & -1\end{bmatrix},\boldsymbol{d}_y=\begin{bmatrix}-1 & -1 & -1\\ 0 & 0 & 0\\ 1 & 1 & 1\end{bmatrix} \tag{3-82}$$

图 3-11 为 Roberts 梯度算子、Laplacian 算子、Sobel 算子、Prewitt 算子进行边缘检测的效果。

5)基于 Isotropic 算子的锐化

$$\boldsymbol{I}_s=(\boldsymbol{d}_x^2+\boldsymbol{d}_y^2)^{\frac{1}{2}} \tag{3-83}$$

图 3-11　边缘检测效果

(a)原图;(b)原图的灰度图;(c)Roberts 算子;(d)Laplacian 算子;(e)Sobel 算子;(f)Prewitt 算子

$\boldsymbol{d}_x, \boldsymbol{d}_y$ 用模板表示即

$$\boldsymbol{d}_x = \begin{bmatrix} 1 & 0 & -1 \\ \sqrt{2} & 0 & -\sqrt{2} \\ 1 & 0 & -1 \end{bmatrix}, \boldsymbol{d}_y = \begin{bmatrix} -1 & \sqrt{2} & -1 \\ 0 & 0 & 0 \\ 1 & \sqrt{2} & 1 \end{bmatrix} \tag{3-84}$$

形式和 Prewitt 算子完全相同,仅 $\boldsymbol{d}_x$ 和 $\boldsymbol{d}_y$ 的系数略有差异,即在水平与垂直方向的差分略强于 Prewitt 算子。

6)基于 Kirsch 算子的锐化

凯尔斯(Kirsch)提出了一种像素邻点顺时针循环平均求梯度的方法进行边缘增强和检测。它取图像的如下梯度作为检测结果

$$g(i,j) = \nabla_k f(i,j) = \max\{1, \max[\mid 5S_k - 3T_k \mid]\} \tag{3-85}$$

式中:

$$S_k = A_k + A_{k+1} + A_{k+2}, T_k = A_{k+3} + A_{k+4} + A_{k+5} + A_{k+6} + A_{k+7} \tag{3-86}$$

分别表示 $f(i,j)$ 的 8 邻像素中,顺时针排列的相邻 3 个像素和 5 个像素之和。

规定 A_0 为 $f(i,j)$ 左上角的邻域。A 的下标按模板 $\boldsymbol{H}_8$ 计算。不难看出,式(3-85)中大括号内的取极大值运算,事实上就是求 $f(i,j)$ 在 8 个方向上的平均差分的最大值,即 $f(i,j)$ 梯度幅度的近似值。至于对 1 和梯度幅度取极大值,则表明该增强后图像背景取灰度值为 1。

7)基于 Wallis 算子的优化

这种方法是由沃里斯(Wallis)提出来的,他认为像素的对数值和其四邻点灰度对数值的平均值之差,如果超过某一门限,便存在着边界,即取

$$g(i,j) = \lg[f(i,j)] - \frac{1}{4}(\lg A_1 + \lg A_3 + \lg A_5 + \lg A_7) \tag{3-87}$$

式中：A_1, A_3, A_5, A_7 为 $f(i,j)$ 的四邻域。

用它和某一门限比较，事实上相当于用

$$\frac{f(i,j)^4}{A_1 A_3 A_5 A_7} \tag{3-88}$$

和某一常数值(门限)进行比较，因此避免了对数运算。

和式(3-77)进行比较不难发现，$g(i,j)$ 事实上是各像素取对数后，对 $f(i,j)$ 所进行的拉普拉斯运算结果(差 4 倍)。因此，它可看作校正了视觉的指数特性后所进行的拉普拉斯运算，故能增强边缘并用于边缘检测。

2. 反锐化模板与高提升滤波

实际上，在对图像作锐化处理后，只有边缘、轮廓等灰度突变部分显示为较高亮度信息，而其他灰度变化平缓区域将呈现为黑的背景。为了在突出边缘轮廓信息的同时，还保留原图的背景，可以在锐化处理后的图像上再叠加上原图像。

以拉普拉斯锐化为例，在对原图像作了拉普拉斯处理后再叠加原图，即取

$$g(i,j) = \begin{cases} f(i,j) - \nabla^2 f(i,j) & \text{拉普拉斯模板中心系数为负} \\ f(i,j) + \nabla^2 f(i,j) & \text{拉普拉斯模板中心系数为正} \end{cases}$$

便可以消除由于拉普拉斯运算结果所造成的非边缘、轮廓信息的丢失。

当拉普拉斯模板中心像素为负时，有

$$\begin{aligned} g(i,j) &= f(i,j) - [f(i+1,j) + f(i-1,j) + f(i,j+1) + f(i,j-1) - 4f(i,j)] \\ &= 5f(i,j) - [f(i+1,j) + f(i-1,j) + f(i,j+1) + f(i,j-1) - 4f(i,j)] \end{aligned} \tag{3-89}$$

不难看出，式(3-89)刚好就是模板 $\boldsymbol{H}_8$ 对应的运算。就是说原图像作拉普拉斯处理后再叠加原图像的操作，实际上可以用模板 $\boldsymbol{H}_8$ 对原图像仅作一次空间高通滤波处理来代替。

由于这类模板可以抵消锐化所造成的图像非边缘轮廓部分的变黑，因此被称为反锐化模板。

类似的，在用锐化模板 $\boldsymbol{H}_6$ 对图像作锐化处理后再叠加原图像，就会得到下述反锐化模板，即

$$\boldsymbol{H}_9 = \begin{bmatrix} -1 & -1 & -1 \\ -1 & 9 & -1 \\ -1 & -1 & -1 \end{bmatrix}$$

为了进一步加强原图的影响，在做完锐化处理后，可以叠加灰度放大了的原图，

即取

$$g(i,j) = Af(i,j) + \hat{f}(i,j) \tag{3-90}$$

式中：$\hat{f}(i,j)$ 表示锐化处理后的图像，称这种处理为高升滤波。

当 $\hat{f}(i,j)$ 为前述的拉普拉斯处理后的图像 $\nabla^2 f(i,j)$ 时，式(3-90)就可以写成

$$g(i,j) = \begin{cases} Af(i,j) - \nabla^2 f(i,j) & \text{拉普拉斯模板中心系数为负} \\ Af(i,j) + \nabla^2 f(i,j) & \text{拉普拉斯模板中心系数为正} \end{cases}$$

当锐化模板取作 $\boldsymbol{H}_5$ 和 $\boldsymbol{H}_6$，对应的高升滤波模板便为

$$\boldsymbol{H}_{10} = \begin{bmatrix} 0 & -1 & 0 \\ -1 & \mathrm{A}+4 & -1 \\ 0 & -1 & 0 \end{bmatrix},\ \boldsymbol{H}_{11} = \begin{bmatrix} -1 & -1 & -1 \\ -1 & \mathrm{A}+8 & -1 \\ -1 & -1 & -1 \end{bmatrix}$$

类似的，读者不难由其他锐化模板得出相应的高升滤波模板。

三、统计排序滤波器

统计排序滤波器是一种通过开窗，对窗内诸像素的灰度按大小排序，然后进行处理的一种滤波方法。其中最著名的一种滤波器就是基于不同窗的中值滤波器。除此之外，还有由它演变出来的一些统计排序滤波器，如线性组合中值滤波器、高阶中值滤波组合、最大值和最小值滤波器、中点滤波器，以及修正后的阿尔法均值滤波器等。

1. 基于不同窗的中值滤波

为了抑制噪声，通常选用低通滤波，但由于边缘轮廓含有大量高频信息，所以，过滤噪声的同时，必然使边界变模糊。反之，为了提升边缘轮廓，需用高通滤波，但同时噪声也被加强了。能否找到一种新的增强方法，在过滤噪声的同时，还能很好地保护边缘轮廓信息呢？中值滤波便是这样一种合适的增强方法。

中值滤波的原理十分简单。用一个窗口 W 在图像上扫描，把窗口内包含的图像像素按灰度级升(或降)序排列起来，取灰度值居中的像素灰度作为窗口中心像素的灰度，便完成了中值滤波。用公式表示即

$$g(m,n) = \mathrm{median}\{f(m-k,n-l),(k,l) \in W\} \tag{3-91}$$

由于是把窗口内的像素按灰度级大小排序后，再取中间灰度值输出，因此通常称为中值滤波，它同时也被称为统计排序滤波。然而，实际上统计排序滤波的含义更广些，即排序后输出的灰度不一定是中间灰度值，也可以取中值之前或之后第几个像素的值作为输出，以便得到更暗一些，或更亮一些的图像结果。因此，也可以说中值滤波仅是统计排序滤波的一种特例。

通常窗内像素数取为奇数，以便有 1 个中间像素。若窗内像素数为偶数，则中值取中间两像素灰度的平均值。

常用的窗有线形、方形、十字形、圆形和环形等。显然，中值滤波是一种非线性滤波，即对于两图像不满足以下线性运算关系

$$\text{median}\{y(m,n)+x(m,n)\} \neq \text{median}\{x(m,n)\}+\text{median}\{y(m,n)\}$$

中值滤波对于消除孤立点和线段的干扰将十分有用，特别是对于二进噪声尤为有效，对于消除高斯噪声影响则效果不佳。它突出的优点是在消除噪声的同时，还能保护边界信息。

当窗中噪声像素数超过有用像素的一半时，中值滤波将失效。

对于一些细节较多的复杂图像，还可以多次使用不同的中值滤波，然后再综合所得结果作为输出，这样可以获得更好的平滑和保护边缘的效果。属于这类滤波的有线性组合中值滤波、高阶中值滤波组合等，它们统称为复合型中值滤波。

顺便指出，有人把线形窗（窗内像素沿某一方向单值排列）的中值滤波称为一维中值滤波，而把其他窗的中值滤波称为二维中值滤波。

2. 线性组合中值滤波

利用大小和形状不同的窗口对同一幅图像进行多次中值滤波，然后将结果进行线性组合，即得到线性组合中值滤波输出

$$g(m,n)=\sum_{K=1}^{M} a_K \underset{W_K}{\text{median}}[f(i,j)] \tag{3-92}$$

式中：W_K 表示第 K 种窗口；a_K 是加权系数。

3. 高阶中值滤波组合

这种滤波器可描述为

$$g(m,n)=\max_{K}\{\underset{W_K}{\text{median}}[f(i,j)]\} \tag{3-93}$$

式中：W_K 表示一些带有方向的线状窗口，常用的有 4 种，分别为横、竖以及两种对角线。

这种中值滤波的优点是可以组合出其他的中值滤波方法，如加权中值滤波（对窗口中像素进行某种加权）、迭代中值滤波（对输入序列重复进行同一种中值滤波，直到输出结果不再变化为止）等。

4. 其他统计排序滤波器

1）最大和最小值滤波器

如果改写式(3-91)为

$$g(m,n)=\max[f(m-k,n-l)] \quad (k,l)\in W \tag{3-94}$$

则中值滤波器便演变成最大值滤波器，其含义即取窗中的灰度最大值，或者取按灰度升序排列的最后一个像素灰度值作为滤波器的输出。

如果改写式(3-91)为

$$g(m,n) = \min[f(m-k,n-l)] \quad (k,l) \in W \tag{3-95}$$

则中值滤波器便演变为最小值滤波器。

这两种滤波器的实用意义并不大,仅用于寻找图像中的最亮点和最暗点,不能用于滤噪保边。

2)中点滤波器

中点滤波器是选择窗中最大与最小值的平均值作为滤波器的输出,即

$$g(m,n) = \frac{1}{2}\{\max[f(m-k,n-l)]\} + \min[f(m-k,n-l)] \quad (k,l) \in W \tag{3-96}$$

它的作用和在窗中像素灰度做算术平均类似,能起到平滑随机噪声的作用。

3)修正后的阿尔法均值滤波器

设 d 为一正整数,从邻域窗内去除按灰度升序(或降序)排列的前和后最小与最大灰度的 $d/2$ 个像素,如果用 $f_r(x,y)$ 表示剩余的 $MN-d$ 个像素(假设邻域窗内共有 MN 个像素),那么修正后的阿尔法均值滤波器可以表示为

$$g(m,n) = \frac{1}{MN-d}\sum_{k=0}^{M-1}\sum_{t=0}^{N-1} f(m-k,n-l) \tag{3-97}$$

它的含义就是去掉最大、最小各 $d/2$ 个像素后,取剩余的 $MN-d$ 个像素的灰度算术平均值作为该点的输出。显然,它既有抑制最亮和最暗噪声的作用,又有平滑随机干扰的功能。

不难发现,当 $d=0$ 时,修正后的阿尔法均值滤波器就变换为邻域平均滤波器;而当 $d=(MN-1)/2$ 时(假定窗口内像素个数为奇数),修正后的阿尔法均值滤波器就变换为中值滤波器。

当 d 取其他值时,便可以得到适用于滤出不同噪声的滤波器。

四、自适应局部噪声滤波器

对于一幅图像的不同区域,噪声的影响可能是不相同的,为此,提出了一种根据局部噪声特点进行滤波的自适应局部噪声滤波器。

假设 $f(m,n)$ 为含噪图像在空间坐标 (m,n) 点的灰度值,σ_f^2 为含噪图像总的方差,而 m_W 和 σ_W^2 表示在以 (m,n) 为中心的 W 窗内像素灰度的局部均值和局部方差,于是自适应局部噪声滤波器可以表示为

$$g(m,n) = f(m,n) - \frac{\sigma_f^2}{\sigma_W^2}[f(m,n) - m_W] \tag{3-98}$$

式(3-98)表示:

(1)当原图并不含有噪声,即当 $\sigma_f^2=0$ 时,输出图像 $g(m,n)$ 就是原图 $f(m,n)$ 。

(2)当 $\sigma_f^2=\sigma_W^2$ 时,或者说局部图像和整幅图像有相近的随机特性时,输出就取为窗内图像像素的平均灰度。

(3)当局部方差和全局方差非常接近时,输出图像将接近窗内图像像素的平均灰度。

需要说明的是式(3-98)应满足一个假设条件,即 $\sigma_f^2\leqslant\sigma_W^2$,否则会得到负输出的结果。对于位置独立的加性噪声而言,一般应满足上述条件。但是,仍然有可能出现相反的情况,为此需要计算并比较两个方差,当出现 $\sigma_f^2>\sigma_W^2$ 的情况时,应该令比值 σ_f^2/σ_W^2 为1。

五、自适应中值滤波器

经验表明,当加于图像的脉冲(校验)噪声出现概率较小(小于0.2),或者说在图像空间中的分布不很密集时,中值滤波通常都具有很好的消噪、保边效果。但是,当噪声出现概率较大,或空间分布比较密集时,中值滤波的效果明显变差。中值滤波存在的另一个问题是,如果在图像的每一点都用窗口中排序像素的中位像素灰度取代该点的灰度值,那么有可能破坏原图的细节,为此提出了一类自适应中值滤波器。

自适应中值滤波器的基本原理是:判断该图像点(或窗口的中心点)是否为噪声,如果它不是噪声点,就无须进行处理,原封不动地直接输出就可以了;如果判断它可能是噪声点,则输出排序的中值。这样处理的结果就可以一定程度地克服传统中值滤波器的不足,具体实现方法如下。

假设

$f_{\min}=$ 窗口 W_{mn} 中灰度级的最小值

$f_{\max}=$ 窗口 W_{mn} 中灰度级的最大值

$f_{\text{median}}=$ 窗口 W_{mn} 中间像素的灰度级

$f_{mn}=$ 坐标(m,n)处像素的灰度级

$W_{\max}=W_{mn}$ 允许的最大尺寸

式中:W_{mn} 表示在像素坐标 (m,n) 处取的窗口。

那么自适应中值滤波器可以用 A 和 B 两个层次的以下过程加以描述。

A 层:$A1=f_{\text{median}}-f_{\min}$

$A2=f_{\text{median}}-f_{\max}$

如果 $A1>0$ 且 $A2<0$,转到 B 层(f_{median} 不是噪声)

否则增大窗口尺寸　　(f_{median} 可能是噪声)

如果窗口尺寸 $\leqslant W_{\max}$,重复 A 层

否则输出 $f_{\min}$　　　　　　　　（f_{median} 是噪声）

B：$B1 = f_{mn} - f_{\min}$

$B2 = f_{mn} - f_{\max}$

如果 $B1 > 0$ 且 $B2 < 0$，输出 f_{mn}（f_{mn} 不是噪声）

否则输出 f_{median}　　　　　　（f_{mn} 是噪声）

如此处理的结果就可保证，如果 f_{median} 和 f_{mn} 均不是噪声，就输出原中心点像素灰度，从而可以保留图像的细节。如果窗开的足够大，f_{median} 仍然是噪声点（最亮或最暗），就直接输出原中心点的灰度值，这样就有可能避免取中值反而造成噪声的干扰。如果 f_{median} 不是噪声，而中心点 f_{mn} 是噪声，就输出排序中点的灰度值，从而达到滤噪的目的。

综上可知，自适应中值滤波器的性能比一般中值滤波器的性能更为优越。它既可以尽可能保留图像细节，又能抑制噪声，还可以避免一般中值滤波可能造成的用噪声中值取代非噪声的中心点像素值问题。

六、反对比度映射和统计比例尺变换

1. 反对比度映射

对比度 $\sigma(m,n)$ 的定义为

$$\rho(m,n) = \frac{\sigma(m,n)}{\mu(m,n)} \tag{3-99}$$

式中：$\mu(m,n)$、$\rho(m,n)$ 分别是在一个确定窗内测得的图像 $f(x,y)$ 的平均值和标准差，即

$$\mu(m,n) = \frac{1}{N_W}\sum_{(k,l)}\sum_{\in W} f(m-k,n-l)$$

$$\rho(m,n) = \left\{\frac{1}{N_W}\sum_{(k,l)}\sum_{\in W}[f(m-k,n-l)-\mu(m,n)]^2\right\}^{\frac{1}{2}}$$

现作一逆变换

$$\gamma(m,n) = \frac{\mu(m,n)}{\sigma(m,n)} \tag{3-100}$$

这一变换将使对比度较弱的部分［$(\sigma(m,n))$ 较小部分］得到增强。

2. 统计比例尺变换

作为上面变换的特例，取变换后的图像为

$$\gamma(m,n) = \frac{f(m,n)}{\sigma(m,n)} \tag{3-101}$$

它将有单位值的标准差，即 $s_y(m,n) = 1$，这一映射又称为统计比例尺变换。它的作用

同样是增强对比度较弱的部分。

七、多光谱图像的增强

卫星遥感图片通常是用多波段照相机拍摄的多光谱图像。因此，对同一景物通常能得到一组图像

$$f_i(m,n) \qquad i=1,2,\cdots,I \qquad 一般\ I=2\sim 12\ 。$$

对这组图像进行综合、处理，往往可以得到有关景物的重要信息。常用的处理方法有以下 3 种。

1. 强对比度

定义比值

$$R_{i,j}(m,n)=\frac{f_i(m,n)}{f_j(m,n)} \quad i\neq j \quad \begin{array}{l} m=0,1,\cdots,M-1 \\ n=0,1,\cdots,N-1 \end{array} \tag{3-102}$$

为强度比。因为光强总是正的，所以比值也总是正的。在讲解相除运算在遥感图像分析中的应用时曾提到，除法运算可以消除入射光的影响，从而增强反映不同地物特性的反射光作用，因而可以提高对不同地物的鉴别能力的问题。强度比的作用恰恰如此。

据式(3-102)，强度比 $R_{i,j}$ 可以有 I^2-1 种组合，对于每个图像点，它共有 I^2-1 个值。然而，只有少数值才是有用的，因此，为了减少组合数量，还可以定义每个光强图像和平均光强图像之比

$$R_i(m,n)=\frac{f_i(m,n)}{\bar{f}(m,n)} \quad i\neq j \quad \begin{array}{l} m=0,1,\cdots,M-1 \\ n=0,1,\cdots,N-1 \end{array} \tag{3-103}$$

为强度比图像。这样的图像只有 I 个，式中

$$\bar{f}(m,n)=\frac{1}{I}\sum_{i=1}^{I}f_i(m,n)$$

2. 对数强度比

对上述强度比两边取对数，得

$$l_{i,j}(m,n)\triangleq \lg R_{i,j}(m,n)=\lg f_i(m,n)-\lg f_j(m,n) \tag{3-104}$$

或

$$l_i(m,n)\triangleq \lg R_i(m,n)=\lg f_i(m,n)-\lg \bar{f}(m,n) \tag{3-105}$$

称为对数强度比。当强度比动态范围很大时，对数强度比将获得较好的显示效果。

3. 主成分分量

对于每个像素点 (m,n) 都定义一个 $I\times 1$ 的矢量

$$\boldsymbol{f}(m,n)=\begin{bmatrix} f_1(m,n) \\ f_2(m,n) \\ \vdots \\ f_I(m,n) \end{bmatrix}$$

式中：I 为波段数。

求该矢量的 $K-L$ 变换，即

$$g(m,n)=\boldsymbol{Tf}(m,n)$$

式中：变换矩阵 $\boldsymbol{T}$ 是由矢量 $\boldsymbol{f}(m,n)$ 的自协方差矩阵 $\boldsymbol{E}\{[f(m,n)-\bar{f}]\}[f(m,n)-\bar{f}]^{\mathrm{T}}$ 的特征矢量 $\Phi_1,\Phi_2,\cdots,\Phi_I$ 组成的，即

$$\boldsymbol{T}^{\mathrm{T}}=[\Phi_1\ \Phi_2\ \cdots\ \Phi_I]$$

式中，Φ_I 是按特征值递减的顺序排列的。

对于任意的 $I_0<I$，$f_i(m,n)(i=1,2,\cdots,I)$，变换矩阵可由 $K-L$ 变换中前 I_0 个特征矢量近似求得（具有最小的估计误差）。于是当取 $\boldsymbol{T}_0^{\mathrm{T}}[\Phi_1\ \Phi_2\ \cdots\ \Phi_{I_0}]$ 时，$g(m,n)=\boldsymbol{T}_0\boldsymbol{f}(m,n)$ 便是多光谱图像矢量 $\boldsymbol{f}(m,n)$ 的前 I_0 个主成分。它的含义就是取输入矢量 $\boldsymbol{f}(m,n)$ 的前 I_0 个主成分，也就是对输出图像 $g(m,n)$ 影响最大的部分来描述。

第三节　变换域运算

一、通带滤波

1. 常用低通与高通滤波器

通带滤波主要指低通和高通频域滤波。低通滤波被用来滤除噪声，高通滤波被用来提升边缘、轮廓。它们进行滤波的过程是一样的，如图 3-12 所示。图中所不同的仅是低通和高通具有不同的频率传递（或频率响应）函数 $H(u,\nu)$。二维高低通滤波器频率传递函数的图形，可以由一维图形绕纵轴（频率响应轴）旋转 360°得到。

$$\begin{aligned} F(u,\nu) &= \mathcal{F}[f(x,y)] \\ \hat{F}(u,\nu) &= \mathcal{F}(u,\nu)H(u,\nu) \qquad (1\text{-}106) \\ \hat{f}(x,y) &= \mathcal{F}^{-1}[\hat{F}(u,\nu)] \end{aligned}$$

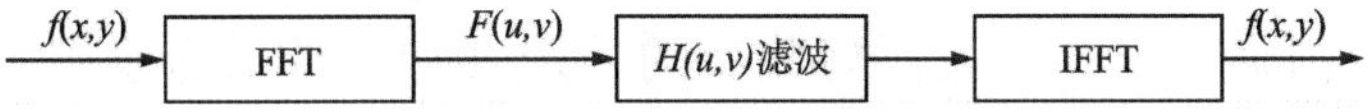

图 3-12　通带滤波的操作过程

当滤波器为理想低通(高通、带通也有类似情况)滤波器时,其频率响应 $H(u,\nu)$ 将具有垂直的锐截止边,此时,其脉冲响应 $h(x,y)$ 为一振荡脉冲函数,呈现衰减振荡的特性,以灰度表示其响应幅度,其图像将具有许多同心亮环。如果用该理想滤波器对图像 $f(x,y)$ 进行滤波,那么输出图像便会产生振铃(即相当于振铃向外散发的声波一样)效应,因为,据傅里叶卷积定理可知,输出图像为

$$g(x,y) = f(x,y) * f(x,y)$$

为了抑制这种振铃效应,实际应用的滤波器必须避免具有锐截止的频率响应特性。

2. 空间域滤波与频率域滤波之间的对应关系

由前面的讨论知,对于数字图像 $f(x,y)$ 的空间域滤波可以用式(3-61)表示。现在用坐标 (x,y) 代替式(3-61)中的 (m,n) ,用 $h(r,s)$ 取代式中的滤波器脉冲响应 $H(r,s)$,于是式(3-61)便可改写为

$$f(x,y) = \sum_{r=-k}^{k}\sum_{s=-l}^{l} f(x-r,y-s)h(r,s) \quad m,n = 0,1,\cdots,N-1 \tag{3-107}$$

显然,对于数字图像 $f(x,y)$ 的空间域滤波结果,等于该数字图像与空间域滤波器脉冲响应的卷积。由傅里叶变换的卷积定理可知,在频率域,即对式(3-107)两端取傅里叶变换,有

$$\hat{F}(u,\nu) = \mathcal{F}(u,\nu)H(u,\nu)$$

刚好就是式(3-106)。换言之,对于一幅数字图像的空间域滤波,即该数字图像和滤波器脉冲响应的卷积,在频率域就等于该图像的傅里叶变换与滤波器的频率响应的乘积,两者成傅里叶变换对的关系,这一关系可以描述为

$$f(x,y) * h(x,y) \Leftrightarrow \mathcal{F}(u,\nu)H(u,\nu) \tag{3-108}$$

类似的, $f(x,y)$ 的傅里叶变换 $F(u,\nu)$ 和滤波器频率响应 $H(u,\nu)$ 在频率域的卷积,和图像 $f(x,y)$ 与滤波器的脉冲响应力 $h(x,y)$ 在空间域的乘积成傅里叶变换对的关系,即有

$$f(x,y)h(x,y) \Leftrightarrow \mathcal{F}(u,\nu) * H(u,\nu) \tag{3-109}$$

式(3-108)和式(3-109)表明,空间域滤波与频率域滤波之间存在着傅里叶变换对的关系。

3. 高提升滤波与增强高频滤波

1)高提升滤波

由于低通与高通滤波器具有刚好相反的作用,因此,可以通过用单位值减去低通(或者高通)滤波器的频率响应函数(传递函数),得到对应的高通(或者低通)滤波器的频率响应函数,即有

$$H_{hp}(u,\nu)=1-H_{lp}(u,\nu) \tag{3-110}$$

及

$$H_{lp}(u,\nu)=1-H_{hp}(u,\nu) \tag{3-111}$$

式中：hp 和 lp 分别代表高通和低通。

由于低通滤波较易于实现，因此通常都是利用低通滤波来获取高通滤波。

将式(3-110)两端乘以原图的傅里叶变换 $F(u,\nu)$，再取反傅里叶变换，可得

$$f_{hp}(x,y)=f(x,y)-f_{lp}(x,y) \tag{3-112}$$

或者说，原图减去低通滤波后的图像就可以得到高通滤波后的图像。

对于所有经过高通滤波后的图像，都有一个共同的问题，即图像的背景变暗。这是因为高通滤波器滤除了频率为零的所有直流分量和大部分低频分量[这一点也可以从式(3-112)得到证实：从原图中减除其低通滤波后的图像，那么，不管原图中变化比较平缓的背景是亮的还是暗的，结果都将变成接近于零的灰度]。为了克服这一问题，可以在式(3-112)中的原图前，乘以一个大于或等于 1 的系数，即取

$$f_{hb}(x,y)=Af(x,y)-f_{lp}(x,y) \tag{3-113}$$

式中：$A\geqslant 1$。

这样在高通滤波后，就可以保留比较多的低频成分，或者说增强了背景亮度，我们称这种处理为高提升滤波。改写式(3-113)并考虑式(3-112)，有

$$\begin{aligned}f_{hb}(x,y)&=(A-1)f(x,y)+f(x,y)-f_{lp}(x,y)\\&=(A-1)f(x,y)+f_{hp}(x,y)\end{aligned} \tag{3-114}$$

式(3-114)更明确地表明，$f_{hb}(x,y)$ 是一个高通处理的结果，只不过又增加了原图的作用。如果 $A=1$，高提升滤波就退化为一般高通滤波；$A>1$，则在一般高通滤波的基础上，增加了原图抑制暗背景的作用。A 越大，这一作用也越大，然而，对高通滤波的效果也会产生越大的削弱作用，因此，并非 A 越大越好。

对式(3-114)两端取傅里叶变换，可得

$$F_{hb}(u,\nu)=(A-1)F(u,\nu)+F_{hp}(u,\nu) \tag{3-115}$$

它为高提升滤波的频域表达形式。由式(3-115)不难看出，提升高通滤波的传递函数是

$$H_{hle}(u,\nu)=(A-1)+H_{hp}(u,\nu) \tag{3-116}$$

2)高频增强滤波

为了进一步增强高频的信息，可以在高通滤波器的频率传递函数前乘以一个大于零的常数，并取

$$H_{hfe}(u,\nu)=a+bH_{hp}(u,\nu) \tag{3-117}$$

式中：$a\geqslant 0$，$b>a$，a 的经验值在 $0.25\sim 0.5$ 之间，b 的经验值在 $1.5\sim 2.5$ 之间。

当 $a=A-1$ 及 $b=1$ 时，式(3-117)就转变为式(3-116)，即高频增强滤波转变为高提升滤波，说明后者有着更好的灵活性。

二、根滤波及逆高斯滤波

若图像 $f(i,j)$ 的傅里叶变换为

$$F(u,\nu)=|F(u,\nu)|e^{j\theta(u,\nu)}$$

那么，当变换的振幅取 α 次乘方时，定义

$$\hat{F}(u,\nu)=|F(u,\nu)|^{\alpha}e^{j\theta(u,\nu)}\qquad 0\leqslant\alpha\leqslant 1 \tag{3-118}$$

为对于图像 $f(i,j)$ 的根滤波。由于 $F(u,\nu)$ 的低频部分幅值通常远高于高频幅值，所以在保持相位不变的情况下，根滤波具有高频强调的作用。但当 $\alpha\geqslant 1$ 时，它则相当于低通。

当 $|F(u,\nu)>0|$，还可以定义一种对数形式的滤波

$$\hat{G}(u,\nu)\triangleq[\lg|F(u,\nu)|]e^{j\theta(u,\nu)} \tag{3-119}$$

$\hat{G}(u,\nu)$ 的逆滤波，即其反傅里叶变换记为 $g(i,j)$，是图像 $f(i,j)$ 的广义倒谱或广义同态变换。

另外一种高频签掉的频率滤波是逆高斯滤波，其频率响应为

$$H(u,\nu)=\begin{cases}\exp\{\dfrac{u^2+\nu^2}{2\sigma^2}\} & 0\leqslant u,\nu\leqslant\dfrac{N}{2}\\ H(N-u,N-\nu) & \text{其他}\end{cases} \tag{3-120}$$

三、同态滤波图像增强

我们把图像的灰度函数 $f(x,y)$ 看成由入射光分量和反射光分量两部分组成的，即

$$f(x,y)=i(x,y)r(x,y) \tag{3-121}$$

入射光取决于光源，而反射光才取决于物体的性质，就是说景物的亮度特征主要取决于反 射光。另外，由于入射光较均匀，随空间位置变化较小，而反射光，由于物体性质和结构特点不同(迎光、背光、遮光、边界、轮廓、不同颜色等)，其反射强弱也很不相同，并随空间位置剧烈变化。所以，在空间频率域，入射光占据较低频段，而反射光却占据比较宽的相对高频范围。为此，只要能把入射光和反射光分开，然后分别对它们施加不同的影响。例如，压制较低频段，放大较高频段，那么，便能使反映物体性质的反射光得到增强，而压低和景物特点无关的不必要的入射光成分。

我们试图用FFT技术研究两个分量在频率域的性质，然而，直接对式(3-121)取傅

里叶变换，无法把等式右端两项分开。为了达到把它们分开处理的目的，对式(3-121)两侧取对数，即令

$$z(x,y) = \ln f(x,y) = \ln i(x,y) + \ln r(x,y) \tag{3-122}$$

然后再对两端取傅里叶变换，于是有

$$\mathcal{F}\{z(x,y)\} = \mathcal{F}\{\ln i(x,y)\} + \mathcal{F}\{\ln r(x,y)\} \tag{3-123}$$

简记为

$$Z(u,v) = I(u,v) + R(u,v) \tag{3-124}$$

式中：$Z(u,v)$，$I(u,v)$，$R(u,v)$ 分别表示 $z(x,y)$，$\ln i(x,y)$，$\ln r(x,y)$ 的傅里叶变换。

设用一个传递函数为 $H(u,v)$ 的滤波器，对信号 $z(x,y)$ 进行处理，则滤波器的输出为

$$\begin{aligned} S(u,v) = H(u,v)Z(u,v) &= \mathcal{F}^{-1}[H(u,v)I(u,v)] + \mathcal{F}^{-1}[H(u,v)R(u,v)] \\ &= i'(x,y) + r'(x,y) \end{aligned} \tag{3-125}$$

式中：

$$i'(x,y) = \mathcal{F}^{-1}[H(u,v)I(u,v)]$$
$$r'(x,y) = \mathcal{F}^{-1}[H(u,v)R(u,v)]$$

$z(x,y)$ 是原图像 $f(x,y)$ 取对数的结果，所以对它所进行的滤波输出 $s(x,y)$，也是最后结果图像的对数函数，因此，还必须对它进行反对数运算，才能给出正确结果，即

$$g(x,y) = \exp[s(x,y)] = \exp[i'(x,y)]\exp[r'(x,y)] = i_0(x,y)r_0(x,y) \tag{3-126}$$

式中：$i_0(x,y) = \exp[i'(x,y)]$，$r_0(x,y) = \exp[r'(x,y)]$ 分别为输出图像的入射分量和反射分量。

这种方法的关键是用取对数的方法把两个乘积项分开，然后用一个滤波函数 $H(u,v)$ 同时对两部分进行滤波，并施加不同的影响，最后再经指数运算还原出处理结果，这种系统称为同态系统，该滤波函数便称为同态滤波函数。

由于入射分量取对数后的傅里叶变换 $I(u,v)$ 主要分布于频率平面的低频部分，而反射分量对数的傅里叶变换 $R(u,v)$ 却大半占据着相对的高频部分，因此，只要适当地选取同态滤波函数 $H(u,v)$ 便能以不同方式，对两部分施加不同的影响。

一幅图像的动态范围(即灰度变化的最大可能范围)，通常用最大最小灰度之比取对数并乘以 20 表示，即 $d_r = 20\lg(L_{\max}/L_{\min})$ (dB)主要取决于入射光的强度。而它的对比度(图像中实际灰度的层次或深浅对比程度)，却主要取决于图像中景物的性质。理想情况下，最好是在获得尽可能大的对比度的同时，尽量减小其动态范围。后者有利于数据压缩，前者有利于增加图像的清晰程度。

第四节 基于 Retinex 算法的图像增强

Retinex 算法是由 Edwin Land 等于 1971 年提出来用于图像增强的方法，Retinex 一词是由 Retina（视网膜）和 Cortex（大脑皮层）两个词组合而来的。它和同态滤波图像增强方法类似，也是通过提取和剔除原图中的光照信息，提升反映客观物体的反射光信息而实现图像增强的，算法原理如下。

假设实际获得的输入图像为

$$f(x,y) = I(x,y) \times R(x,y) \tag{3-127}$$

式中：$I(x,y)$ 和 $R(x,y)$ 分别表示组成该图像的入射光和反射光部分，为叙述方便，后文分别称为光照图像和反射图像。

我们的目的是抑制光照图像，提升反射图像。为此，算法首先对式(3-127)两端取对数，以便于将两者分开加以处理，即

$$\lg f(x,y) = \lg I(x,y) + \lg R(x,y) \tag{3-128}$$

于是

$$\lg R(x,y) = \lg f(x,y) - \lg I(x,y) \tag{3-129}$$

对式(3-129)做指数运算，便可以求得期望的反射图像 $R(x,y)$ 。

不难看出，问题的关键是如何从原始图像 $f(x,y)$ 估计出光照图像 $I(x,y)$ 。依据光照图像的估计方法不同，可以得到许多不同的 Retinex 算法。

一、基于单尺度 Retinex 算法的图像增强

单尺度 Retinex (single scale retinex, SSR)算法是用一个分布于 xOy 坐标系原点的高斯非线性低通滤波器对输入原始图像进行滤波，从而得到滤除了占据相对高频部分的反射图像的光照图像（只保留了低频信息），即

$$I(x,y) = f(x,y) * G(x,y) \tag{3-130}$$

式中：

$$G(x,y) = k\mathrm{e}^{-(x^2+y^2)/\sigma^2} \tag{3-131}$$

为分布于 xOy 坐标系原点的高斯函数。k 为归一化常数，它满足

$$\iint G(x,y)\mathrm{d}x\mathrm{d}y = 1$$

将式(3-131)代入式(3-129)，有

$$\lg R(x,y) = \lg f(x,y) - \lg\{G(x,y) * f(x,y)\} \tag{3-132}$$

对式(3-132)再取指数运算，便可得到去除光照影响的增强后的输出图像。式(3-131)

中，σ 是一个尺度系数，它的取值可以控制高斯函数所包含的像素范围，当 σ 取小值时，高斯曲线较陡峭，反映光照的低频部分保留较多，而反映景物信息的高频成分被滤出得较多，此时，光照图像估计比较准确，或者说 SSR 算法的动态压缩能力较强，去除光照的效果越好，提取的景物图像也越清晰。但是，由于高斯曲线毕竟不同于窄脉冲，在保留光照低频的同时，它也保留了反射图像中的部分低频成分，因此，在实现式(3-132)时，这部分有益的低频也被减除了。假如输入图像 $f(x,y)$ 是一幅彩色图像，那么，将丢失这部分低频相对应的彩色信息，或者说会造成一定的彩色失真。假如原图像为灰度图像，则处理后的图像将明显变暗，这是因为图像中低频信息对应的空间图像将是灰度变化缓慢的区域。例如白色的天空，暗色的阴影等，用原图减去光照图像时，这些区域都变成了暗区。反之，当 σ 取较大值时，高斯曲线较扁平，保留的低频过多，而高频成分滤除相对较少，光照图像估计不够准确，它包含了较多的反射图像，或者说 SSR 算法的动态压缩能力较弱，去除光照的效果不够好，提取的景物图像并没有很好地消除光照的影响，因而增强效果较差。然而，正因为高斯曲线比较扁平，那么经 Retinex 算法处理后，丢失的低频信息不是很集中，即每个频率的损失都不十分严重，因此，当输入图像是彩色图像时，SSR 算法引起的彩色失真并不严重；对于灰度图像，则处理后的图像变暗的情况也会缓解。因此，尺度系数既不可太大，也不可太小。通常对于 2056 个灰度级(或色阶)的图像，σ 的经验取值为 80 左右。

二、基于多尺度 Retinex 算法的图像增强

上小节指出，尺度系数 σ 的选取常常因为需要兼顾减少彩色失真和提高增强效果而陷入两难之中，为此，Jobson 等(1997)又提出了一种多尺度 Retinex (multi-scale retinex，MSR)算法。它的基本思想是采用多个具有不同尺度系数 σ 的高斯滤波器对原图进行滤波，然后，对多个滤波结果进行加权平均，这样就可以兼顾两方面的要求了。MSR 算法的处理公式为

$$\lg R(x,y) = \sum_{k=1}^{p} W_k \{\lg f(x,y) - \lg[G_k(x,y) * f(x,y)]\} \tag{3-133}$$

式中：W_k 为加权因子，它满足

$$\sum_{k=1}^{p} W_k = 1 \tag{3-134}$$

通常取 $p=3$，即取 3 个高斯滤波器，它们的尺度系数一般取为 $\sigma < 50, 50 < \sigma < 100$ 和 $\sigma > 100$。对于具有双峰直方图(仅含背景和感兴趣物体)的图像，可以取 $p=2$，两个高斯滤波器分别覆盖背景和景物的灰度分布区域可根据增强的具体要求选择。例如，如果想要强调阴影中的细节，那么便可取较大的 p 值，从而去除较强的入射光影响，但它的选择，必须保证满足式(3-134)；如果没有特殊要求，通常取 $W_1 = W_2 = W_3$。

第四章 图像压缩

本章先概述图像压缩技术的基本方法，再介绍相关概念和理论，然后分别介绍图像压缩技术的两类方法——无损压缩和有损编码，最后介绍几种图像压缩的国际标准。

第一节 图像压缩概述

图像压缩是通过消除数据冗余，从而达到减少表示数字图像所需要的数据量的目的，从数学的角度讲，就是将二维像素阵列变换为统计意义上尽可能不相关的数据集合。

图像压缩在许多方面有着重要的应用。一幅数字图像可以看作是通过量化后得到的一个二维数组（矩阵）。这类数组的数据量通常很庞大，对图像的存储、传输和处理提出了许多要求，因此图像压缩技术就成为解决这类问题的关键。随着数字图像处理在各种应用领域的不断扩展，图像压缩也随之渗透到相应的领域中。例如，现代遥感技术的发展为人们利用各种星载、机载的遥感平台获取不同时相、不同分辨率、不同光谱的多种图像数据提供了方便，为了有效地利用这些遥感图像数据（如使用卫星图像进行天气预报、地球资源调查和应用开发等），图像压缩就成为一个关键问题。再有，目前互联网为人们日常的生活、学习和工作带来了极大的方便，人们可以通过互联网进行信息的查询、获取和交换，由于图像是信息的重要载体，因此，图像数据的压缩具有突出的实用性和商业价值。

对图像采取一定的方法进行压缩的过程，称为图像编码；将压缩后的图像解压缩以重建原始图像或其近似图像，称为图像解压缩或图像解码。图像压缩是建立在信息论基础上的，从信息论的角度来看，描述图像信息的数据是由有效信息量和冗余量组成的，去掉冗余量能够节省存储和传输中的开销，同时又不损害图像信息的有效部分。

压缩方法有多种分类：按图像形式可分为图像和非图像压缩；从光度特征出发，可分为单色图像、彩色图像、多光谱图像和超光谱图像压缩；从灰度层次上可分为二值图像和多灰度图像压缩；按照信号处理形式可分为模拟图像和数字图像压缩；从处理维数出发可分为行内压缩、帧内压缩和帧间压缩；从具体的方法而论，可分为变长编码、LZW 编码、位平面编码、预测编码和变换编码等。若从信息的保真度来讲，这些方法又可分为无损压缩（冗余度压缩）和有损压缩（熵压缩）两大类。所谓无损压缩是指图像压缩前后没有信息损失，即解压缩后的图像能够完全无失真地重建原始图像，这种压缩技术在法律文档和医疗记录保存等方面有重要的应用，其压缩率一般较小。有损压缩能够取得较高的压缩率，但解压后的图像存在着一定的信息损失，因此有损压缩可应用于允许信息有一定损失的情形，如广播电视、视频会议以及数据传真等。全面评价一种压缩方法，除了看它的编码效率、实时性和失真度外，还要看它的设备复杂程度、是否经济实用等。实际上设计者常常采用混合编码的方案，以求在性能和经济上取得折中。

第二节　基本概念和理论

一、数据冗余

数据压缩是指减少表示给定信息的数据量。数据和信息是两个不同的概念，数据是信息的载体，同一信息可以用不同的数据来表示。例如，教师授课，对同样的内容（某个命题），甲教师可能讲述得条理清楚、言简意赅，乙教师可能讲述得颠三倒四、拖沓冗长。这里感兴趣的信息是授课内容，而数据则是表达内容的语言。这样对同一个内容就有了两种表述方式，其中的一种包含有一定量的不必要的信息，这些不必要的信息就是数据冗余。

数据冗余是数字图像压缩的主要问题，它可以用数学定量地描述。假设 n_1 和 n_2 是两个载有相同信息的数据集合的单元数，那么第一个数据集合（相对于第二个数据集合）的相对数据冗余可定义为

$$R_D=1-\frac{1}{C_R} \tag{4-1}$$

式中：C_R 通常称为压缩率，定义为

$$C_R=\frac{n_1}{n_2} \tag{4-2}$$

一般情况下，$0<C_R<\infty$，$-\infty<R_D<1$ 。如果压缩率 C_R 为 10(10∶1)，这意味着第一个数据集合中的信息载体单位数是第二个数据信息载体单位数的 10 倍，也就是

说，对第二个数据集合而言，第一个数据集合有 90% 的冗余数据，因此，此时的冗余度为 0.9。对于单元数的不同情况，可分为以下 3 种情形。

(1)当 $n_2 = n_1$ 时，$C_R = 1$ ，$R_D = 0$ 。

这说明相对于第二个数据集合，用于表示信息的第一个数据集合不存在冗余数据。

(2)当 $n_2 \ll n_1$ 时，$C_R \to \infty$，$R_D \to 1$ 。

这意味着相对于第二个数据集合，第一个数据集合存在大量的冗余数据。

(3)当 $n_2 \gg n_1$ 时，$C_R \to 0$ ，$R_D \to -\infty$。

这表示第二个数据集合含有远远超过第一个数据集合的数据。

在数字图像压缩中，至少有 3 种数据冗余：编码冗余、像素间冗余和心理视觉冗余。当能够减少或消除这三者中的一种或多种时，就实现了图像压缩。

1. 编码冗余

通过图像直方图可以获知图像的许多信息，对于图像增强，曾介绍了基于图像直方图的图像增强方法；对于图像分割，也介绍了如何利用直方图形状确定分割的门限。这里，通过图像直方图了解编码结构，从而减少表达图像所需的数据量。

再次假设图像的灰度级表示为[0,1]区间中的一个随机变量 $r(k)$ ，$p_r(r_k)$ 为其出现的概率，即

$$P_r(r_k)=\frac{n_k}{n},k=0,1,2,\cdots,L-1 \tag{4-3}$$

式中：L 是灰度级数；n_k 是具有第 k 个灰度级的像素数目；n 是总像素数。

如果 $l(r_k)$ 为表示 r_k 每个像素的比特数，那么表达每个像素所需的平均比特数为

$$L_{\text{avg}} = \sum_{k=0}^{L-1} l(r_k)p_r(r_k) \tag{4-4}$$

于是，对于一幅 $M \times N$ 大小的图像进行编码所需的比特数为 MNL_{avg}。

如果使用 M 比特位的自然二进制编码(对每个信息或事件用一个 m 比特的二进制码来表示)对图像进行编码，于是 $L_{\text{avg}} = m$ 。

根据式(4-4)，如果用较少的比特数表示出现概率较大的灰度级，而用较大的比特数表示出现概率较小的灰度级，可以达到数据压缩的目的，由于这种方法是根据灰度级的概率大小来分配长短不同的码字，因而称之为变长编码。在本章第三节中，将详细介绍几种常用的变长编码方法。

例 4.1 变长编码和自然编码

现用二进制的自然编码和变长编码对表 4-1 中的 8 个灰度级的图像进行压缩，编码结果如表 4-1 所示。当使用自然编码时，可以看到 $L_{\text{avg}} = 3$ ，当使用表中所示的变长

编码时，按照式(4-4)，有

$$
\begin{aligned}
L_{\text{avg}} &= \sum_{k=0}^{7} l_2(r_k)p_r(r_k) \\
&= 2\times 0.19+2\times 0.25+2\times 0.21+3\times 0.16+4\times 0.08+ \\
&\quad 5\times 0.06+6\times 0.03+6\times 0.02 \\
&= 2.7(\text{bit})
\end{aligned}
$$

根据式(4-2)可知，此时的压缩率是 $3/2.7\approx 1.11$，根据式(4-1)，自然编码相对于变长编码的冗余 $R_D=1-\dfrac{1}{1.1}=0.099$，也就是说，相对于变长编码，自然编码存在约10%的数据冗余。

表 4-1　自然编码和编码的例子

r_k	$p_r(r_k)$	自然编码	$l_1(r_k)$	变长编码	$l_2(r_k)$
$r_k=0$	0.19	000	3	11	2
$r_k=1/7$	0.25	001	3	01	2
$r_k=2/7$	0.21	010	3	10	2
$r_k=3/7$	0.16	011	3	001	3
$r_k=4/7$	0.08	100	3	0001	4
$r_k=5/7$	0.06	101	3	00001	5
$r_k=6/7$	0.03	110	3	000001	6
$r_k=1$	0.02	111	3	000000	6

从上例可以看到，当被赋予事件集的编码没有充分利用各种结果出现的概率选择时，就会出现编码冗余。一般情况下，对一幅图像直接用二进制编码来表示总会存在冗余，这是因为一幅图像中的各个灰度级出现的概率不会相同，对所有的灰度级赋予相同的比特数，无法使得式(4-4)取得最小值，因而就会产生编码冗余。

2. 像素间冗余

考虑如图 4-1 所示的前两幅图像。图 4-1(a)所示的内容为散乱放置的若干火柴，图 4-1(b)所示为相同的但平行有序放置的火柴。显然，这两幅图像的直方图是一样的，因为各个灰度级出现的频率是一致的，只不过出现的次序不同而已。

现在定义每幅图像中沿某条线的自相关系数为

$$\gamma(\Delta n)=\frac{A(\Delta n)}{A(0)} \tag{4-5}$$

式中：$A(\Delta n)=\dfrac{1}{N-\Delta n}\sum_{y=0}^{N-1-\Delta n} f(x,y)f(x,y+\Delta n)$；$N$ 为某条线上的像素数；Δn 严

格小于 N。

图 4-1(c)和(d)显示了图 4-1(a)、(b)沿同一条线计算的自相关函数的示意图。比较图4-1(c)、(d)，可以看出二者之间的差异，这种差异是与图 4-1(a)、(b)中目标分布结构相联系的。

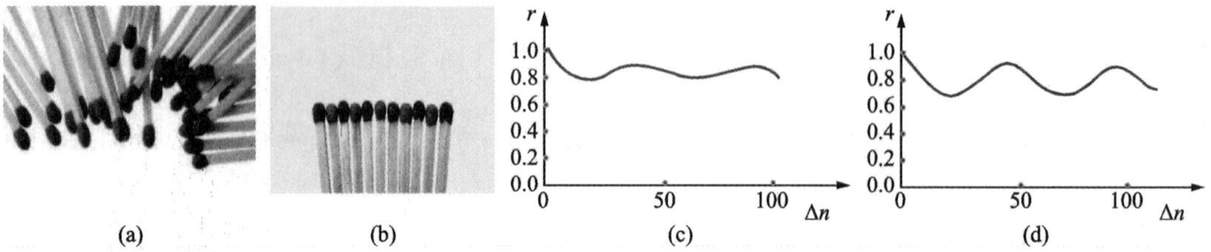

图 4-1 两幅图像及沿某条直线的归一化自相关系数

从图 4-1(d)可以看到，图像中的另外一种数据冗余形式为像素间冗余，这种冗余反映了像素间的相关关系。由于图 4-1(b)中的像素值可通过与其相邻的像素值来预测，因此单一像素携带的信息相对较少，对图像内容的贡献较少，因而单一像素对图像的视觉贡献很多是冗余的。通过变长编码无助于减少这种冗余，为了减少这种冗余，可以通过某种映射将图像的矩阵表达形式转换为某种更为有效的形式。如果原始图像可以经过变换的结果进行重建，则称这种映射为可逆映射。

3. 心理视觉冗余

人眼感觉到的区域的亮度并不仅仅取决于该区域的反射光。例如，由于眼睛对所有视觉信息感受的灵敏度不同，对于亮度均匀不变的区域同样也会感到亮度的变化(称为马赫带效应)。那些不重要的信息称为心理视觉冗余，这种冗余的去除不会给图像的质量带来明显的变化。考察一下对图像的解译过程，就会理解这种冗余的存在，在人类对图像的感知过程中，不是逐个地对每个图像像素进行分析，而是关注某些重要的特征(如边缘或纹理等)并结合已有的先验知识对图像进行识别。例如，我们识别某个人，并不是对这个人的方方面面都了解得彻彻底底，而是根据这个人不同于他人的特征(如身材特征、面部特征及语音等)进行识别的。心理视觉冗余不同于前两种冗余，它是与真实的或可定量的视觉信息相联系的。由于消除心理视觉冗余会导致一定量信息的丢失，因而用于有损压缩，这种过程称为量化。在实际的问题中，有许多方法可以在保持图像视觉效果的前提下用于图像压缩，如电视广播中的隔行扫描就是一个常见的例子。

二、图像保真度

前面已经指出，无损压缩不存在信息的损失，但压缩率有限；有损压缩能取得较高的压缩率,但存在信息的丢失(如去除心理视觉冗余的压缩)。这样就需要一种方法来衡量和评估解码后图像的质量,即图像保真度准则。保真度准则通常可分为客观保真度准则和主观保真度准则两类。

客观保真度准则是指信息损失的程度可以使用原始图像和解码后的图像来描述。例如,原始图像和解码图像的均方根(rms)误差就是一个客观保真度的指标。设 $f(x,y)$ 和 $\hat{f}(x,y)$ 分别表示原始图像和解码图像,其尺寸均为 $M\times N$,它们之间的误差可表示为

$$e(x,y)=\hat{f}(x,y)-f(x,y)$$

于是,均方误差为

$$\overline{e}^2=\frac{1}{M\times N}\sum_{x=0}^{M-1}\sum_{y=0}^{N-1}e^2(x,y)$$

从而均方根误差表示为

$$e_{\mathrm{rms}}=[\overline{e}^2]^{1/2}=\left\{[\frac{1}{MN}\sum_{x=0}^{M-1}\sum_{y=0}^{N-1}[\hat{f}(x,y)-f(x,y)]^2\right\}^{1/2}$$

另外一种非常重要的保真度准则是均方信噪比,其定义为

$$\mathrm{SNR}_{\mathrm{ms}}=\left[\sum_{x=0}^{M-1}\sum_{y=0}^{N-1}f(x,y)\right]/\left\{\sum_{x=0}^{M-1}\sum_{y=0}^{N-1}[\hat{f}(x,y)-f(x,y)]^2\right\}$$

对均方信噪比 $\mathrm{SNR}_{\mathrm{ms}}$ 求平方根就得到均方根信噪比 $\mathrm{SNR}_{\mathrm{rms}}$。

客观保真度准则提供了一种简单便捷的图像信息损失评价方法,但在很多情况下,图像最终是被人来观察的,并且这些客观保真度准则有时并不与主观视觉效果相符(因为图像的质量好坏与否不仅与图像本身的质量有关,也与人类视觉特性相关),因而有必要提出主观保真度准则。这种方法是把图像显示给一组观察者,将这些观察者的观察结果加以平均,以此作为图像的主观质量。一种常见的方法是规定一种绝对尺度,例如:

(1)优秀的具有非常高的图像质量。

(2)良好的具有较好的图像质量,存在的干扰不影响观看。

(3)可通过的图像质量可接受,有干扰但不非常严重。

(5)勉强可看的图像质量差,存在干扰并妨碍观看。

(5)差的图像质量很差,干扰始终存在,几乎无法观看。

(6)不能用图像质量非常差,无法观看。

另外还有两种准则,即妨害准则和品质准则。妨害准则分为如下五级:

(1)没有妨害感觉。

(2)有妨害但不讨厌。

(3)能感到妨害,但没有干扰。

(4)妨害严重,有明显干扰。

(5)不能接受信息。

品质准则分为如下七级:

(1)非常好。

(2)好。

(3)较好。

(4)普通。

(5)较坏。

(6)恶劣。

(7)非常恶劣。

应该指出的是,迄今并没有一种通用的图像保真度准则,关于图像保真度或质量的评价是一个仍然在研究的问题,目前该方面的热点大都集中在结合人类视觉系统的客观评价方法的研究。

三、图像压缩系统模型

一个图像压缩系统模型包括两个模块:编码器和解码器。编码器和解码器之间通过信道相连,如图 4-2 所示。一幅图像 $f(x,y)$ 经过编码器后,生成对应的一组符号,这组符号在通过信道传输后,到达解码器,经过解码重构出输出图像 $\hat{f}(x,y)$,$\hat{f}(x,y)$ 可能是也可能不是原始图像 $f(x,y)$ 。如果输出图像和输入图像完全等同、毫无差别,该系统就是无损的或具有信息保持的编码系统。如果输出和输入图像存在差别,则称该系统为有损的。

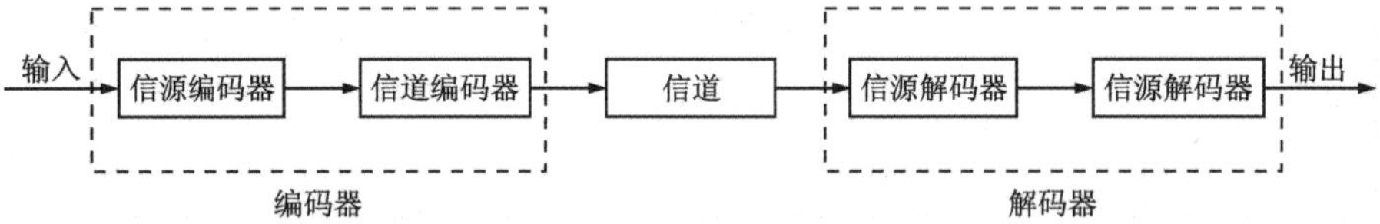

图 4-2 一个通用的图像压缩系统模型

在图 4-2 中,编码器包括信源编码器和信道编码器两个模块,信源编码器用来去除输入图像的冗余,信道编码器用来增强信源编码器输出的抗噪能力。解码器则由对应的信道解码器和信源解码器组成。如果信道没有噪声,信道编码器和信道解码器都不需要,则图像压缩系统只包含信源编码器和信源解码器两部分。

图像编码(信源编码)的一般过程可分为如图 4-3 所示的 3 个步骤:映射变换、量化器和符号编码器。

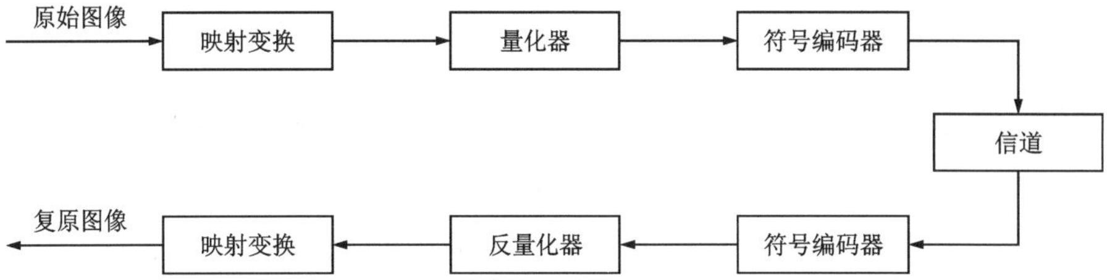

图 4-3　图像编码的一般过程

映射变换在图像编码中处于核心地位，它的目的是改变图像的特性，使之更有利于压缩编码。图像经映射变换后再进行后续的编码一般要优于对原始图像直接进行编码，如可以考虑用左邻像素值作为当前像素的预测值，而用预测差作为映射后的数据，并对其进行量化编码。由于图像的相邻像素间具有极大的相关性，因此相邻像素的差绝大部分接近于零。事实上，已有研究表明，差值信号的分布可用拉普拉斯分布来近似，其标准差比原始图像的标准差要小得多，于是对它进行量化编码所需的比特数就比较少，这样就可以实现图像的压缩。如果采用更为有效的预测方法（如由空间相邻四像素点预测当前像素值），有望得到更好的预测值，从而有助于进一步提高压缩率。

在有损编码器中需要对映射后的数据进行量化。如果量化是对映射后的数据逐个进行，则称为标量量化；如果量化是对数据成组地进行，则称为矢量量化。量化总会带来信息的丢失，形成失真，为使失真程度减少，就需要量化得比较精细，可是这样就达不到高的压缩率。在解决实际问题的过程中，应该确定合适的量化级数和量化曲线形状来取得二者之间的折中，以缓解这对矛盾。量化器是图像编码产生失真的根源。这里需指出的是，对于同样的量化失真，经过不同的映射变换会引起复原图像的不同失真。

符号编码器的目的是消除量化后数据的符号编码冗余，这一过程一般不产生失真。常用的符号编码方法包括：行程编码、变长编码及算术编码等。

图像编码的 3 个步骤之间互相联系、互相制约。如使用预测编码或变换编码，映射变换后的数据量并没有减少反而会略有增加，但这为以后两个步骤发挥有效作用奠定了基础。如果第二步使用非均匀量化器，它可以使每层量化值出现的概率接近相等，若后面再使用变长编码，则其效果就会不明显；反之，若后面使用变长编码，则前面的量化器使用线性量化器，也能达到良好的总体效果。

四、信息论简介

图像编码是建立在信息论基础上的，为此这里对信息论中的一些基本概念和结论给出简单的介绍，更详细的讨论可参见信息论的有关文献。

信息，简单说来，就是事物间互相交换所处状态的内容，即指事物运动的状态、规律。它可以用文字、图形、图像、声音等形式表示。为了给出信息的恰当含义，建立有效和可靠等概念的确切数量关系，Shannon（1948）将信息界定为解除的不确定性的多少，在一定程度上，明确了“效”及“可靠”能够达到的目标及实现该目标的原则途径。

信源，顾名思义，就是信息的源泉、信息的载体。信源要含有一定的信息，必须具有随机性，以一定的概率发出各种不同的信号。单符号离散信源是最简单的一种信源，它是具有一定概率分布的离散符号的集合，因此可用一个离散随机变量代表它。

若某信源可能发出 r 种不同的符号 $a_1,a_2,\cdots,a_r$，设其相应的先验概率分别表示为 $p(a_1),p(a_2),\cdots p(a_r)$，若用随机变量 X 表示此信源，其信源空间可表示为

$$[X \cdot P]:\begin{cases} X: & a_1 \quad a_2 \quad \cdots \quad a_r \\ P(X): & p(a_1) \quad p(a_2) \quad \cdots \quad p(a_r) \end{cases} \tag{4-6}$$

式中：$0 \leqslant p(a_i) \leqslant 1 \quad (i=1,2,\cdots,r)$，$\sum_{i=1}^{r} p(a_i)=1$。

不同信源对应于不同的信源空间，不同的信源空间也是一一对应的关系，不同信源与信源空间对应着不同的信源。用信源空间表示信源的数学模型的必要前提就是信源可能发出的各种不同信号的概率先验已知或可事先测定。测定信源的概率空间是构建信源空间的关键。用一个离散随机变量 X 代表一个单符号离散信源，这是用数学描述信源的基本出发点。随机变量 X 的状态空间和概率空间是构建信源空间的两个基本要素，其中概率空间是决定性要素，概率可测是 Shannon 信息论的基本前提。

由信息的定义可知，在通信过程中，收信者所获取的信息量，在数量上等于通信前后不确定性的消除。现假设信源发出某种信号是 a_i，由于信道中噪声的干扰，收信者收到的是 a_i 的改变型 b_j，b_j 收信者从信号获取原始信号 a_i 的信息量 $I(a_i,b_i)$ 为

$I(a_i,b_i)$ =［收到信号 b_j 以前，收信者对信源发信号 a_i 的不确定性］－［收到信号 b_j 后，收信者对信源发信号 a_i 仍然存在的不确定性］

=［收到信号 b_j 前后，收信者对信源发信号 a_i 的不确定性的消除］

当信道中没有噪声的随机干扰时，信源发出的信号 a_i 可以准确无误地传递给收信者，也就是说收信者收到的 b_i 就是 a_i 本身。这等同于对信源发出信号 a_i 的不确定性为 0，此时，$I(a_i,b_i)$ 可简化为

$I(a_i)=I(a_i;a_i)$=［收到信号 a_i 前，收信者对信源发出信号 a_i 的不确定性］

上式表明，信源信号 a_i 的自信息量 $I(a_i)$ 的度量问题，已转变为信源发出信号 a_i 的不确定性的度量问题。一般情况下，自信息量的定义为

$$I(a_i)=\lg\frac{1}{p(a_i)}=-\lg p(a_i), \quad i=1,2,\cdots,r \tag{4-7}$$

从式(4-7)可知，自信息量 $I(a_i)$ 的单位取决于对数的“底”。若以 2 为底，则所得自信

息量的单位为比特，即

$$I(a_i)=\log_2\frac{1}{p(a_i)}\ (\mathrm{bit})$$

信息函数的成功推导，使得信息的度量成为可能，在信息理论发展史上具有重要的意义，它为信息理论的进一步发展奠定了基础。虽然信息函数成为度量信息的一个有力工具，但仍有欠缺。首先，信源发信号 a_i 不是确定事件，是以 $p(a_i)$ 为概率的随机事件，相应的信息量函数也是一个以 $p(a_i)$ 为概率的随机性的量。显然，用一个随机性的量来度量信息是不方便的。其次，信息函数 $I(a_i)$ 只能表示信源发出某一特定的具体信号 a_i 所提供的信息量。不同的信号有不同的自信息量，因此它不足以作为整个信源的总体信息测度。

一种自然的选择是利用信源 X 发出的各种不同信号 $a_i(i=1,2,\cdots,r)$ 含有的自信息量 $I(a_i)(i=1,2,\cdots,r)$ 在信源的概率空间 $\{p(a_1),p(a_2),\cdots,p(a_r)\}$ 中的统计平均值，作为信源总体信息测度的确定的量。为此给出如下定义的信源 X 的信息熵 $H(X)$，即

$$H(X)=p(a_1)I(a_1)+p(a_2)I(a_2)+\cdots+p(a_r)I(a_r)=-\sum_{i=1}^{r}p(a_i)\lg p(a_i) \tag{4-8}$$

它表示信源 X 每发出一个信号所提供的平均信息量。信源熵的取值与信源符号出现的概率有关，等概率分布时熵最大。

对实际信源，各符号并不相互独立，但可以把它看成是一个马尔科夫信源。若按符号出现的时间顺序排列下标，x_n 表示当前符号，则截至当前时刻的符号串为 $\cdots,x_{n-m}$，$x_{n-m+1},\cdots x_{n-1},x_n$。在已知 $x_{n-1},\cdots,x_{n-m}$ 的条件下，当前符号 x_n 所得到的信息量为

$$I(x_n\mid x_{n-1},\cdots,x_{n-m})=-\log_2 P(x_n\mid x_{n-1},\cdots,x_{n-m}) \tag{4-9}$$

则在已知 $x_{n-1},\cdots,x_{n-m}$ 的条件下，接收到一个 x_n 的平均信息量为

$$\bar{I}(x_n\mid x_{n-1},\cdots,x_{n-m})=-\sum_{x_n=x_1}^{x_q}P(x_n\mid x_{n-1},\cdots,x_{n-m})\log_2 P(x_n\mid x_{n-1},\cdots,x_{n-m}) \tag{4-10}$$

这里信源符号表 $x=\{x_1,x_2,\cdots,x_q\}$。考虑到 $x_{n-1},\cdots,x_{n-m}$ 发生的概率，对这些 $x_{n-1},\cdots,x_{n-m}$ 的平均信息量取平均并经过简单的整理可得到条件熵，即

$$\begin{aligned}H(x_n\mid x_{n-1},\cdots,x_{n-m})&=\sum_{x_{n-1}=x_1}^{x_q}\cdots\sum_{x_{n-m}=x_1}^{x_q}P(x_{n-1},\cdots,x_{n-m})\cdot I(x_{n-1},\cdots,x_{n-m})\\&=-\sum_{x_n=x_1}^{x_q}\cdots\sum_{x_{n-m}=x_1}^{x_{q_n}}P(x_n,x_{n-1},\cdots,x_{n-m})\cdot\log_2 P(x_n\mid x_{n-1},\cdots,x_{n-m})\end{aligned} \tag{4-11}$$

从联合概率 $P(x_n, x_{n-1}, \cdots, x_{n-m})$ 出发，可以定义信源的联合熵（$m+1$ 阶熵）为

$$
\begin{aligned}
H_{m+1} &= H(x_n, x_{n-1}, \cdots, x_{n-m}) \\
&= -\sum_{x_n = x_1}^{x_q} \cdots \sum_{x_{n-m} = x_1}^{x_q} P(x_n, x_{n-1}, \cdots, x_{n-m}) \cdot \log_2 P(x_n, x_{n-1}, \cdots, x_{n-m})
\end{aligned} \tag{4-12}
$$

H_{m+1} 就是对 $m+1$ 个符号同时进行编码时所需比特数的下限。

对于条件熵和联合熵，这里不加证明地给出如下结论，即

$$H(x_n \mid x_{n-1}, \cdots, x_{n-m}) = H_{m+1} - H_m \tag{4-13}$$

五、基本编码定理

一个信息系统包括信源、信道和信宿 3 个部分，而一个传输系统的简单模型是在信息系统上添加编码器和解码器构成的，如图 4-4 所示。

图 4-4　传输系统的简单模型

1. 无噪声编码定理

当信道和传输系统没有噪声时，传输系统的主要功能是对信源提供一种尽可能简洁的表示方式。无噪声编码定理（又称香农第一定理）给出了每个信源符号可达到的最小平均码长。

通常将含有有限个统计的独立的信源符号的信源称为零记忆信源，并记为 (A, z)。如果将它的输出视为信源字母表的符号的一个 n 元组，信源输出就是一个块随机变量，记为 a_i，这里 a_i 是由 A 中的 n 个符号组成。一个给定的 a_i 的概率 $p(a_i)$ 与单符号 a_j 的概率 $p(a_i)$ 的关系为

$$P(a_i) = P(a_{j1})P(a_{j2})\cdots P(a_{J^n}) \tag{4-14}$$

式中：$j1, j2, \cdots, J^n$ 表示这些符号取自集合 A，它构成一个 a_i，$a_i = (a_{j1}, a_{j2}, \cdots, a_{J^n})$。现设向量 $\mathbf{z}'$ 为所有信源概率的集合 $\{P(a_1), P(a_2), \cdots, P(a_{J^n})\}$，则信源的熵为

$$H(\mathbf{z}') = -\sum_{i=1}^{J^n} P(a_i) \lg P(a_i) \tag{4-15}$$

将式(4-14)代入式(4-15)中，经过化简可得

$$H(\mathbf{z}') = nH(\mathbf{z}) \tag{4-16}$$

由此可见，产生块随机变量的零记忆信源的熵为对应的单符号信源熵的 n 倍。这样一个信源被称为单一符号或非扩充信源的 n 次扩充。

因为信源输出 a_i 的自信息量是 $\lg[1/P(a_i)]$，自然的想法是用一个整数长度的码字 $l(a_i)$ 对 a_i 进行编码，并且要求

$$\lg \frac{1}{P(a_i)} \leqslant l(a_i) < \lg \frac{1}{P(a_i)} + 1 \tag{4-17}$$

将式(4-17)两端同乘以 $p(a_i)$ 并求和，可得

$$\sum_{i=1}^{J^n} P(a_i) \lg \frac{1}{P(a_i)} \leqslant \sum_{i=1}^{J^n} P(a_i) l(a_i) < \sum_{i=1}^{J^n} P(a_i) \lg \frac{1}{P(a_i)} + 1$$

即

$$H(\boldsymbol{z}') \leqslant L'_{\text{avg}} < H(\boldsymbol{z}') + 1 \tag{4-18}$$

式中：$L'_{\text{avg}} = \sum_{i=1}^{J^n} P(a_i) l(a_i)$ 为非扩充信源的第 n 次扩充的平均编码字长。

由式(4-18)并注意到式(4-16)，可有

$$H(\boldsymbol{z}) \leqslant L'_{\text{avg}}/n < H(\boldsymbol{z}) + 1/n \tag{4-19}$$

对式(4-19)取极限，则有

$$\lim_{n \to \infty} \left[\frac{L'_{\text{avg}}}{n} \right] = H(\boldsymbol{z}) \tag{4-20}$$

式(4-20)说明在无噪声条件下，存在一种编码方法，使编码的平均长度与信源熵充分接近，但以信源熵为其下限。这就是无噪声编码定理或香农第一定理。

2. 噪声编码定理

如果信道存在噪声或传输过程中存在失真，这种情况下，通常关注的重点应为如何编码才能保证可靠稳定地传输，那么一个自然的问题是，在传输过程中到底允许出现多大的误差？

现在假设一个二元信道的误差概率为 p_e，一个减小传输误差的简单办法是将每个信息或二进制符号重复传输几次。设传输的次数为 k，则传输过程中无错误概率为 $E_1 = (1 - p_e)^k$，发生一个错误的概率为 $E_1 = C_k^1 p_e (1 - p_e)^{k-1} = k p_e (1 - p_e)^{k-1}$，发生 $l(l \leqslant k)$ 错误的概率为 $E_l = C_k^l p_e^l (1 - p_e)^{k-l}$。单一符号传输误差一般会远远小于 50%，所以可以通过多数投票的方法对接收信息进行解码。因此对 k 个字符符号错误解码的概率是对单个符号发生错误的概率之和，即 $E = \sum_{l=2}^{k} E_l = \sum_{l=2}^{k} C_k^l p_e^l (1 - p_e)^{k-l}$，该值远远小于 p_e。

按照上述重复编码方案，可将传输过程中的错误控制在尽可能小的范围内。对于包含 k 个字符的信源，可通过对每个符号重复 r 次的 n 阶扩充进行编码，同时要求 $k^r \leqslant J^n$。这里应注意的问题包括在 k^r 个编码序列中选择 λ 个码字作为有效码字以及建立正确解码的概率得到最优化的规则。

一个零记忆信息源的信息产生率等于这个信源的熵 $H(\boldsymbol{z})$。信源 n 次扩充的信息产生率 $H(\boldsymbol{z}')/n$ 为当信息经过重复编码，并且选定的 λ 个有效码字等概率出现时，编码信息的最大速率是 $\lg(\lambda/r)$。因此有效码长为 λ，块长度为 r（即重复 r 次）的编码速

率为

$$R = \lg(\lambda / r)$$

噪声编码定理(又称香农第二定理或信道编码定理)是指:对任意的 $R < C$(C 为具有矩阵 $\boldsymbol{Q}$ 的零记忆信道容量),存在一个块长度为 r(r 为整数)、速率为 R 的编码,这个编码的块解码误差的概率不大于一个任意小的正数 ε 。因此,只要编码信息率小于信道容量,则编码误差概率可以任意小。

3. 噪声编码定理

如果信道中没有误差但传输过程中存在失真,则系统的主要功能是信息压缩。通常要求将由压缩带来的误差限制在某个水平 D 内。因此,现在的问题是给定一定的保真度,探求信源向信宿传输信息的最小速率,这正是信源编码定理(也称为率失真定理)回答的内容。

假设信源和解码输出分别表示为有限集合 $(A, \boldsymbol{z})$ 和 $(B, \boldsymbol{v})$,连接 $\boldsymbol{z}$ 和 $\boldsymbol{v}$ 的信道矩阵为 $\boldsymbol{Q}$ 。将信源生成信源符号 a_j 的编码符号解码为 b_k 的概率记作 q_{kj} 。欲使信源编码误差小于 D ,需要对每个可能的信源输出值给定一个失真范围。对非扩充信源的情况,可定义一个非负函数 $\rho(a_j, b_k)$ 作为重新产生信源 a_j 解码为 b_k 的代价函数,因此失真的平均值可表示为

$$d(\boldsymbol{Q}) = \sum_{j=1}^{J} \sum_{k=1}^{K} \rho(a_j, b_k) P(a_j, b_k) = \sum_{j=1}^{J} \sum_{k=1}^{K} \rho(a_j, b_k) P(a_j) q_{kj} \tag{4-21}$$

因此,所有信源编码误差允许为 D 的编解码的集合为

$$\boldsymbol{Q}_D = \{ q_{kj} \mid d(\boldsymbol{Q}) \leqslant D \} \tag{4-22}$$

于是定义一个率失真函数

$$R(D) = \min_{Q \in Q_D} [I(z, v)] \tag{4-23}$$

式中:$[I(z, v)]$ 为 z 和 v 的互信息。

注意到 $I(z, v)$ 是矢量 $\boldsymbol{z}$ 中的概率和矩阵 $\boldsymbol{Q}$ 中元素的函数,因此最小值可在 $\boldsymbol{Q}$ 中取得,如果 $D = 0$ 那么 $R(D)$ 小于或等于信源的熵。式(4-23)给出了在平均失真不超过 D 的条件下,信源传送给信宿的信息最小速率。为计算 $R(D)$,可在下列约束条件下选择 $\boldsymbol{Q}$ 以达到 $I(z, v)$ 的最小化,即

$$\begin{cases} q_{kj} \geqslant 0 \\ \sum_{k=1}^{K} q_{kj} = 1 \\ d(\boldsymbol{Q}) = D \end{cases} \tag{4-24}$$

式(4-24)中的前两式是信道矩阵 $\boldsymbol{Q}$ 基本性质。最后的等式说明在允许出现最大可能失真的情况下,就会得到最小的信息速率。

第三节　无损压缩

无损压缩就是解码后的信息与原始信息完全相同，不存在任何的损失。无损压缩的压缩率一般不会太高，介于 2 ～ 10 之间。这类压缩算法在一些领域具有重要的应用。比如医疗纪录和商业文件，法律上明文规定不能使用有损压缩；深空探测图像由于获取比较困难而弥足珍贵，也不应使用有损压缩；某些医学图像，如果使用有损压缩会给医疗决策带来影响等。本节主要介绍一些常用的无损压缩方法，包括变长编码、LZW 编码、位平面编码和无损预测编码等。

一、变长编码

变长编码方法的原理是根据信源的概率分布特性，分配可变长的码字，降低平均码字长度，以减小编码冗余，从而提高传输效率，节省存储空间。这里主要介绍霍夫曼编码和算术编码两种方法。

1. 霍夫曼编码

霍夫曼编码方法由霍夫曼于 1952 年提出，这种方法的基础是将较短的码字赋予出现概率较大的灰度级，而将较长的码字赋予出现概率较小的灰度级，这样可以使平均码字达到最小。

霍夫曼编码算法可描述为如下步骤。

步骤 1：将信源符号按出现概率大小排序，概率大的在前，概率小的在后。

步骤 2：将最后两个符号的概率加起来，合成一个新的概率，并将此新概率和其余符号的概率重新排序。

步骤 3：重复步骤 1 和步骤 2，直到最后剩下两个概率为止。

步骤 4：从最后两个概率开始逐步向前进行编码。每一步只需对两个分支各赋予一个二进制码，如对概率大的赋予码元 0，对概率小的赋予码元 1，反之亦可。

如设信源符号表示为 $s=\{s_1, s_2, s_3, s_4, s_5, s_6\}$，其概率分布为 $p_1=0.4$，$p_2=0.3$，$p_3=0.1$，$p_4=0.1$，$p_5=0.06$，$p_6=0.04$。

按照上述步骤，针对此例的霍夫曼编码过程如图 4-5 所示。

在上例中，首先对步骤 4 中的具有概率为 0.6 和 0.4 的符号赋予 0 和 1 两个码字，由于对应概率为 0.6 的符号是由左边两个符号结合而成，所以先将 0 赋给这两个符号；然后再随机地将 0 和 1 附加在后面以区分这两个符号，重复这一过程直到初始信源，最终得到的霍夫曼代码如下：

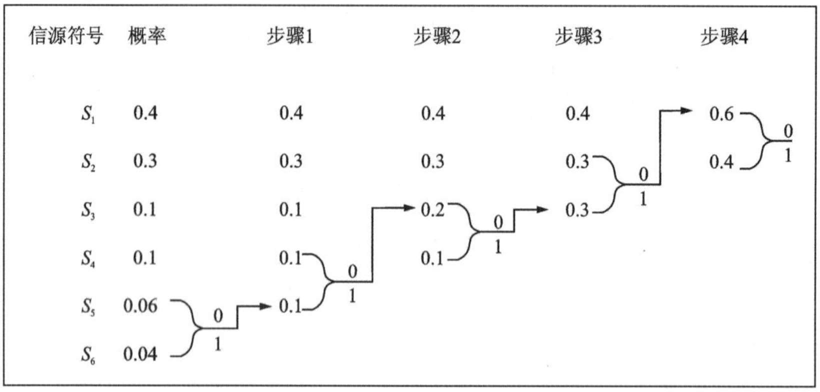

图 4-5 霍夫曼编码过程

s_1:1 s_2:00 s_3:011 s_4:0100 s_5:01010 s_6:01011

该信源的熵 $H(s)$ 约为 2.1535,由式(4-4)计算的平均码长为 2.2bit,略大于信源的熵。

由于霍夫曼编码是一种块码(因为每个信源符号都被映射成一组编码符号的固定序列)、即时码(因为符号串中的每个码字无须参考后继符号即可解出),同时它又具有唯一可解性(因为任何符号串只能以一种方式进行解码),因此任何霍夫曼编码的符号串的解码可以通过一种简单的查表方式进行。对图 4-5 的码串 010100111100 对应的字符串 $s_5 s_3 s_1 s_1 s_2$ 。

此外,使用霍夫曼编码时有以下几点需要注意:

(1)霍夫曼编码不具有唯一性。在霍夫曼编码过程中,可以将大概率的符号赋为"0",小概率的符号赋为"1",但也可以相反,而当遇到概率相等的情况时,"0"和"1"的分配是随机的,这样就造成了编码的不唯一性。

(2)对图像而言,当图像灰度级的概率分布极不均匀时,霍夫曼编码的效率就高;反之,编码效率就低。

(3)霍夫曼编码必须首先计算出图像数据的概率特性形成编码表后,才能对图像编码。因此,霍夫曼编码不具有构造性,即不能使用某种数学模型建立信源符号与编码之间的对应关系,而必须通过查表方法建立它们之间的对应关系。

2. 算术编码

不同于霍夫曼编码,算术编码中源符号和由算术编码得到的码字间并不存在一一对应的关系。算术编码通过递归的方式将整个信源符号映射为区间[0,1)中的某一个子区间,随着信源符号中符号的增加,用以表示信息的区间段逐渐减小而用来表示该区间的信息单位的数量则逐渐增加。

由算术编码方法得到的代码,其解码过程并不复杂。由初始符号的概率区间和压缩后的数字代码所在的范围,很容易确定代码所对应的第一个字符。在确定第一个字符后，设法去掉该字符对区间的影响，使用类似的方法，得到下一个字符。重复这一过程，便可完成整个解码过程。

二、LZW 编码

LZW(Lemple-Ziv-Welch)编码是一种消除图像像素间冗余的无损编码方法，它对信源符号的可变长度序列分配固定长度的码字，并且事先不需要知道被编码符号出现的概率。

LZW 编码的概念非常简单。在编码过程的开始阶段，先构造一个对信源符号进行编码的码本或字典。比如对 8 位的单色图像，字典中的前 256 个字被分配给灰度级 0,1,2,…,255 。当编码器依次处理图像像素时，字典中没有包括的灰度级序列按一定的方法决定其出现的位置。例如，如果图像前两个像素为白色，序列“255—255”可能被分配在 256 的位置上，这个位置之上的地址被分配给灰度级 0 到 255。图 4-6 为 LZW 编码流程图。

三、位平面编码

位平面编码是另外一种能有效消除或减少像素间冗余的编码方法。尤其对于某些相同灰度级成片连续出现的图像更为有效。下面介绍几种常见的位平面编码方法。

1. 一维行程编码

对图像沿某一行进行扫描时，将扫描行的像素设为序列 $x_1,x_2,\cdots,x_N$ 。在行程编码中，首先将这些像素序列映射为整数对 (g_k,l_k) 的序列，其中 g_k 表示灰度级；l_k 表示行程长度，它等于具有相同灰度级的相邻像素的数目。这样，就可以对这些整数对 (g_k,l_k) 进行编码，而不必对像素直接编码。

取 $N=24$ ，$k=4$ ，图像的灰度级为 8，整数对 (g_k,l_k) 的取值分别是 $g_1=3,l_1=6$；$g_2=5,l_2=10$ ；$g_3=4,l_3=2$ ；$g_4=8,l_4=6$ 。则一维行程编码的概念如图 4-7 所示。

对于图 4-7 中的示例，如果对 x_i 编码，需要的比特数至少为 $24\times3=72$ bit。如果对序列对编码，每对参数用 7 位码(其中灰度级用 3 位码，行程长度用 4 位码)，由于共有 4 对序列，因此共需要 28bit 就可以了。可见对此例采取这种压缩方法具有很大的压缩比。

对于二值图像采用行程编码，甚至不需要考虑灰度信息。假定沿某一条扫描线含 5 个黑色像素，其后是 4 个白色像素，紧接着又是 7 个黑色像素 …… 在行程编码中只需传送行程长度 5,4,7…… 就可以了。

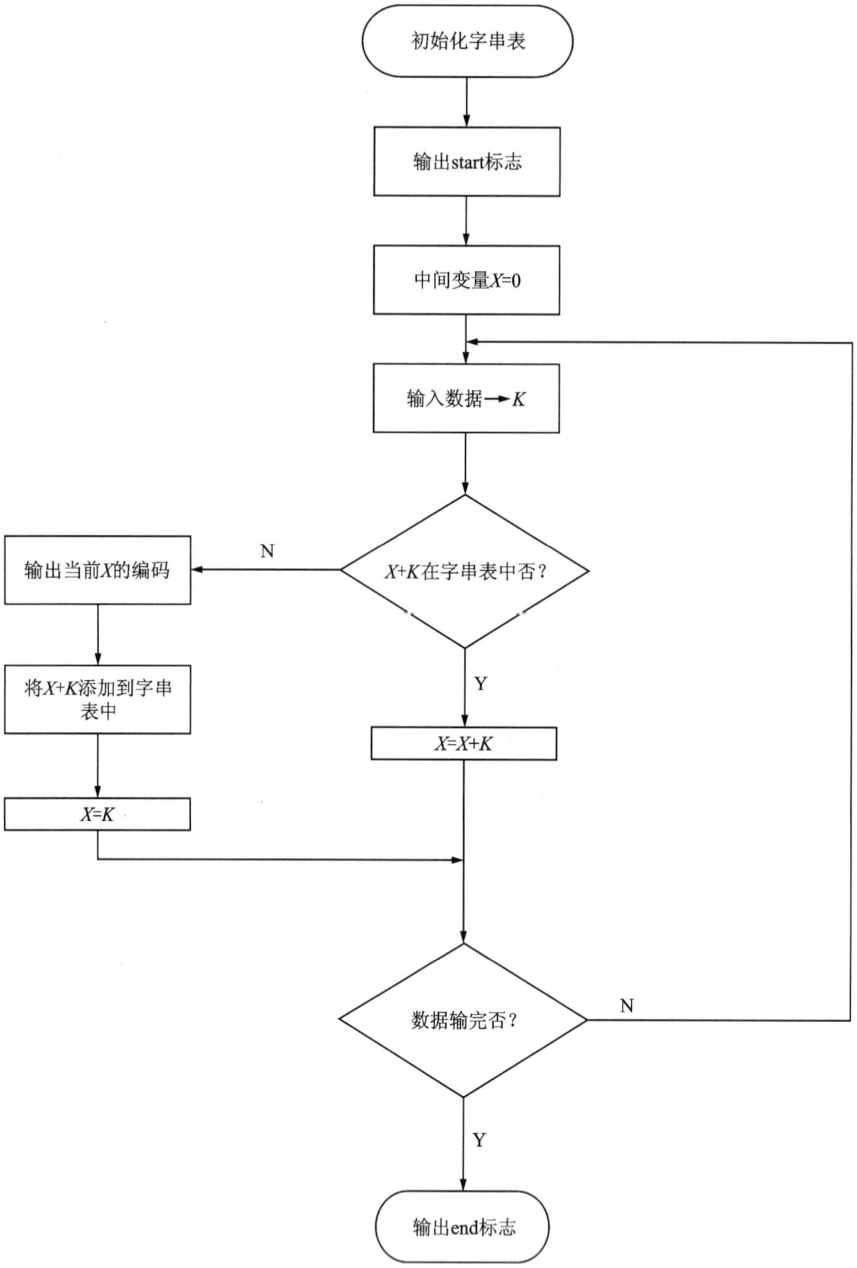

图 4-6 LZW 编码流程

2. 二维行程编码

一维行程编码可以自然地推广为二维行程编码，一维行程编码只考虑消除每行内像素相关性，而未考虑消除行间相关性。二维行程编码将考虑在两个方向上分解图像像素之间的相关性。

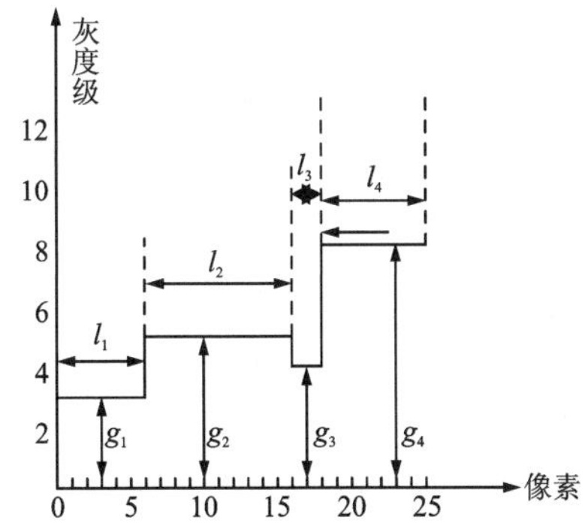

图 4-7　一维行程编码

四、无损预测编码

本小节介绍另外一种高效的无损编码方法——无损预测编码。这种方法是通过对像素的预测误差进行编码来消除像素间的冗余，达到压缩图像的目的。这里的预测误差是指真实值与预测值之间的差值。

图 4-8 为一个典型的无损预测编码系统，在该系统中包含有一个编码器和一个解码器，而编码器和解码器各有一个相同的预测器。当输入图像 $f(x,y)$ 逐像素进入预测器时，预测器根据若干个已输入像素的灰度值产生当前输入像素 f_n 的预测值，并将其四舍五入为整数 $\hat{f}_n$ 。设 e_n 为预测误差，则有

$$e_n = f_n - \hat{f}_n \tag{4-25}$$

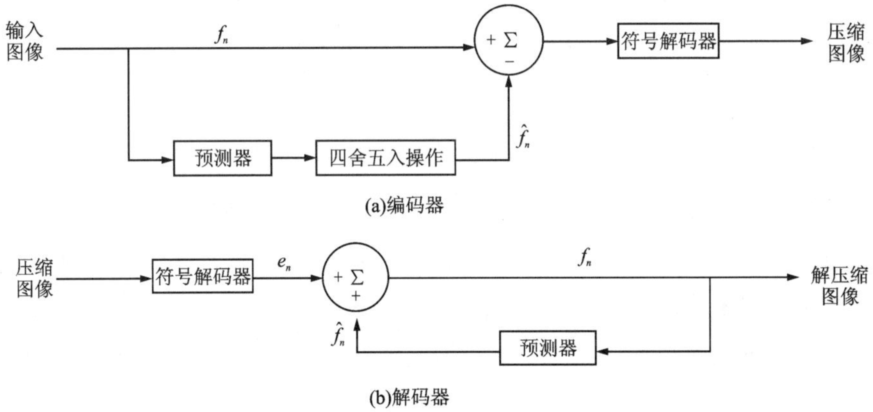

图 4-8　无损编码器模型

对 e_n 采用变长编码(通过符号编码器)生成压缩数据流的下一个元素。解码器根据接收到的变长码字对 e_n 进行重构并实施反运算

$$f_n = e_n + \hat{f}_n \tag{4-26}$$

预测编码是对预测误差进行编码而不是对图像像素直接编码，下面对这种方法的压缩数据原理以一维情形为例进行定性分析。设待处理信号为 $f=\{f_1,f_2,\cdots,f_n\}$，如果直接 f_i 编码，由编码定理可知，代码平均长度 L_{avg} 以信源的熵为其下限，即

$$L_{\text{avg}}=H(X)=-\sum_{i=1}^{n}P(i)\lg P(i) \tag{4-27}$$

如果对误差进行编码，同样地，其代码平均长度也存在一个下限，记为 $H(E)$，因此，预测编码可以压缩数据的充分条件为

$$H(E)<H(f) \tag{4-28}$$

熵值的大小密切相关于概率分布，概率分布越均匀，熵值越大，而熵值越大则意味着平均码长的下限会加大；反之，如果概率分布较为集中，则熵值相对较小，自然平均长的下限会变短。如果预测值比较准确，那么误差就会集中在一个较小的范围内，这样就满足式(4-28)。图像像素间的高度相关性，使得相邻像素之间的差别比较小，这样其差值分布较为集中。

预测编码的核心部分是预测器，预测器的作用是在已知前 m 个数据序列 $f_{n-m},\cdots,f_{n-1}$ 的前提下，对下一个数据 f_n 进行预测。计算 f_n 的估值有多种方法，线性预测是最常见的一种，即

$$\hat{f}_n=\text{round}\Big[\sum_{i=1}^{m}\alpha_i f_{n-i}\Big] \tag{4-29}$$

这里 m 是线性预测的阶，round 表示四舍五入，$\alpha_i(i=1,2,\cdots,m)$ 是预测系数。

第四节　有损编码

无损编码能完全精确地重建原始图像，但压缩比有限。在许多情形下，并不需要解码后的图像完全无误地恢复为原始图像，如果产生的失真可以控制在容忍的限度内，则压缩能力的提高就是有效的，这就是有损编码的思想，简言之，有损编码就是以降低图像恢复精度来换取压缩率的提高。对于一个图像编码系统，有损和无损的区别就在于是否存在量化器模块。

一、有损预测编码

有损预测编码系统由无损编码系统添加一个量化器构成，量化器处于预测误差产生处与符号编码器之间，如图 4-9 所示。

量化器将预测误差 e_n 映射为一个有限范围的输出，记为 $\tilde{e}_n$，同时引入了量化误差。在图 4-9 中，将有损预测编码器的预测器置于一个反馈环中，其目的是使得编码器

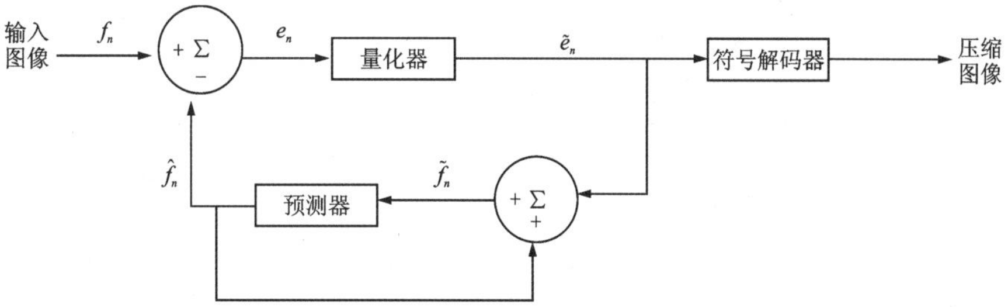

(a)有损预测编码器

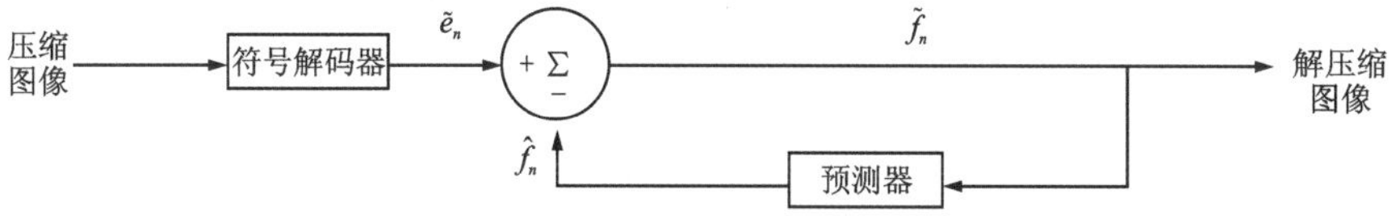

(b)有损预测解码器

图 4-9　有损预测编码模型

和解码器所得到的预测相等。该反馈环的输入 $\tilde{f}_n$ 是上一步预测值与对应量化误差的函数，即

$$\tilde{f}_n = \bar{e}_n + \hat{f}_n \tag{4-30}$$

这个闭环结构能避免解码器的输出端产生误差。解码器的输出也由式(4-30)给出。

二、变换编码

在如图 4-3 所示的图像编码框图中，若用某种形式的正交变换来实现此框图中的映射变换，则这种编码方式就称为变换编码。图像信号一般具有较强的相关性，如果所选用的正交矢量空间的基矢量与图像本身的主要特征很接近，那么在这种正交矢量空间中描述这一图像信号将会更简单些。从本质上说，图像经过正交变换后之所以能够实现数据压缩，是因为经过多维坐标系适当的旋转变换后，把分布在各个原坐标轴上的原始图像数据集中到新坐标系中的少数坐标轴上了，从而为后续的量化和编码提供了高效数据压缩的可能性。

为了保证平稳性和相关性，同时也为了减少运算量，在变换(离散傅里叶变换，离散余弦变换)编码中，一般在发送端的编码器中，先将原图 $f(m,n)$ 分成子像块，然后对每个子像块进行正交变换，形成变换域中的系数 $F(s,t)$ 样本。系统选择器再选择其中的若干主要分量进行量化、编码和传输。接收端解码器经过解码、反量化后得到带有一定量化失真的变换系数 $F'(s,t)$，再经过反变换就得到复原图像 $f'(m,n)$。显然，复原图像也带有一定的失真，但只要系数选择器和量化器编码器设计得好，这种失真可限制在允许的范围内，因此变换编码是一种限失真编码。图 4-10 为编码器和解码器的模型。

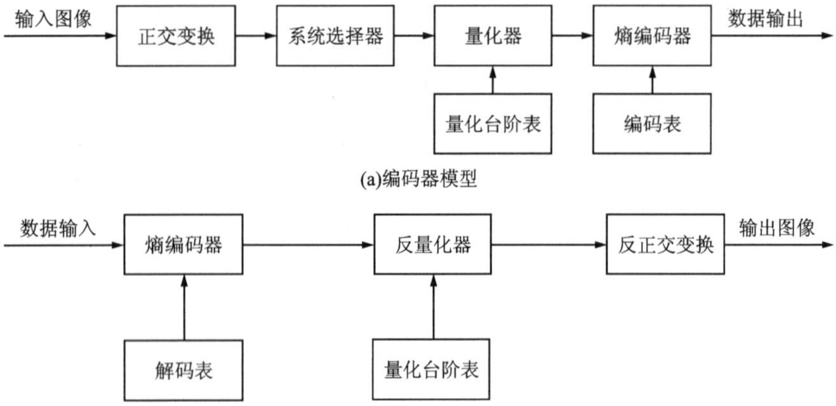

(a)编码器模型

(b)解码器模型

图 4-10 图像解码和解码器模型

在编码和解码的过程中,需涉及下列问题:

(1)变换方式的选择问题。

(2)系数的选择问题。

(3)比特数的分配问题。

(4)减少方块效应问题。

1. 二维行程编码

在理论上,K-L 变换(karhunen-loeve transform)是最优的正交变换,它能完全消除子像块内像素间的线性相关性。经 K-L 变换后各变换系数在统计上不相关,其协方差矩阵为对角阵,因而大大减少了原数据的冗余度,如果丢弃特征值较小的一些变换系数,那么,所造成的均方误差是所有正交变换中最小的。由于 K-L 变换是取原图各子块协方差阵的特征向量作为变换的基向量,因此 K-L 变换的变换基是不固定的,且与编码对象的统计特性有关,这种不确定性使得 K-L 变换使用起来非常不方便。所以尽管 K-L 变换具有上述这些优点,一般只将它作为理论上的比较标准,实际上用得最多的是离散余弦变换(DCT),它的性能最接近 K-L 变换,离散傅里叶变换(DFT)和沃尔什变换(WHT)要差一些。从概念上讲,由于 DFT 要对 n 点像素(对一维来讲)进行周期延拓,故一般在周期间的接点处会引入一个突跳,这意味着将导致较大的高频系数,即能量不能充分集中于低频部分。而 DCT 相当于做 $2n$ 点的 DFT,它先将原 n 点像素进行偶对称扩展后再进行周期延拓,因此边界处没有突跳,能量可更集中。由于 DCT 有固定基,性能最接近 K-L 变换,因而它是变换法的主流,现有的 3 个国际编码标准都选中了 DCT,许多 DCT 的 ASIC 芯片已有成品出售。目前由于小波的不断发展和成熟,基于小波的变换编码已成为研究的一个重要方向。必须说明的是,均方误差也并不是一个好的失真评判标准,只是由于它简单才被广泛采用。

对于 DCT 而言，还应选择变换块的大小。由于只能用小块内的相关性来压缩，故块若选得太小，不利于压缩比的提高。而块越大，计入的相关像素越多，压缩比越高。但若块过分大，则不但计算复杂化，而且距离较远的像素间相关性减少，压缩比也相应减小。所以一般选择块大小为 8×8 像素块或 16×16 像素块。

2. 系数选择

在变换域中 $N\times N$ DCT 系数块选择哪些系数进行量化编码和略去哪些系数（即将哪些系数设为零）对变换编码的性能有很大的影响。原则上应保留能量集中的、方差大的系数。系数选择一般有以下两种方法。

1）区域编码

区域编码方法只对指定形状的区域里的变换系数进行量化编码，丢弃区域外的系数。这个区域的形状和大小与许多因素有关，如输入图像预滤波器的形状，所希望压缩比的大小以及所使用的变换方法等。由于在统计规律上，变换系数的能量总集中于低频端，所以编码区域总取在低频一带。图 4-11 所示为区域编码两种典型区域形状。

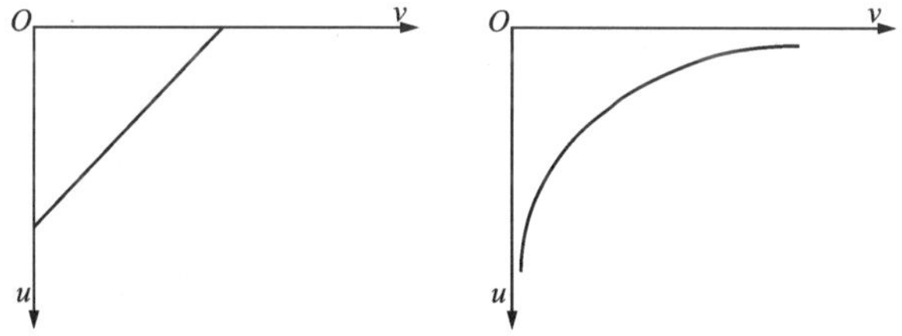

图 4-11　区域编码的两种典型区域形状

2）门限编码

由于区域编码根据统计规律固定保留了低频系数，因此容易丢失有用的高频分量，所以常用门限编码法对幅度大于某个门限 Th 的系数进行编码。如果 $|F(u,v)|>Th$，则进行量化编码，否则忽略。这样做的好处是不会丢失有用的高频分量，具有自适应能力，根据系数的实际能量而不是按统计规律保留系数。门限编码的缺点是必须同时对所保留的系数的位置进行编码，因为这些系数的位置是预先无法确定的。现常用的行程码方法不直接对系数位置编码，而是先将二维系数按"之"字形展开成一维序列，然后通过对连续的编码系数进行行程编码来间接确定需保留的系数位置。

3. 比特分配

为了有效地利用有限的比特数，对不同的系数应分配不同的比特数，即方差大的系数多分配几个比特，量化得精细些；反之，则少分配几个比特，量化得粗糙些。方差大的系数应多分配几个比特，这样才能在不增加总比特数的同时尽可能地减少失真。同时从人眼的视觉特性角度考虑，由于人眼对高频系数不敏感，对这些系数可以少给一些比特。

结合这两个因素，典型的比特数分配如图 4-12 所示。

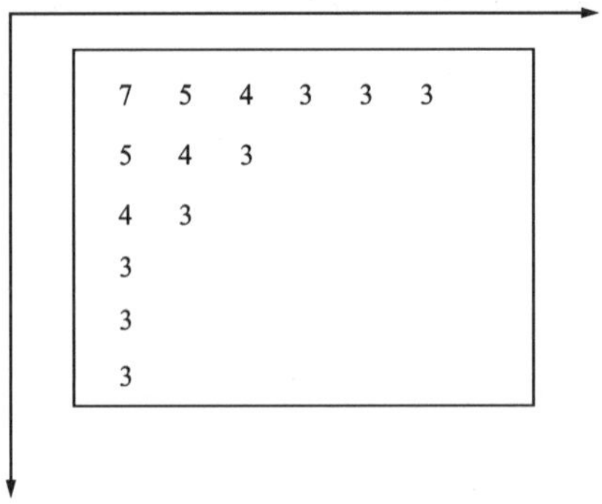

图 4-12 典型的比特分配

在有些比特分配中，直流低频比特数较多，这实际上也与视觉有关，由于变换编码是分块进行的，而人眼对块间差异特别敏感，并且直流分量代表着块的平均值，故直流分量必须有较多的比特数。上述比特分配对于区域编码法也是有用的，当总比特数增加时，区域内各点的比特数也可相应增加。但在门限编码法中，实际上常常用给出不同系数的量化间隔表来控制量化的粗细。设各系数的量化器都是线性量化器，则小的量化间隔表示细量化；反之，表示粗量化。JPEG 标准中附有参考量化间隔表。在 H261 标准中，为了控制码率的方便，设各系数的量化间隔相同，都受缓存器控制。

区域编码的缺点是预先设定了区域的形状，由于实际图像的统计特性不一定符合统计规律，而且图像是非平稳的，往往会遗漏重要的变换系数。区域固定的优点是可以不对系数的位置进行编码。为了克服其缺点，保留其优点，可以先设计几种典型的区域，然后自适应地选择其中的一种。这时对每一子像块，只需额外编码相应的区域种类。

4. 方块效应的消除

变换编码法引入的失真大致有以下 3 种类型：

(1)分辨率下降。这是因为忽略了部分高频分量及粗糙量化高频分量的结果。

(2)在图像灰度平坦区有颗粒噪声出现。这种失真常常是由那些只分到 1bit 的高频分量系数带来的。由于只有 1bit，故无法精确描述这些系数，引入了较大的量化噪声。同时，在平坦区，视觉阈值较低，根据经验，此时如果不编码这些 1bit 系数，而将省下来的比特数分给低频系数，则图像反而光滑许多，主观质量将大大提高。

(3)方块效应。这是变换编码中最令人头痛的失真，因为人眼对此非常敏感，克服方块效应有以下 3 种办法：

① 反滤波法。解码后做低通处理，将块边界处的“突跳”滤平。代价是图像细节也

减少了。

② 交叠分块法。在将图像分块时,块的划分使块与块之间有交叠部分,如一个像素重叠。解码复原图像后,再对块边缘进行平均。这样做的代价是由于块增多而使码率略有增加。

③ 改用其他的变换方式。如采用 LOT 变换(lapped orthogonal transform)。

第五节　国际标准简介

迄今为止讨论的许多有损和无损压缩方法在广泛使用的图像压缩标准中起着重要作用。在本节中,仅对其中的几种标准进行简要说明。讨论的大多数标准都是得到国际标准组织(ISO)和国际电话与电报咨询委员会(CCITT)认可的。这些标准适用于二值图像和连续色调(单色的和彩色的)图像的压缩,同时也适用于静止画面和视频图像(即连续帧)。

一、二值图像压缩标准

两种应用最为广泛的图像压缩标准是用于二值图像压缩的 CCITT 第三组和第四组标准。尽管它们目前已出现在多种计算机应用领域,但它们最初是为了使用传真(FAX)编码方法通过电话网络传输文件而设计的。第三组标准应用于非自适应的一维行程编码技术,在这种技术中,对每组 K 条线($K=2$ 或 4)的最后 $K-1$ 条线用二维方式进行可任意选择的编码。第四组标准是将第三组标准进行简化和流水线化得到的版本,在该标准中,只允许存在二维编码。两组标准使用同样的非自适应的二维编码方法。

在建立 CCITT 标准的过程中,有 8 种典型的“测试”文件被选择作为评估不同的二值压缩方案的基准。用现存的第三组和第四组标准对这些包括打印和手写内容(使用几种不同的语言)及少量线条的文件进行比率约为 15∶1 的压缩。然而,由于第三组和第四组标准是以非自适应技术为基础的,所以有时候会导致数据膨胀(如对半色调图像即是如此)。为了克服这种现象及出现的相关问题,联合二值图像专家组(JBIG,一个 CCITT 和 ISO 的联合委员会)已经采用和/或建议了几种其他的二值压缩标准。其中包括 JBIG1 标准,一种自适应算术压缩技术,这是目前可用的处理一般情况和最坏情况下的二值压缩的技术;JBIG2 标准(现在还是委员会的最终草案),使用这种标准得到的压缩效果通常是使用 JBIG1 标准得到效果的 2～4 倍。这些标准可以同时应用于二值图像和高达 6 灰度编码比特/像素的灰度级图像(以一个位平面为基础)的压缩。

1. 一维压缩

在一维 CCITT 第三组压缩方法中，图像的每一条线都可以用一系列变长编码码字编码，这些码字代表从左到右扫描线条过程中，白色和黑色交替的行程长度。码字本身分为两类。如果行程长度小于 63，则根据 CCITT 终结编码(参见相应的其他教材)得到最大可能出现的组成编码(不超过行程长度)，将它与一个终结编码一起使用进行编码，终结编码用于表示组成编码和实际行程长度之间的差异。这个标准要求每条线都从一个白色行程长度码字开始，事实上它们可能是 00110101，这个编码表示一个零长度的白色行程。最后，唯一的行尾(EOL)码字 000000000001 用于结束每一行，同时标记每幅新图像的第一行。一个图像序列的结尾使用 6 个连续的 EOL 标记。

2. 二维压缩

CCITT 第三组和第四组标准所采用的二维压缩方法是逐线方法，这种方法在每个黑色转白色或白色转黑色的扫描转换位置上均参考基准元素 a_0 进行编码，基准元素 a_0 被设定在当前的编码线上。前面提到的编码线称为基准线；对每幅新图像的第一条线设定的基准线是条虚构的白色线条。

二、静止图像压缩标准

CCITT 和 ISO 已经定义了几种连续色调(与二值相对应)图像压缩标准。这些在不同程度上被认可的标准都是用于处理单色和彩色图像压缩的标准。为了进一步研制这些标准，CCITT 和 ISO 委员会向很多公司、大学和研究实验室征求算法建议。根据图像的品质和压缩的效果从提交的方案中选择最好的算法。这样得到的标准展示了在连续色调图像压缩领域的现有水平，其中包括原来的基于 DCT 的 JPEG 标准和最近提出的基于小波的 JPEG 2000 标准及 JPGE-LS 标准。JPEG-LS 标准是一种接近无损的自适应预测方案，它包括对平面区域检测和行程编码的机理。

1. JPEG

使用最为普遍且易于理解的连续色调静止帧压缩标准是 JPEG 标准。这种标准定义了 3 种不同的编码系统：①有损基本编码系统，这个系统是以 DCT 为基础的，并且足够应付大多数压缩方面的应用；②扩展的编码系统，这种系统面向的是更大规模的压缩，更高的精确性或逐渐递增的重构应用系统；③面向可逆压缩的无损独立编码系统。

为了实现 JPEG 的兼容性，产品或系统必须包含对基本系统的支持。没有规定特殊的文件格式、空间分辨率或彩色空间模型。在经常被称为连续基准系统的基准系统中，输入和输出数据的精度限制为8bit，而量化的DCT值限制为11bit。压缩过程本身包括3个连续的步骤，即DCT计算、量化、变长编码分配。图像首先被细分为8×8的像素块，对这些像素块进行从左到右，从上到下的处理，当对每个8×8的像素块或子图像进行了处理之后，通过减去2^{n-1}对64个像素进行层次移动，2^n是灰度级的最大数目；计算块的二维离散余弦变换，对其进行量化并重排；使用Z形模式形成一个量化系数的一维序列。

由于在Z形模式下生成的一维重排阵列是根据递增的空间频率定性地进行排列的，所以JPEG编码程序的设计可以充分利用根据重排得出的零的长扫描段优点。特别是非零的交流系数，是使用规定了系数值和处在前面位置的零的个数的一种变长编码进行编码的。直流系数相对于前面子图像的直流系数进行不同的编码。

2. JPEG 2000

尽管这种标准仍未被正式采用，但JPEG 2000相对于原始的JPEG标准，在对连续色调静止图像的压缩方面以及对压缩数据的访问方面提供了更大的灵活性。例如，一幅按JPEG 2000标准压缩的图像的一些部分可以从图像中提取出来进行转发、存储、显示和/或编辑。这个标准是以小波编码技术为基础的。系数量化与单一尺度和子带相适应，并且量化的系数以位平面为基础进行算术编码。使用标准符号，一幅图像可以进行如下(ISO/IEC)编码。

编码处理的第一步是通过减$2^{\text{size}-1}$将被编码的S_{size}比特无符号图像样值向直流级移动。如果图像具有不止一个组分量(如彩色图像的红色、绿色和蓝色面)，则对每个分量进行单独的移动。如果有3个精确的分量，则可以使用可逆的或非可逆的线性组合进行任意选择的解相关处理。标准中不可逆的分量变换为

$$\begin{cases}Y_0(x,y)=0.299I_0(x,y)+0.587I_1(x,y)+0.114I_2(x,y)\\ Y_1(x,y)=-0.16875I_0(x,y)-0.33126I_1(x,y)+0.5I_2(x,y)\\ Y_2(x,y)=0.5I_0(x,y)-0.41869I_1(x,y)-0.08131I_2(x,y)\end{cases}\tag{4-31}$$

式中：I_0、I_1和I_2分别为级别的平移输入分量；Y_0、Y_1和Y_2分别为相应的解相关分量。

如果输入分量是彩色图像的红色、绿色和蓝色平面，式(4-31)用$Y'C_bC_r$彩色视频变换来近似$R'G'B'$。变换的目的是改善压缩效率；变换后的分量Y_1和Y_2是差值图像，此图像的直方图在零点附近具有很高的峰。

在图像进行了水平移动和选择性的解等相关处理之后，它的分量被分割成像块。这些块是像素的矩阵阵列，而这些像素包含所有分量相同的相关部分。因此，像块处理生成了可以独立进行提取和重构的块分量，这种处理提供了一种对编码图像的某一有限区域访问和/或操作的简单原理。

在像块处理的基础上，就可以计算每个块分量的行和列的一维离散小波变换了。对于无误差压缩，这种变换是以双正交、5-3 系数尺度和小波向量为基础的。对于非整数值变换系数还定义了一个四舍五入的程序。在有损应用中，使用 9-7 小波向量尺度系数。其间涉及 6 种连续的“提升”和“尺度”操作，即

$$\begin{cases} Y(2n+1) = X(2n+1) + \alpha[X(2n) + X(2n+2)] & i_0 - 3 \leqslant 2n+1 < i_1 + 3 \\ Y(2n) = X(2n) + \beta[Y(2n-1) + Y(2n+1)] & i_0 - 2 \leqslant 2n < i_1 + 2 \\ Y(2n+1) = Y(2n+1) + \gamma[Y(2n) + Y(2n+2)] & i_0 - 3 \leqslant 2n+1 < i_1 + 1 \\ Y(2n) = Y(2n) + \delta[Y(2n-1) + Y(2n+1)] & i_0 \leqslant 2n < i_1 \\ Y(2n+1) = -K \cdot Y(2n+1) & i_0 \leqslant 2n+1 < i_1 \\ Y(2n) = Y(2n)/K & i_0 \leqslant 2n < i_1 \end{cases} \tag{4-32}$$

式中：X 为被变换的块分量；Y 为变换结果；i_0 和 i_1 定义了分量内的块分量的位置，它们是将要变换的块分量行和列的第一个取样及紧接着的后一个取样的索引；变量 n 是以 i_0 和 i_1 为基础计算的，并将形成 6 种操作，如果 $n < i_0$ 或 $n > i_1$，则 $X(n)$ 通过对称地对 X 进行扩展而得到，如 $X(i_0-1) = X(i_0+1)$，$X(i_0-2) = X(i_0+2)$，$X(i_1) = X(i_1-2)$，$X(i_1+1) = X(i_1-3)$。在关于提升和尺度操作的总结部分，Y 的偶数下标的值与 FWT（快速小波变换）低通滤波输出相等；Y 的奇数下标的值与高通 FWT 滤波输出相对应。

经上述变换生成了 4 个子带，即块分量的低分辨率近似，分量的水平、垂直及对角频率特征。这种变换重复 N 次可以得到一个 N 尺度的小波变换。一个一般的尺度变换包含了 $3N+1$ 个子带，而这些子带系数，对于 $b = NLL, NHL, \cdots, 1HL, 1LH, 1HH$，用 a_b 代表，这个标准没有指明需要计算的尺度的数目。

当每个块分量都经过处理之后，变换系数的总数等于原始图像中的取样数目，但重要的可视信息被集中于少数系数中。为了减少表示变换的比特数，子带 b 的系数 $a_b(u,v)$ 使用下式量化为值 $q_b(u,v)$，即

$$q_b(u,v) = \text{sign}[a_b(u,v)] \cdot \text{floor}\left[\frac{|a_b(u,v)|}{\Delta_b}\right] \tag{4-33}$$

其中，量化步长为

$$\Delta_b = 2^{R_b - \varepsilon_b}\left(1 + \frac{\mu_b}{2^{11}}\right) \tag{4-34}$$

式中：R_b 为子带 b 的标定动态范围；ε_b 和 μ_b 分别为分配给子带系数的指数和尾数的比特数。

子带 b 的标定动态范围是：用于表示原始图像的比特数和对子带 b 的分析增益比特的位数之和。

对无误差压缩，$\mu_b = 0, R_b = \varepsilon_b, \Delta_b = 1$。对不可逆压缩，标准中没有指定特定的量化步长。相反，必须以子带为基础向解码器提供指数和尾数的比特数，这称为显示量化，若仅对 NLL 子带，称为隐式量化。对于后一种情况，对余下的子带使用推测的 NLL 子带参数进行量化。令 ε_0 和 u_0 表示分配到 NLL 子带的位数，对子带 b 推测的参数为

$$\begin{cases} \mu_b = \mu_0 \\ \varepsilon_b = \varepsilon_0 + nsd_b - nsd_0 \end{cases} \tag{4-35}$$

式中：nsd_b 表示由原始图像块分量到子带 b 的子带分解层次的数目。

编码过程的最后一步是系数比特建模、算术编码、比特流分层和分组。每个变换块分量的子带系数排列在称为码块的矩形块中，这个块一次对一个位平面进行独立编码。从带有非零元素的最高有效位平面开始，每个位平面进行 3 次处理。位平面的每比特仅在 3 次处理中的一次进行编码。它的过程分别称为有效传播、量级细化和净化。然后，对输出进行算术编码并从其他编码块使用相似的途径进行分组以形成层。一个层是来自每个编码块的编码途径分组的任意数。得到的层被最终分割成信息包，提供从总体编码流中提取某一空间区域的附加方法。包是编码码流的基本单元。

JPEF 2000 解码器是编码过程的简单反操作。对比特建模、算术编码、分层和编码流打包进行解码之后，对原始图像块分量的用户选择的数目重建子带。尽管编码器可能已经在一个特定的子带上对从位平面进行了编码，但用户可以选择只用 N_b 位平面进行解码，这取决于嵌入的编码流的性质。这实际上是使用 $2^{M_b - N_b} \cdot \Delta_b$ 的步长对编码块系数进行量化。所有未解码的比特都设置为零，并且对得到的表示为 $\bar{q}_b(u,v)$ 的系数使用下式进行反量化，即

$$R_{q_b}(u,v) = \begin{cases} (\bar{q}_b(u,v) + 2^{M_b} - N_b(u,v)) \cdot \Delta_b & \bar{q}_b(u,v) > 0 \\ (\bar{q}_b(u,v) - 2^{M_b} - N_b(u,v)) \cdot \Delta_b & \bar{q}_b(u,v) < 0 \\ 0 & \bar{q}_b(u,v) = 0 \end{cases} \tag{4-36}$$

式中：$R_{q_b}(u,v)$ 为一个反向量化变换系统；而 $N_b(u,v)$ 为针对 $\bar{q}_b(u,v)$ 的解码位平面的数目。

之后，反向量化系数使用一个逆小波变换滤波器组按列和按行进行逆向变换，这些系数是根据下列基于提升的操作得到的，即

$$\begin{cases} X(2n) = K \cdot Y(2n) & i_0 - 3 \leqslant 2n < i_1 + 3 \\ X(2n+1) = (-1/K)Y(2n+1) & i_0 - 2 \leqslant 2n+1 < i_1 + 2 \\ X(2n) = X(2n) - \delta[X(2n-1) + X(2n+1)] & i_0 - 3 \leqslant 2n < i_1 + 3 \\ X(2n+1) = X(2n+1) - \gamma[X(2n) + X(2n+2)] & i_0 - 2 \leqslant 2n+1 < i_1 + 2 \\ X(2n) = X(2n) - \beta[X(2n-1) + X(2n+1)] & i_0 - 1 \leqslant 2n < i_1 + 1 \\ X(2n+1) = X(2n+1) - \alpha[X(2n) + X(2n+2)] & i_0 \leqslant 2n+1 < i_1 \end{cases} \tag{4-37}$$

式中：参数 α、β、γ、δ 和 K 同式(4-32)中的定义一样。

经过反向量化的系数行或列元素 $Y(n)$ 在需要的时候可以进行对称的扩充。解码的最后一步是分量块的组合、反向分量变换(如果需要的话)和水平移动。对于不可逆编码，反向分量变换为

$$\begin{cases} I_0(x,y) = Y_0(x,y) + 1.402Y_2(x,y) \\ I_1(x,y) = Y_0(x,y) - 0.344Y_1(x,y) - 0.71414Y_2(x,y) \\ I_2(x,y) = Y_0(x,y) + 1.772Y_1(x,y) \end{cases} \tag{4-38}$$

且将变换后的像素按 $+\ 2^{\text{size}-1}$ 移动。

三、序列图像压缩标准

视频压缩标准将前面章节的以变换为基础的静止图像压缩技术扩展成包含某些减少暂时性和图像帧间冗余的方法。尽管现今使用的视频编码标准有好几种，但其中大多数依赖相似的视频压缩技术。根据所面对的应用领域的不同，可以将这些标准分为电视会议标准和多媒体标准两大类。

1. 电视会议标准

许多电视会议标准[包括 H. 261(也称为 PX64)、H. 262、H. 263 和 H. 320]已经由国际电信联盟(ITU)指定。国际电信联盟是 CCITT 的后继组织。一方面，H. 261 计划以可承担的远程通信比特率操作，并支持在 T1 线路(带宽为 1. 544Mbps)上以小于 150ms 的延迟进行全动态视频传输。超过 150ms 的延迟时间就不能给观察者以直接视觉反馈的感觉。另一方面，H. 263 是设计用来为极低比特率视频服务的，它应用的比特率在 10 ～ 30 kps 之间，每种标准都是采用一套运动补偿并基于 DCT 的编码方案来设计的。由于运动估计在变换领域难以实现，所以将这些像素块(称为宏块)与前面图像帧的相邻块进行比较，并用于计算一个运动补偿预测误差。然后将预测误差在 8 × 8 的像素块内进行离散余弦变换，并为传输或存储进行量化和编码。

2. 多媒体标准

针对视频点播、数字 HDTV 广播和图像/视频数据库服务等领域的多媒体视频压缩标准使用相似的运动估计和编码技术，其中主要的标准包括 MPEG-1、MPEG-2 和 MPEG-4。

MPEG-1 是一种用于存储和检索类似光盘只读存储器(CD-ROM)的数字媒体视频的“娱乐品质”的编码标准，它支持的比特率接近 1. 5Mbps。MPEG-2 标准用于 NT-SC/PAL 和 CCIR601 之间的视频品质的应用。它支持比特率为 2 ～ 10 Mbps 的传送，这一范围很适合于有线电视传送和窄信道卫星传播。制定 MPEG-1 和 MPEG-2 标准

的目的是高效率地存储和传输数字音频和视频(AV)资料。

MPEG-4 标准提供了以下 3 项功能:①改善的视频压缩效率;②基于内容的交互性,如面向对象的 AV 访问和高效率的自然数据与人工数据的综合;③全球访问,包括在易于出现差错的环境下改善传输的稳健性,增加或撤销 AV 对象,以及变换对象分辨率。尽管这些功能产生了任意分割有形视频对象的需求,但分割不是标准的一部分。大量的视频内容(如计算机游戏)是以视频对象的形式产生和存在的。MPEG-4 以移动通信和公共交换电话网(PSTN)应用的 5kbps 和 64kbps 之间的比特率以及 TV 和电影应用的 4Mbps 的比特率为目标。另外,这种标准还支持固定比特率和可变比特率编码。

类似 ITU 电视会议标准,MPEG 标准是围绕一种混合的以块为基础的 DPCM/DCT 编码方案建立的。图 4-13 为一种典型的 MPEG 编码器。这个编码器利用了视频帧内部和相邻视频帧之间的冗余、视频帧之间的运动一致性及人类视觉系统的心理视觉特性。编码器的输入是一个 8×8 的像素阵列,这个阵列称为一个图像块。标准规定一个宏块为一个 2×2 的图像块阵列(即一个 16×16 的图像元素阵列),一个片段是一行不重叠的宏块。对于彩色视频图像,一个宏块由 4 个亮度块(它们分别为 $Y_1 \sim Y_4$)及两个色度块 C_b和 C_r组成。回想一下,色差信号 C_b是蓝色减去亮度,而 C_r是红色减去亮度。因为眼睛对于颜色的空间判断能力远小于对于亮度的判断,所以这两个分量的取样通常只是亮度信号在水平和垂直方向分辨率的一半。在 y' : C_b : C_r 之间的取样比率为 4:1:1。

对比图 4-13 中原来输入输出路径的灰度元素在 JPEG 编码器中的变换、量化和变长编码操作,主要差别在于输入。输入可以是一个常规的图像数据块,或者是常规的图像块和以前面的和/或后续视频帧中相似的图像数据块为基础所得的预测块之间的差。这种输入导致 3 种基本类型的编码输出帧。

1)帧内或独立帧(I-帧)

I-帧对于它的前帧和它的后续视频帧是独立压缩的。就这 3 种可能出现的编码输出帧来说,I-帧与 JPEG 编码的图像具有最高的相似性。再者,它是生成后续的 P-帧和 B-帧所需的运动估计的参考点。I-帧提供了最高级的随机访问功能、编辑的简易性和最好的阻止传输误差扩大的能力。结果是在所有的标准中都需要在压缩的编码流中周期性地插入这些帧。

2)预测帧(P-帧)

P-帧是经过压缩的当前帧和基于前一个 I-帧或 P-帧的预测之间的差。此差是在图 4-13 最左边的加法器中形成的。预测是运动补偿,一般涉及图 4-13 底部的解码块,以及计算相关性的量度。实际上,这种处理通常按亚像素尺度的增量进行(如一次将

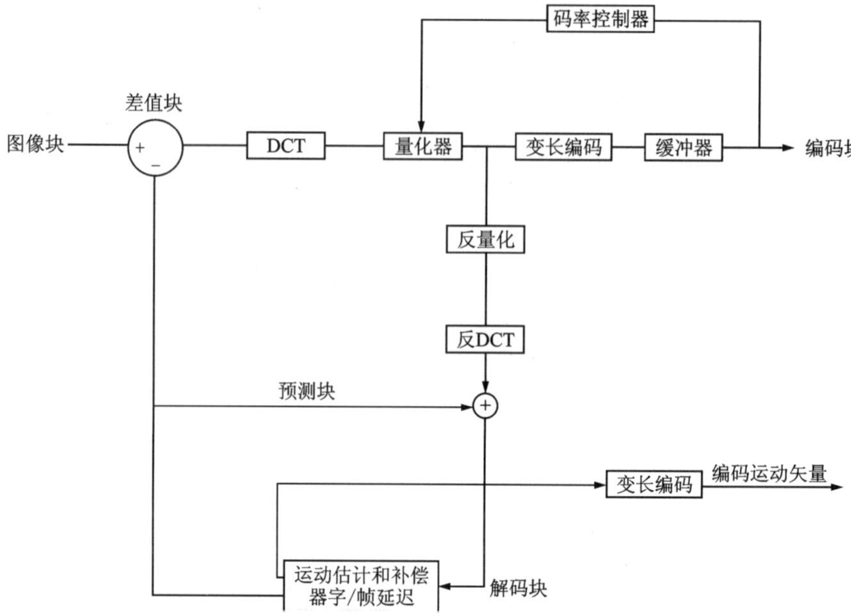

图 4-13　一种基本的运动补偿视频压缩的 DPCM/DCT 编码器

子图像移动 1/4 个像素)，这使得必须在计算相关性量度之前先计算内插像素值。计算得出的运动向量被变长编码，并且作为编码数据流整体的一部分进行传送。运动估计在宏块水平上进行。

3)双向帧(B-帧)

B-帧是对当前帧和基于前一个 I-帧或 P-帧及下一个 P-帧的预测之间的差进行编码。因此，解码器必须访问过去的和将来的参考帧。所以编码帧在传送之前要进行重排，而解码器在适当的序列中将这些帧进行重构和显示。

如图 4-13 所示的编码器设计用来生成一个比特流，这个比特流与预定的视频信道的容量相匹配。为了实现这样的匹配，必须将量化参数作为输出缓冲区的占用率的函数，通过速率控制器进行调整。但缓冲区越来越满的时候，量化就比较粗略，这样就没有多少比特流送入缓冲区。

第五章　图像分割

图像分割是把图像分成若干个特定的、具有独特性质的区域，并提出感兴趣目标的技术和过程。现有的图像分割方法主要分为基于阈值的分割方法、基于区域的分割方法、基于边缘的分割方法以及基于特定理论的分割方法等。从数学角度来看，图像分割是将数字图像划分成互不相交的区域的过程，图像分割的过程也是一个标记过程，即把属于同一区域的像素赋予相同的编号。

第一节　图像分割概述

第四章讨论的图像增强方法主要是从一幅图像的整体来研究数字图像处理，其主要目的是使输出图像成为所要求的输入图像的一种改进形式，是从概率统计的角度去优化（提高）图像的一些统计特征指标。图像处理还有另一个重要分支——图像分析或景物分析，这里的输入仍然是图像，但所要求的输出是图像中特定的、具有独特性质的区域。例如，输入是一幅细胞的显微照片，而输出是其中的染色体。又如，输入可能是地球卫星与航空遥感照片，而输出是其中各种类型的地貌（如森林、耕地、城市区域、水域、道路等）。

从上可以看出：为了对某些特定性质的区域进行识别和分析，一个首要的工作就是将这些特定部分（各种区域或各个物体）从图像中分离出来。例如，要确定航空遥感影像中的森林、耕地、城市区域等，首先需要将这些部分在图像上分割出来；若要辨认文件中的个别文字，也需要先将这些文字分选出来。这种把图像空间按照一定的要求分成一些有意义的区域的技术就称为图像分割。

由于图像分割是图像处理到图像分析的关键步骤，多年来一直受到普遍关注，目前已经提出了很多种图像分割的方法。这些方法分别是基于不同的图像模型，利用不同的图像特性，因而各有其使用范围和优缺点。由于图像的复杂性和应用的多样性，并没有一种通用的理论作为图像分割的指导原则，因此，现存的图像分割方法并没有一种普遍适用的最优方法。但大体上说，图像分割主要基于灰度值的不连续性和相似性两个基本特性，对应于不连续性提出的方法主要是边缘检测；对应于相似性提出的方法主要包括区域生长法、区域的分裂与合并及最大类间方差等。在以下各节中将对常见的各种分割方法进行逐一介绍。

第二节　边缘检测

图像的边缘信息无论是对人类还是对机器视觉来说都是非常重要的。边缘具有能勾画出区域的形状，能被局部定义以及能传递大部分图像信息等许多优点，因此，边缘检测可以看作是处理许多复杂问题的关键。边缘可以被定义为在局部区域内图像特性的差别，它表现为图像上的不连续性(如表现在图像上灰度级上的突变，纹理结构的突变及彩色的变化等)。

灰度级的突变有多种几何形式。最普通的是如图 5-1(a)所示用截面图所表示的阶跃边缘，这是一种理想的情况。当考虑到模糊的影响时，图像边缘则变成如图 5-1(b)所示的斜坡。本节主要讨论阶跃边缘(以下简称边缘)的检测。一个边缘可将图像划分成两个具有不同特性的区域，而每个区域中的特性(如灰度级或纹理结构)则是相对均匀的。

另一种灰度级突变形式是线条或曲线，它本身有一个有限的宽度，其灰度级的值与两边的区域都不同，它具有如图 5-1(c)所示的呈脉冲状的截面图。线条和曲线常常是和边缘同时出现的，也可以说它们是由一对边缘所组成的(如田地里长有各类作物的田间小道就是线条或曲线的实际例子)，它们的合成截面图的理想形状如图 5-1(d)所示。

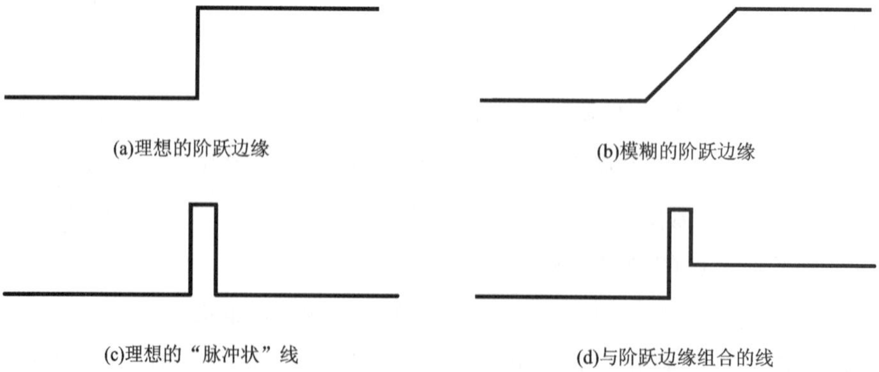

(a)理想的阶跃边缘　(b)模糊的阶跃边缘

(c)理想的"脉冲状"线　(d)与阶跃边缘组合的线

图 5-1　理想的边缘截面图(表示当穿过边缘时灰度级的变化)

此外，还有一种灰度级突变形式，这就是“点”，它表示除了在一个局部位置外，灰度级相对来说都是不变的。它在各个方向的截面图看起来都呈现尖峰状。

边缘、线条或曲线及点都是图像的局部特征。本节主要讨论边缘检测的方法，而对点和线条的检测仅作简单的介绍。

一、差分算子

在图像增强一章中曾讨论过微分算子（对于数字图像，用差分代替微分进行运算），它在灰度级突变处有很大的数值。很明显，这种类型的导数算子（如梯度、拉普拉斯算子等）均可用作边缘检测器。首先可以利用这些微分算子对整幅图像进行运算，然后对运算结果进行门限化，这样就可从图像中提取边缘点集。

1. 梯度

最简单的微分算子是一阶偏导数 $\partial f/\partial x$ 和 $\partial f/\partial y$，它给出了灰度级在 x 方向和 y 方向的变化率，在任意方向 θ（指与 x 轴所成的角度）上的变化率是这些算子的线性组合，即

$$\frac{\partial f}{\partial x}=\frac{\partial f}{\partial x}\cos\theta+\frac{\partial f}{\partial y}\sin\theta \tag{5-1}$$

偏微分具有最大幅值的方向为 $\arctan[(\partial f/\partial y)/(\partial f/\partial x)]$，对应的最大幅值是 $[(\partial f/\partial x)^2+(\partial f/\partial y)^2]^{1/2}$，通常称具有这种方向和幅值的向量为 f 的梯度。显然，也可利用任意一对互相垂直的方向导数代替 $\partial f/\partial x$ 和 $\partial f/\partial y$ 来计算梯度。

对于数字图像，使用一阶差分代替一阶导数，在 x 方向和 y 方向的一阶差分为

$$\Delta_x f(x,y)=f(x,y)-f(x+1,y) \tag{5-2}$$

$$\Delta_y f(x,y)=f(x,y)-f(x,y+1) \tag{5-3}$$

这些运算的结果可正可负，若需要始终为正值，则可以使用差分的绝对值。在点(x,y)图像的数字梯度的幅值为 $\Delta_x f(x,y)$ 和 $\Delta_y f(x,y)$ 的平方和的平方根，即 $\sqrt{[\Delta_x f(x,y))^2+(\Delta_y f(x,y)]^2}$，该梯度的方向为 $\arctan[\Delta_y f(x,y)/\Delta_x f(x,y)]$。为方便计算，梯度的幅值通常用 $\Delta_x f(x,y)$ 与 $\Delta_y f(x,y)$ 的绝对值的和或是用两者中的最大值来近似表示，即

$$|\Delta_x f(x,y)|+|\Delta_y f(x,y)| \tag{5-4}$$

或

$$\max(|\Delta_x f(x,y)|,|\Delta_y f(x,y)|) \tag{5-5}$$

常用的梯度还有罗伯特(Roberts)梯度。在上面求点 (x,y) 的梯度时，只用到它的两个邻点 $f(x+1,y)$ 和 $f(x,y+1)$ 的值，而没有用到另一个邻点 $f(x+1,y+1)$ 的值，罗伯特梯度为了更充分利用邻域信息而用到了这点的值，这样，罗伯特梯度（以后

均省去"幅值"二字)的表达式为

$$\sqrt{[f(x,y)-f(x+1,y+1)]^2+[f(x+1,y)-f(x,y+1)]^2} \tag{5-6}$$

也可以用 $\quad |f(x,y)-f(x+1,y+1)|+|f(x+1,y)-f(x,y+1)| \tag{5-7}$

或 $\quad \max(|f(x,y)-f(x+1,y+1)|,|f(x+1,y)-f(x,y+1)|) \tag{5-8}$

来近似表示。从上述式子中可以看出,所用的差分是相对于内插点 $(x+\frac{1}{2},y+\frac{1}{2})$ 的。梯度还可以有其他近似形式,如

$$\max_{(u,v)\in N(x,y)}|f(x,y)-f(u,v)| \tag{5-9}$$

式中:$N(u,v)$ 表示点 (x,y) 的邻点集,如水平和垂直共 4 个邻点或水平、垂直及对角线方向共 8 个邻点。

此外,也可以使用求和来代替式(5-9)求最大值。在进行边缘检测时,各种梯度近似式对于给定图像产生不同的"边缘值",当把这些值表示为图像形式时(即用灰度级表示边缘值),所得结果看起来非常相似。

Roberts 梯度边缘检测代码如下:

```
1.#-*-coding:utf-8-*-
2.import cv2
3.import numpy as np
4.import matplotlib.pyplot as plt
5.
6.# 读取图像
7.img= cv2.imread('D:/wei/leven.jpg')
8.img_RGB= cv2.cvtColor(img, cv2.COLOR_BGR2RGB)   # 转成 RGB 方便后面显示
9.# 灰度化处理图像
10.grayImage= cv2.cvtColor(img, cv2.COLOR_BGR2GRAY)
11.# Roberts 算子
12.kernelx=np.array([[-1, 0], [0, 1]], dtype= int)
13.kernely=np.array([[0, -1], [1, 0]], dtype= int)
14.x= cv2.filter2D(grayImage, cv2.CV_16S, kernelx)
15.y= cv2.filter2D(grayImage, cv2.CV_16S, kernely)
16.# 转 uint8
17.absX= cv2.convertScaleAbs(x)
18.absY= cv2.convertScaleAbs(y)
19.Roberts=cv2.addWeighted(absX, 0.5, absY, 0.5, 0)
20.cv2.imshow('Roberts',Roberts)
21.cv2.imwrite('D:\wei\Roberts.jpg', Roberts)
22.cv2.waitKey()
```

图 5-2 为 Roberts 梯度边缘检测结果示例。

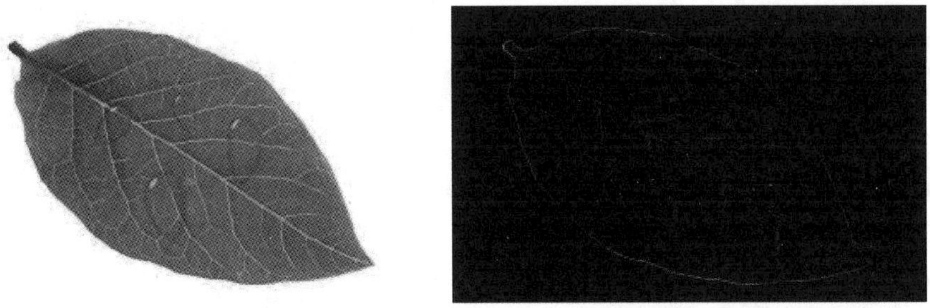

(a)原图　　(b)Roberts梯度边缘检测结果

图 5-2　Roberts 梯度边缘检测结果示例

2. 拉普拉斯算子

还可以用高阶的导数算子检测图像的边缘，如拉普拉斯算子 $(\partial^2 f/\partial x^2)+(\partial^2 f/\partial y^2)$，它对取向是不敏感的。在数字图像情况下，它可近似地表示为

$$\nabla^2 f(x,y)=[f(x+1,y)+f(x-1,y)+f(x,y+1)+f(x,y-1)-4f(x,y)] \tag{5-10}$$

此式可以通过计算 f 和下列掩模的卷积来实现。

$$\begin{bmatrix} 0 & 1 & 0 \\ 1 & -4 & 1 \\ 0 & 1 & 0 \end{bmatrix}$$

上述拉普拉斯算子是一个二阶差分算子。若希望响应仅为正值，则可使用绝对值 $|\nabla^2 f|$ 或者正值 $(\nabla^2 f)^+$ [即当 $\nabla^2 f \geqslant 0$ 时，$(\nabla^2 f)^+ \equiv \nabla^2 f$；当 $\nabla^2 f < 0$ 时，$(\nabla^2 f)^+ \equiv 0$]。值得说明的是，这些响应值可以为最大灰度级的 4 倍，因此，若需要保持原来灰度级范围不变，则应将它们除以 4。

由于拉普拉斯算子对噪声比较敏感、易产生双边缘并且不能检测边缘的方向，因此一般并不直接用来进行边缘检测。实际中，常用高斯函数的拉普拉斯与图像做卷积来检测图像的边缘，这种方法称为拉普拉斯高斯(LOG)算子法，即取

$$h(x,y)=\exp\left(-\frac{x^2+y^2}{2\sigma^2}\right) \tag{5-11}$$

式中：σ 是高斯分布的均方差，令 $r^2=x^2+y^2$，则有

$$\nabla^2 h=\left(\frac{r^2-\sigma^2}{\sigma^4}\right)\exp\left(-\frac{r^2}{2\sigma^2}\right) \tag{5-12}$$

可以看出，$\nabla^2 h$ 是一个轴对称函数。

LOG 边缘检测算子代码如下：

```
#-*-coding: utf-8-*-
import cv2  # 导入 opencv 模块
import numpy as np
img= cv2.imread("D:/wei/leven.jpg")  # 导入图片,图片放在程序所在目录
# 高斯模糊
blurred= cv2.GaussianBlur(img, (3, 3), 0)
# 转换为灰度图
out_img_GRAY= cv2.cvtColor(blurred,cv2.COLOR_BGR2GRAY)# 将图片转换为灰度图
laplacian= cv2.Laplacian(out_img_GRAY,-1)
cv2.imshow('laplacian', laplacian)    # 显示原始图片
cv2.imwrite('D:\wei\LOG.jpg', laplacian)
cv2.waitKey()
```

图 5-3(a)所示为原始图像,图 5-3(b)所示为 LOG 算子检测的结果。

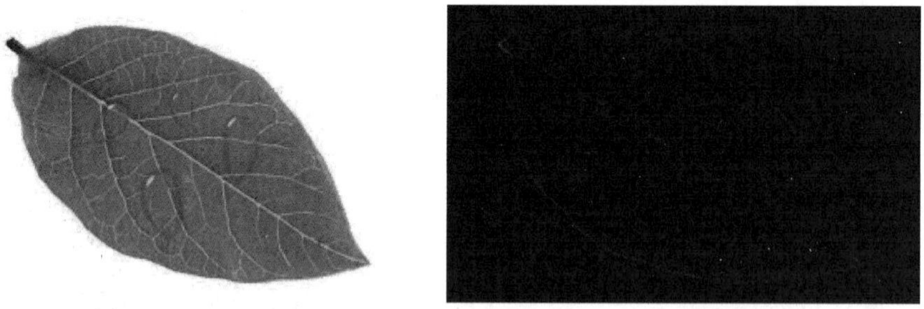

(a)原图　　(b)LOG算子检测结果

图 5-3　LOG 边缘检测算子示例

为了解决上述导数算子对噪声响应敏感的问题,通常可以在图像进行导数运算之前,先对图像进行平滑处理(如局部平均),以减少噪声。或者可以使用一些具有平滑作用的导数算子,如平均值差分算子,下面将讨论这些算子。

假设取 2×2 邻域上的平均,例如:

$$\bar{f}_4(x,y)=\frac{1}{4}[f(x,y)+f(x+1,y)+f(x,y+1)+f(x+1,y+1)] \tag{5-13}$$

并在这个平均值的基础上,定义一个差分算子。此时若使用相邻接像素的平均值来做差分运算,那么由于计算中所用的像素的邻域互相重叠,其差分将由于使用相同的值互相抵消,从而使响应减弱。例如,定义平均值差分为

$$\bar{f}_4(x,y)-\bar{f}_4(x-1,y)=\frac{1}{4}[f(x,y)+f(x+1,y)+f(x,y+1)+f(x+1,y+1)-f(x-1,y)-f(x,y)-f(x-1,y+1)-f(x,y+1)]$$

$$= \frac{1}{4}[f(x+1,y)+f(x+1,y+1)-f(x-1,y)-f(x-1,y+1)] \tag{5-14}$$

那么这仅是一个弱响应的平均值差分。为了克服这一弊端，应该使用邻接但又不重叠的邻域作平均值差分运算，例如：

$$\begin{aligned}\bar{\Delta}_{4x}f(x,y) &= \bar{f}_4(x,y)-\bar{f}_4(x-1,y)\\ &= \frac{1}{4}[f(x+1,y)+f(x+2,y)+f(x+1,y+1)+f(x+2,y+1)-\\ &\quad f(x-1,y)-f(x,y)-f(x-1,y+1)-f(x,y+1)]\end{aligned} \tag{5-15}$$

它是 f 和掩模

$$\frac{1}{4}\begin{bmatrix}1 & 1\\ 1 & 1\\ -1 & -1\\ -1 & -1\end{bmatrix}$$

的卷积。一个基于平均值差分的算子，由于包含有局部平均的运算而使边缘模糊。例如，有如下简单图案。

$$\begin{matrix} & & & \cdot & \cdot & \cdot & \cdot & & & \\ \cdots & 0 & 0 & 0 & 1 & 1 & 1 & \cdots \\ \cdots & 0 & 0 & 0 & 1 & 1 & 1 & \cdots \\ & & & \cdot & \cdot & \cdot & \cdot & & & \end{matrix}$$

其平均值差分 $|\bar{\Delta}_{4x}|$ 为

$$\begin{matrix} & & \cdot & \cdot & \cdot & \cdot & & \\ \cdots & 0 & \frac{1}{2} & 1 & \frac{1}{2} & 0 & 0 & \cdots \\ \cdots & 0 & \frac{1}{2} & 1 & \frac{1}{2} & 0 & 0 & \cdots \\ & & \cdot & \cdot & \cdot & \cdot & & \end{matrix}$$

由此可见，边缘变模糊了。但上述响应可以通过抑制横过边缘方向的非最大值来锐化，即假若在边缘方向上有一个很强的响应，则可对其两边邻接它的部分置 0（边缘细化）。然而，沿着边缘方向的非最大值则不能被抑制掉，因为它可能是边缘上的点。

另外，还可以通过在边缘方向上取平均，以达到减小边缘模糊而又保持平滑功能的目的。例如，可以用算子 $\bar{\Delta}_{2x}$，其定义为

$$\bar{\Delta}_{2x}f(x,y)=\frac{1}{2}[f(x,y)+f(x,y+1)-f(x-1,y)-f(x-1,y+1)] \quad (5\text{-}16)$$

它是 f 和掩模

$$\frac{1}{2}\begin{bmatrix}1 & 1\\ -1 & -1\end{bmatrix}$$

的卷积。这个算子能对水平阶跃边缘有好的响应。

为了得到一个对方向不敏感的梯度，可以使用两个互相垂直的平均值差分算子的组合，例如，可将 $\bar{\Delta}_{4x}$ 与 $\bar{\Delta}_{4y}$ 组合，$\bar{\Delta}_{4y}f(x,y)$ 被定义为 f 与掩模

$$\frac{1}{4}\begin{bmatrix}1 & 1 & -1 & -1\\ 1 & 1 & -1 & -1\end{bmatrix}$$

的卷积。$\bar{\Delta}_{4x}$ 与 $\bar{\Delta}_{4y}$ 是关于点 $(x+\frac{1}{2},y+\frac{1}{2})$ 对称的。同样，可将算子 $\bar{\Delta}_{2x}$ 与 $\bar{\Delta}_{2y}$，组合起来计算梯度，而 $\bar{\Delta}_{2y}f(x,y)$ 则是 f 和掩模

$$\frac{1}{2}\begin{bmatrix}1 & -1\\ 1 & -1\end{bmatrix}$$

的卷积。假若希望其值对点 (x,y) 对称，可使用 $\bar{\Delta}_{3x}$ 与 $\bar{\Delta}_{3y}$ 的组合，它们分别是 f 与掩模

$$\frac{1}{3}\begin{bmatrix}1 & 1 & 1\\ 0 & 0 & 0\\ -1 & -1 & -1\end{bmatrix} \quad 和 \quad \frac{1}{3}\begin{bmatrix}1 & 0 & -1\\ 1 & 0 & -1\\ 1 & 0 & -1\end{bmatrix}$$

的卷积。$\bar{\Delta}_{3x}$ 与 $\bar{\Delta}_{3y}$ 组合而成的算子为普雷威特(Prewitt)算子。和以前一样，对于这类两两互相垂直的算子，可以用求取平方和的平方根，或者是求它们的绝对值之和，或者取它们的绝对值中的最大值作为数字梯度。

上面所讨论的各种平均值差分均为不加权平均值差分算子，也可以使用加权平均差分算子，如索贝尔(Slobel)算子，它的 x 和 y 方向的分量分别为 $f(x,y)$ 与下列掩模的卷积

$$\begin{bmatrix}1 & 2 & 1\\ 0 & 0 & 0\\ -1 & -2 & -1\end{bmatrix} \quad 和 \quad \begin{bmatrix}1 & 0 & -1\\ 2 & 0 & -2\\ 1 & 0 & -1\end{bmatrix}$$

这种算子对靠近中心 (x_0,y_0) 的点进行加权，其权值为对角线方向邻点权值的两倍。

索贝尔边缘检测算子代码如下：

```
import cv2
import numpy as np
import random
import math
img= cv2.imread("D:/wei/leven.jpg",1)
imgInfo= img.shape
height= imgInfo[0]
width= imgInfo[1]
cv2.imshow('src',img)
gray= cv2.cvtColor(img, cv2.COLOR_BGR2GRAY)
dst= np.zeros((height,width,1),np.uint8)
for i in range(0,height- 2):
    for j in range(0,width- 2):
        # 计算 x y 方向的梯度
        gy= gray[i,j]* 1+ gray[i,j+ 1]* 2+ gray[i,j+ 2]* 1- gray[i+ 2,j]* 1- gray[i+ 2,j+ 1]* 2- gray[i+ 2,j+ 2]* 1
        gx= gray[i,j]* 1+ gray[i+ 1,j]* 2+ gray[i+ 2,j]* 1- gray[i,j+ 2]* 1- gray[i+ 1,j+ 2]* 2- gray[i+ 2,j+ 2]* 1
        grad= math.sqrt(gx* gx+ gy* gy)
        if grad > 50:
            dst[i,j]= 255
        else:
            dst[i,j]= 0
cv2.imshow('dst',dst)
cv2.imwrite('D:\wei\sobel.jpg', dst)
cv2.waitKey(0)
```

图 5-4 为索贝尔边缘检测算子示例图

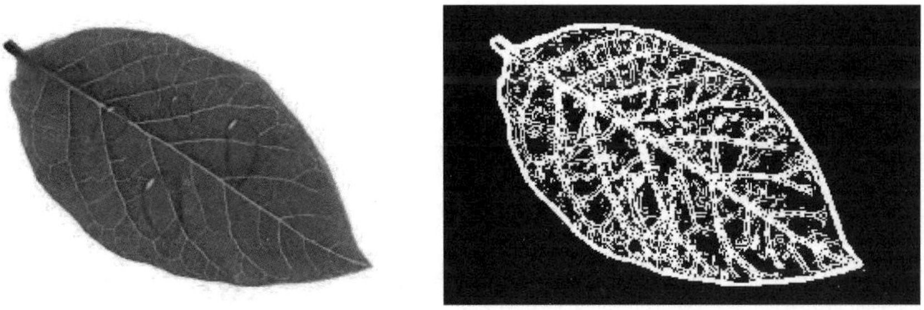

(a)原图　(b)索贝尔边缘检测结果

图 5-4　索贝尔边缘检测算子示例图

4. 坎尼(Canny)算子

根据边缘检测的有效性和定位的可靠性，坎尼(1986)研究了最优边缘检测器所需的特性，并据此给出了最优边缘检测器的数学表达式，称为坎尼边缘检测算子。对于不同的边缘类型，得到的最优检测算子的形式也是不同的。

坎尼算子的最优性建立在以下3个标准的前提下：

(1)高的信噪比，即将非边缘点判为边缘点的概率与将边缘点判为非边缘点的概率都很低。

(2)良好的定位性能，即检测出的边缘点要尽可能地在实际边缘的中心。

(3)对单一边缘有唯一响应，即对单个边缘产生多个响应的概率要低，并且虚假边缘响应会得到最大抑制。

坎尼将上述原则以数学的形式表示出来，进而利用优化理论，得到最优边缘检测的模板。对于图像的二维形式，需要多个方向的模板对原图像做卷积运算，判定出最大可能性的边缘方向。对于一维的阶跃型边缘，坎尼推导的最优边缘检测器的形状与高斯函数的一阶导数相类似。注意到二维高斯函数的圆对称性和可分解性，很容易将一维的情形推广到二维(图像)。因此在实际的应用中，可用高斯函数的一阶导数作为阶跃型边缘的次优检测算子。

假设二维高斯函数为

$$G(x,y)=\frac{1}{2\pi\sigma^2}\exp\left(-\frac{x^2+y^2}{2\sigma^2}\right) \tag{5-17}$$

在某一方向 n 上 $G(x,y)$ 的一阶方向导数为

$$G_n=\frac{\partial G}{\partial \boldsymbol{n}}=\boldsymbol{n}\,\nabla G \tag{5-18}$$

$$\boldsymbol{n}=\begin{bmatrix}\cos\theta\\ \sin\theta\end{bmatrix},\nabla\boldsymbol{G}=\begin{bmatrix}\partial G/\partial x\\ \partial G/\partial y\end{bmatrix}$$

式中：$\boldsymbol{n}$ 是方向矢量；$\nabla\boldsymbol{G}$ 是梯度矢量。

将图像 $f(x,y)$ 与 G_n 做卷积，$G_n * f(x,y)$ 取最大值的 n（即 $\frac{\partial[G_n * f(x,y)]}{\partial \boldsymbol{n}}=0$ 对应的方向）就是正交于检测边缘的方向，由

$$\frac{\partial(G_n * f)}{\partial \boldsymbol{n}}=\frac{\partial\left[\left(\cos\theta\cdot\frac{\partial G}{\partial x}\right) * f(x,y)+\left(\sin\theta\cdot\frac{\partial G}{\partial x}\right) * f(x,y)\right]}{\partial\theta}=0 \tag{5-19}$$

得到

$$\cos\theta=\frac{\frac{\partial G}{\partial x} * f(x,y)}{|\nabla\boldsymbol{G} * f(x,y)|},\sin\theta=\frac{\frac{\partial G}{\partial y} * f(x,y)}{|\nabla\boldsymbol{G} * f(x,y)|}$$

于是，对应于 $\frac{\partial[G_n * f(x,y)]}{\partial \boldsymbol{n}}=0$ 的方向 $\boldsymbol{n}$ 为

$$\boldsymbol{n} = \frac{\nabla(\boldsymbol{G} * f)}{|\nabla(\boldsymbol{G} * f)|} \tag{5-20}$$

在该方向上 $G_n * f(x,y)$ 由最大输出响应，此时

$$\begin{aligned} |G_n * f(x,y)| &= |\cos\theta(\partial G/\partial x) * f(x,y) + \sin\theta(\partial G/\partial y) * f(x,y)| \\ &= |\nabla \boldsymbol{G} * f(x,y)| \end{aligned} \tag{5-21}$$

综上所述，二维次优阶跃边缘检测算子是以卷积 $\nabla\boldsymbol{G} * f(x,y)$ 为基础的，边缘强度由 $|G_n * f(x,y)| = |\nabla\boldsymbol{G} * f(x,y)|$ 决定，而边缘方向为

$$\boldsymbol{n} = \frac{\nabla(\boldsymbol{G} * f)}{|\nabla(\boldsymbol{G} * f)|}$$

坎尼边缘检测算子代码如下：

```
import numpy as np
import cv2
from matplotlib import pyplot as plt
img= cv2.imread('D:/example/leven.jpg',0)
edges= cv2.Canny(img,100,200)
cv2.imshow('canny',edges)
cv2.imwrite('D:\example\ canny.jpg', edges)
```

图 5-5 为坎尼边缘检测算子示例图。

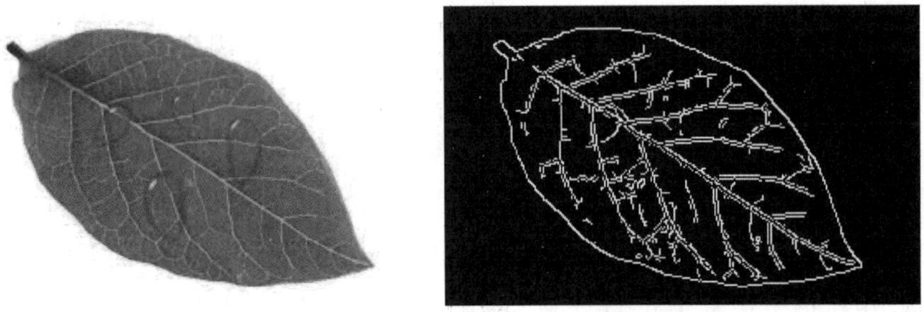

(a)原图　　(b)坎尼边缘检测结果

图 5-5　坎尼边缘检测算子示例图

二、模块匹配

以上讨论了利用差分算子检测边缘的方法，下面将讨论使用一些模板和局部图像进行匹配的边缘检测方法。

1. 模块匹配的概念

模板匹配的概念比较简单，它广泛用于图像分割。在数字图像中，模板有时也称掩模(mask)，它是为了检测某些区域特性而设计的阵列。

下面举一个简单的例子来说明模板匹配的概念。图 5-6 表示一个 3×3 的模板，模板小方格内所标的数字为“权数”。使用这个模板对图像进行运算的方法是：首先将模板中心对准图像中的某个点（模板中心在图像上是可以逐个地从一个像素移动到另一个像素的）；然后把模板上的权数分别乘以对应的图像上点的灰度级；最后将结果加起来，其和就是处理后该点的灰度级。图 5-6 所示的模板实际上是一个点模板，可以用于检测图像中的点。例如，某图像为在恒定亮度背景上有一个亮点，若用上述模板对此图像进行运算，当模板中心正好处于图像上的亮点位置时，计算所得结果为最大（或者说达到了完全匹配），从而实现了对该亮点的检测。有时，可预先给定一门限 T，当计算结果大于 T 时，即可认为已检测到该点。

-1	-1	-1
-1	8	-1
-1	-1	-1

图 5-6 点模板

假设 $w_1, w_2, \cdots, w_9$ 表示在 3×3 模板内的权数，同时假设 $x_1, x_2, \cdots, x_9$ 为在模板区域内各像素的灰度级。显而易见，模板匹配的计算相当于求

$$\boldsymbol{W} = [w_1 \quad w_2 \quad \cdots \quad w_9]^{\mathrm{T}} \tag{5-22}$$

和

$$\boldsymbol{X} = [x_1 \quad x_2 \quad \cdots \quad x_9]^{\mathrm{T}} \tag{5-23}$$

的向量内积。此处，可用 w_1、w_2、w_3 表示模板的第一行元素，用 w_4、w_5、w_6 表示第二行，以此类推。$\boldsymbol{X}$ 中的元素可作同样的说明。$\boldsymbol{W}$ 和 $\boldsymbol{X}$ 的内积表示成

$$\boldsymbol{W}^{\mathrm{T}}\boldsymbol{X} = w_1x_1 + w_2x_2 + \cdots + w_9x_9 \tag{5-24}$$

当 $\boldsymbol{W}^{\mathrm{T}}\boldsymbol{X} > T$ 时，则可认为这个点被检测出来了，这里 T 为指定的门限。上述步骤可以很容易推广到任意 $n \times n$ 大小的模板。

点的检测是一种很简单的情况，稍微复杂一些的是线的检测，此时可以利用方向模板，这种模板在所希望的方向上比其他方向有更大的加权系数。图 5-7 为一组线模板，它们分别检测水平、+45°、垂直、−45°的直线。使用这些模板时，可将它们分别沿图像移动，并在每个像素上进行计算，最大计算值所在位置的图像区域被认为和这个模板（指计算结果最大的）最相近。设 $\boldsymbol{W}_1$、$\boldsymbol{W}_2$、$\boldsymbol{W}_3$ 和 $\boldsymbol{W}_4$ 为上述 4 个模板向量，$\boldsymbol{X}$ 为所讨论的图像区域中各像素堆叠所组成的向量。和前面讨论的点模板一样，4 个线模板的响应值为 $\boldsymbol{W}_i^{\mathrm{T}}\boldsymbol{X}(i = 1,2,3,4)$ 。如果对于所有的 j 值，除 $j = i$ 外有

-1	-1	-1
2	2	2
-1	-1	-1

$\boldsymbol{W}_1$

-1	-1	2
-1	2	-1
2	-1	-1

$\boldsymbol{W}_2$

-1	2	-1
-1	2	-1
-1	2	-1

$\boldsymbol{W}_3$

2	-1	-1
-1	2	-1
-1	-1	2

$\boldsymbol{W}_4$

图 5-7 线模板

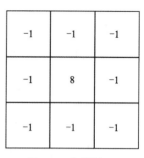

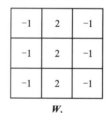

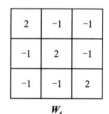

$$W_i^{\mathrm{T}}X > W_j^{\mathrm{T}}X \tag{5-25}$$

则认为 X 和第 i 个模板最相近(匹配)。例如 $W_i^{\mathrm{T}}X > W_j^{\mathrm{T}}X(j=2,3,4)$，就认为 X 代表的区域具有水平线性质，因为此时水平线模板 W_1 有最大响应。

现在来讨论检测边缘的模板。本章第二节第一小节中所介绍的平均值差分算子可用来定义边缘模板，方法是选择几个模板进行组合。例如，索贝尔(Sobel)边缘检测器，它是由两个模板组合而成的梯度模板(图 5-8)。设 W_1 和 W_2 分别表示图 5-8 中的两个模板向量，用 X 表示所讨论的图像区域中各像素行堆叠所组成的向量，则有

$$G_x = W_1^{\mathrm{T}}X \tag{5-26}$$

和

$$G_y = W_2^{\mathrm{T}}X \tag{5-27}$$

此时梯度为

$$G = [(W_1^{\mathrm{T}}X)^2 + (W_2^{\mathrm{T}}X)^2]^{1/2} \tag{5-28}$$

或表示为

$$G = |W_1^{\mathrm{T}}X| + |W_2^{\mathrm{T}}X| \tag{5-29}$$

1	2	1
0	0	0
-1	-2	-1

1	0	-1
2	0	-2
1	0	-1

图 5-8　梯度模板

下面再列出一组方向模板，它们可检测某一方向上的边缘(灰度级突变)。

北向：$\begin{bmatrix} 1 & 1 & 1 \\ 1 & -2 & 1 \\ -1 & -1 & -1 \end{bmatrix}$　　南向：$\begin{bmatrix} -1 & -1 & -1 \\ 1 & -2 & 1 \\ 1 & 1 & 1 \end{bmatrix}$

东向：$\begin{bmatrix} -1 & 1 & 1 \\ -1 & -2 & 1 \\ -1 & 1 & 1 \end{bmatrix}$　　西向：$\begin{bmatrix} 1 & 1 & -1 \\ 1 & -2 & -1 \\ 1 & 1 & -1 \end{bmatrix}$

东北向：$\begin{bmatrix} 1 & 1 & 1 \\ -1 & -2 & 1 \\ -1 & -1 & 1 \end{bmatrix}$　　东南向：$\begin{bmatrix} -1 & -1 & 1 \\ -1 & -2 & 1 \\ 1 & 1 & 1 \end{bmatrix}$

西北向：$\begin{bmatrix} 1 & 1 & 1 \\ 1 & -2 & -1 \\ 1 & -1 & -1 \end{bmatrix}$　　西南向：$\begin{bmatrix} 1 & -1 & -1 \\ 1 & -2 & -1 \\ 1 & 1 & 1 \end{bmatrix}$

用这组模板进行边缘检测时，一般是先分别计算它们的响应值，然后取其中最大值（而且必须大于一个预定的门限T），所对应的模板的方向就作为待检测边缘的方向。

2. 用互相关方法进行匹配

在许多实际应用中，将一个已知的模板与图像进行匹配是很重要的。例如，可以把某一个字的模板和印刷的书页图像匹配，以便将书页中的某个字检测出来；也可把目标模板和侦察系统获得的图像相匹配，以便进行目标检测；还可以把星图的模板与天空的图像相匹配，以检测星图等。如果在被分析的图像中确实存在着与模板（由上可知，模板本身也可能就是一小块图像）完全相同的对象，并且图像不含有噪声，那么匹配计算和判断都比较容易实现。然而，在大多数实际图像中存在着噪声，并且实际对象和模板也不可能完全一样，所以就需要有一个评价匹配程度的标准，从而能比较准确地检测对象并对它进行定位。

有许多方法可以量度两个函数 f 和 g 之间在区域A 内的匹配度或失配度。例如，可以利用表示式

$$\max_A |f-g| \text{ 或} \iint_A |f-g| \text{ 或} \iint_A (f-g)^2$$

等作为失配的测度。

通常使用$\iint(f-g)^2$ 作为失配的测度，而

$$\iint(f-g)^2 = \iint f^2 + \iint g^2 - 2\iint fg \tag{5-30}$$

若$\iint f^2$ 和$\iint g^2$ 是固定的，则当且仅当$\iint fg$ 小时，失配度$\iint(f-g)^2$ 才大。换言之，当给定$\iint f^2$ 和$\iint g^2$ 时，可以使用$\iint fg$ 作为匹配的测度。

利用柯西-施瓦兹（Cauchy-Schwarz）不等式可得到同样的结论，该不等式为

$$\iint fg \leqslant \sqrt{\iint f^2 \iint g^2} \tag{5-31}$$

当 $g = cf$ 时（其中 c 为常数），上述等号才成立，此时意味着$\iint fg$ 大，故失配度$\iint(f-g)^2$ 小。对于数字化情况下，类似的结果为

$$\sum_i \sum_j f(i,j)g(i,j) \leqslant \sqrt{\sum_i \sum_j f^2(i,j) \sum_i \sum_j g^2(i,j)}$$

当 $g = cf$ 时，等式才成立。因此，当$\iint f^2$ 和$\iint g^2$ 给定时，$\iint fg$ 的大小可以作为f 和g 间匹配的测度。

现在假设 f 是模板，g 是图像，目的是要寻找 f 与 g 中一些图像块相匹配（当然，假定 f 比 g 小，即在小区域 A 之外 f 为零，并且只对 f 的非零部分与 g 的匹配感兴趣）。具体做法是将模块 f 在图像 g 上移动，并对每次位移 (u,v) 计算 $\iint fg$ 。根据柯西-施瓦兹不等式，则有

$$\iint_A f(x,y)g(x+u,y+u)\mathrm{d}x\mathrm{d}y \leqslant \left[\iint_A f^2(x,y)\mathrm{d}x\mathrm{d}y \iint_A g^2(x+u,y+v)\mathrm{d}x\mathrm{d}y\right]^{1/2} \tag{5-32}$$

因为在 A 之外 f 为零，式(5-32)左边亦等于

$$\iint_{-\infty}^{+\infty} f(x,y)g(x+u,y+u)\mathrm{d}x\mathrm{d}y \tag{5-33}$$

这正是 f 和 g 的互相关系数 C_{fg} 。应注意，在式(5-31)右边虽然 $\iint f^2$ 是常数，但 $\iint g^2$ 不是，它与 u 和 v 有关，因而不能简单地用 C_{fg} 作为匹配的测度。此时可使用归一化互相关系数

$$C_{fg} \Big/ \left[\iint_A g^2(x+u,y+v)\mathrm{d}x\mathrm{d}y\right]^{1/2}$$

对于 $g=cf$ 的那个位移 (u,v) ，这个归一化互相关函数为最大值（即 $\iint f^2$ ），说明此时达到了良好的匹配。

3. 线性匹配滤波

在通信问题中，常采用一种使信噪比（即有用信号与噪声的能量之比）为最大的匹配滤波器。当噪声为白噪声时，匹配滤波器的脉冲响应实际上就是有用信号旋转180°。此时，滤波器输出就是有用信号和输入信号的互相关函数。这种方法也可以用来在噪声背景中检测出感兴趣的图像。下文用黑体的 $\boldsymbol{n}$ 表示随机场。

设 $g=f+n$ ，其中 f 为一确定性图像（有用信号），$\boldsymbol{n}$ 为均匀噪声场。将 g 经过一个线性位移不变滤波因子为 h 的滤波器过滤后，输出为 h 和 g 的卷积 $h*g$ ，设 $g'=h*g$ 和 $n'=h*n$ 。随机场通过线性系统其输入和输出功率谱密度间存在的关系为

$$S_{n'n'} = S_{nn} \mid H \mid^2$$

式中：S_{nn} 和 $S_{n'n'}$ 分别为输入和输出噪声功率谱密度；H 为 h 的傅里叶变换。

现在根据均匀性使任一点期望的噪声功率，即期望值 $E\{\mid h*\boldsymbol{n}\mid^2\}$ 为噪声的自相关函数 $R_{n'n}(0,0)$ 。但这恰好是在点 $(0,0)$ 计算的 $S_{n'n'}$ 的傅里叶逆变换，即

$$E\{\mid h*\boldsymbol{n}\mid^2\} = \iint S_{n'n'} = \iint S_{nn} \mid H \mid^2 \tag{5-34}$$

在白噪声情况下，S_{mn} 为常数，此时

$$E\{|h*\boldsymbol{n}|^2\}=S_{mn}\iint|H|^2 \tag{5-35}$$

另外，在点 (x,y) 处的信号功率为

$$|h*f|^2=|\mathcal{F}^{-1}(HF)|^2=\left|\iint HF\exp[2\pi j(ux+vy)\mathrm{d}u\mathrm{d}y]\right|^2 \tag{5-36}$$

式中：F 为 f 的傅里叶变换；$\mathcal{F}^{-1}$ 为傅里叶逆变换算子。

根据柯西-施瓦兹不等式，等号右边小于或等于 $\iint|H|^2\iint|F|^2$。因此，在白噪声情况下，信号功率对期望的噪声功率之比为

$$\frac{h*f}{E\{|h*\boldsymbol{n}|^2\}}\leqslant\frac{\iint|H|^2\iint|F|^2}{S_{mn}\iint|H|^2}=\frac{1}{S_{mn}}\iint|F|^2 \tag{5-37}$$

而且，仅当

$$H=F*\exp[-2\pi j(ux+vy)] \tag{5-38}$$

时，式(5-37)达到最大值。这相当于

$$h(\alpha,\beta)=f(x-\alpha,y-\beta) \tag{5-39}$$

换言之，h 是旋转了 180°并移动了 (x,y) 的 f。由此可见，使点 (x,y) 的信号功率对期望的噪声功率之比最大的线性位移不变滤波器恰好就是旋转了 180°的模板 f。因此，取这种滤波器和 g 的卷积与取 f 和 g 的互相关是相同的。这样，线性匹配滤波图像检测与互相关匹配图像检测本质上是相同的。

还可以用其他信噪比准则来确定最佳滤波器。例如，选择滤波因子 h 使信噪比 $[E(h*g)]^2/\mathrm{var}(h*g)$ 为最大。其中，$(E\{h*g\})^2$ 表示把滤波器输出的数学期望作为所期望的信号；$\mathrm{var}(h*g)$ 是输出的随机信号的方差，用它表示噪声能量。结果证明，解积分方程

$$R_{gg}*h=f \tag{5-40}$$

可以选到合适的 h。这里假设 f 是 g 的期望值。如果 g 是高度不相关的，那么自相关函数 R_{gg} 近似为狄拉克 (δ) 函数，这就得到 $h=f$，即最佳滤波就是期望的有用信号(期望的图像信号)。在其他情况下，$h=f$ 不再是最佳解。例如，在一维情况下，若 R_{gg} 如下指数函数

$$R_{gg}(x-u)=\mathrm{e}^{-|x-u|/L} \tag{5-41}$$

则积分方程的解为

$$h=\frac{1}{2L}f-\frac{L}{2}\frac{\partial^2 f}{\partial x^2} \tag{5-42}$$

这样，当 L 很小时(即与 g 高度不相关)，式(5-42)右边第一项将起到主要作用；反

之，当 L 很大时，第二项将起主要作用。在后一种情况下，得到的是对在 g 中确定型模板 f 的边缘的匹配。

三、最佳曲面拟合

这里介绍另一种边缘检测方法，其基本思想是用一个简单函数去和图像上每个点的邻域内的灰度级进行拟合，同时使用这个函数的梯度作为该点的数字梯度的估值。

设 $f(x,y)$、$f(x+1,y)$、$f(x,y+1)$ 和 $f(x+1,y+1)$ 是一幅图像上 4 个相邻点的灰度值，要用一个曲面 $Z=ax+by+c$（其中 a、b、c 为待定系数）和这 4 个值进行拟合。当然，一般不能做到完全拟合，但可找到某个曲面，使按某种量度所表示的拟合误差最小。若定义拟合误差函数为

$$\begin{aligned}E(a,b,c)=&[ax+by+c-f(x,y)]^2+[a(x+1)+by+c-f(x+1,y)]^2+\\&[ax+b(y+1)+c-f(x,y+1)]^2+\\&[a(x+1)+b(y+1)+c-f(x+1,y+1)]^2\end{aligned} \tag{5-43}$$

那么，使这个误差为最小的系数 a、b 和 c 所决定的曲面 Z 便是最佳拟合曲面。故令 $\frac{\partial E}{\partial a}=0$；$\frac{\partial E}{\partial b}=0$；$\frac{\partial E}{\partial c}=0$。可得一方程组，解此方程组得

$$\begin{aligned}a&=\frac{f(x+1,y)+f(x+1,y+1)}{2}-\frac{f(x,y)+f(x,y+1)}{2}\\b&=\frac{f(x,y+1)+f(x+1,y+1)}{2}-\frac{f(x,y)+f(x+1,y)}{2}\\c&=\frac{1}{4}[3f(x,y)+f(x+1,y)+f(x,y+1)-f(x+1,y+1)-ax-by]\end{aligned} \tag{5-44}$$

于是最佳拟合曲面 $Z=ax+by+c$ 的梯度幅值为 $\sqrt{(\partial Z/\partial x)^2+(\partial Z/\partial y)^2}=\sqrt{a^2+b^2}$，也可用 $(|a|+|b|)$ 或 $\max(|a|+|b|)$ 近似地表示。由式(5-44)可见：梯度的两个分量 $|a|$ 和 $|b|$ 是原来图像邻域内计算的平均灰度级的绝对差分，其邻域如图 5-9 所示。由图 5-9 可见：a 是两行的平均值差分，而 b 是两列平均值差分，即 a 和 b 分别为水平和垂直方向的平均值差分，由这两个互相垂直的平均值差分算子可以组成梯度。因此，这种方法实际上也是一种梯度边缘检测方法。

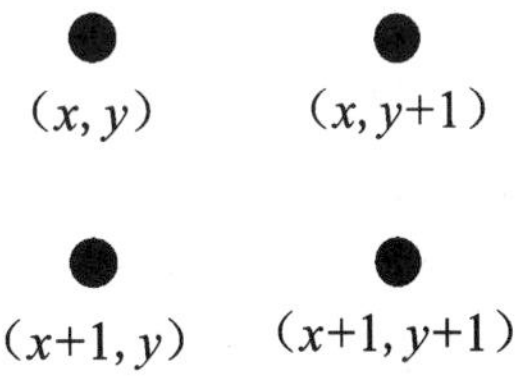

图 5-9　2×2 图像邻域示意图

上述拟合曲面（这里实际上是一个平面）由于是对已知的 2×2 邻域内的像素灰度级的最好近似，所以可把平面的梯度看作是该邻域的中心点 $(x+\frac{1}{2},y+\frac{1}{2})$ 的图像梯度的近似值。另外，这种方法中由于有平滑（即求局部平均）和差分运算，所以它对噪声不敏感。

第三节 边缘连接

从理论上来讲，利用上一节介绍的方法得到的仅是位于边缘上的点，由于噪声、图像的复杂性及算法本身的缺点等因素的影响，这些点通常是一些孤立点或是不连续的小线段，因此很难组成实际意义上的边缘，为此，常常对这些边缘部分进行连接以得到完整的边缘。本节介绍几种常见的边缘连接方法。

一、局部处理

将提取出的边缘点进行连接的最简单的方法之一是分析图像中每个点 (x,y) 的一个小邻域(如 3×3 或 5×5)内像素的特点。依据事先确定的准则，将认为是相似的点连接起来，从而组成图像的边缘。

确定边缘像素相似性的两个主要准则是：①梯度的响应强度；②梯度向量的方向。即如果像素 (x_0,y_0) 在像素 (x,y) 的邻域内，且满足以下两个条件(其中 E 为幅度阈值，A 为角度阈值)

$$\begin{cases} |\nabla f(x,y) - \nabla f(x_0,y_0)| \leqslant E \\ |\alpha(x,y) - \alpha(x_0,y_0)| \leqslant A \end{cases} \tag{5-45}$$

那么就可将像素 (x_0,y_0) 与像素 (x,y) 连接起来。在图像中的每个位置重复这样的判断和连接，就有希望得到闭合的边界。

二、霍夫变换

局部处理的方法是在建立连接准则的前提下，将满足条件的像素进行连接而得到图像的边界，因而是局部性的处理。与局部处理方法不同，霍夫(Hough)变换是利用图像全局特性而将图像边缘像素进行连接以组成图像的封闭边界，因而是一种整体性的处理方法。

现在考虑这样一个问题，在图像中给出 n 个点，要求确定位于同一条直线上的点组成的子集。一种简单的方法是先确定所有的每对点确定的直线，然后找到所有接近该特定直线的点。可以看出，整个过程中，确定所有直线的运算量为 $n(n-1)/2 \sim n^2$，而判断每一个点与所有直线是否接近的运算量为 $n[n(n-1)]/2 \sim n^3$。这样庞大的计算量使得该算法在实际中并没有多大的应用价值。

建立在点线对偶关系上的霍夫变换为解决此类问题提供了一个良好的途径。考虑一个点 (x_i,y_i) 和一条过该点的直线

$$y_i = ax_i + b \tag{5-46}$$

给定 (x_i, y_i) ，该方程有无穷多解，这意味着过点 (x_i, y_i) 的直线有无数条。现在将等式写成

$$b = -x_i a + y_i \tag{5-47}$$

式(5-47)可看作参考以平面(也称参数平面)中过点 (a, b) 的直线。再考虑图像空间中的另外一个点 (x_i, y_i) ，过该点的某一条直线可为 $y_j = ax_j + b$ ，将其改写为 $b = -ax_j + y_j$ ，同 样 地，该直线也可看作参数空间中的一条直线。设这两条直线在参数平面以中相交，交点为 (a', b') (该点对应于图像空间中的一条直线，因为它满足 $y_i = a'x_i + b'$ 和 $y_j = a'x_j + b'$)。由此可见，图像空间中过点 (x_i, y_i) 和点 (x_j, y_j) 的直线上的每个点都对应于参数平面 ab 中的一条直线，并且这些直线都相交于同一点 (a', b') 。上述讨论可用图 5-10 说明。

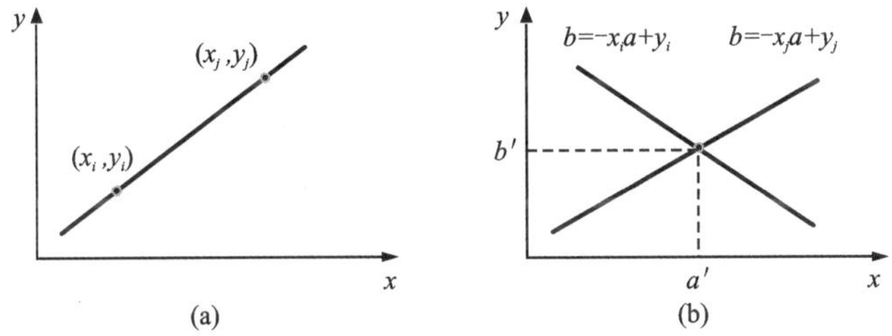

图 5-10　霍夫变换示意图

综上分析可知，图像空间中共线的点对应于参数空间中共点的线；反之，参数空间中共点的线也对应于图像空间中共线的点，这就是点线对偶关系。

在计算霍夫变换时，首先在参数空间中建立二维累加器，如图5-11所示。这里 (a_{max}, a_{min}) 和 (b_{max}, b_{min}) 分别为预期直线的斜率和截距的取值范围。位于坐标 (i, j) 处的累加值记为 $A(i, j)$ ，首先将这些二维数组的初始值置为零；其次，对图像平面中的每个给定点 (x_k, y_k) ，令参数 a 遍取 a 轴上所有可能的值，根据式(5-47)得到对应的 b ；最后对 b 进行舍入得到轴上允许的最近似的值。如果由一个 a_i 值得到解 b_j ，就令 $A(i, j) = A(i, j) + 1$ 。

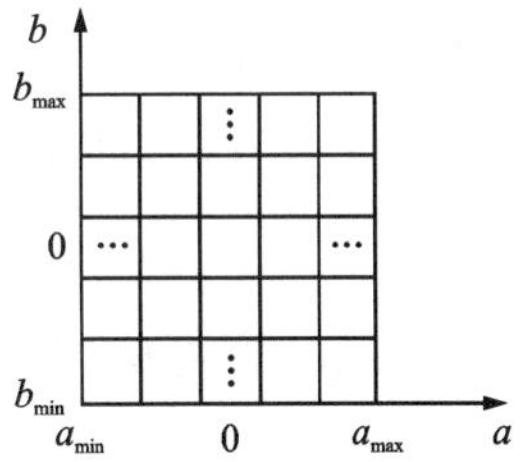

图 5-11　二维累加器

累加结束后，根据 $A(i, j)$ 的值可以得到有多少点是共线的，即 $A(i, j)$ 的值就是在 (i, j) 处共线点的个数，同时 (a, b) 值给出了直线方程的参数。显然 ab 平面中细分的数目决定了这些点共线性的精确度。

当 a 轴进行细分数为 k 时，对所有点 (x_k, y_k) ，有 k 个 b 值对应 k 个可能的 a 值。由于有 n 个图像点，所以这种方法需要 nk 次计算。因此，霍夫变换计算的复杂度是关于 n 的线性函数，并且除非 k 接近或超过 n ，否则，乘积 nk 不会达到前面讨论方法的计

算量。

在使用 $y=ax+b$ 表示直线方程时，当直线接近垂直时，直线的斜率接近无限大而使计算量剧增。为此，可采用直线方程的极坐标形式，即

$$x\cos\theta + y\sin\theta = \rho \tag{5-48}$$

图 5-12(a)为式(5-48)的几何解释。对于这种情形，完全可采用与前述斜截式[见式(5-46)]相同的方式构造参数空间的累加器，只不过这种情形下图像空间中的点对应于参数 $\rho\theta$ 平面上的一条正弦曲线。对应的有，$x\cos\theta_j + y\sin\theta_j = \rho_i$ 的共线点集对应于参数空间中一族相交于点 (ρ_i,θ_j) 的正弦曲线，对不同的参数 θ，得到相应的 ρ，(ρ_i,θ_j) 给出了 $A(i,j)$ 的值。

角 θ 的取值范围为$[-90°,90°]$，ρ 的取值范围是 $[-\sqrt{2}D,\sqrt{2}D]$，这里 D 为图像对角线的长度。易于发现，对于图 5-12(a)，当直线平行于 y 轴，$\theta=0°$，ρ 为正的 x 截距；当直线垂直于 y 轴时，$\theta=90°$，ρ 为正的 y 截距，或 $\theta=-90°$，ρ 为负的 y 截距。

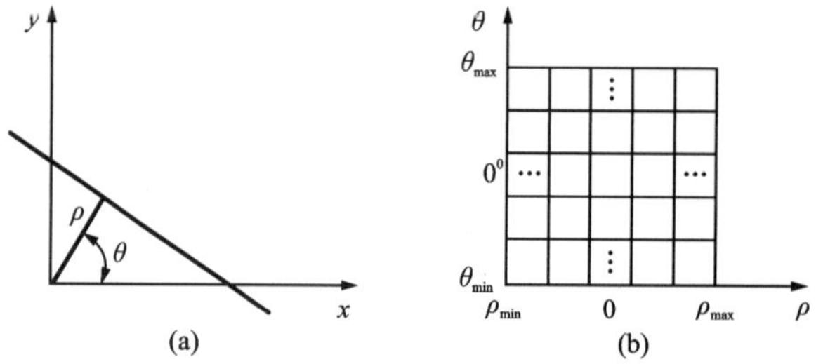

图 5-12 直线得极坐标形式与参数平面累加器

霍夫变换不仅可以用来检测直线和连接位于同一条直线上的点，也可用来检测任何形式 $g(\boldsymbol{x},\boldsymbol{c})=0$ 的曲线并连接位于该曲线上的点，这里 $\boldsymbol{x}$ 是坐标向量，$\boldsymbol{c}$ 是系数向量。例如，位于圆上的点

$$(x-\boldsymbol{c}_1)^2 + (y-\boldsymbol{c}_2)^2 = \boldsymbol{c}_3^2 \tag{5-49}$$

可以通过使用刚才讨论的方法进行检测。主要的区别是存在 3 个系数向量 $(\boldsymbol{c}_1,\boldsymbol{c}_2$ 和 $\boldsymbol{c}_3)$，此时参数空间的累加器形如 $A(i,j,k)$。通过改变 $\boldsymbol{c}_1$ 和 $\boldsymbol{c}_2$，解出满足式(5-49)的 $\boldsymbol{c}_3$，并更新对应于三元组 $(\boldsymbol{c}_1,\boldsymbol{c}_2,\boldsymbol{c}_3)$ 相关单元的累加器。可以看出，与直线检测相比，由于圆的表达式增加了一个变量，这样就增加了计算的复杂度。一个降低算法复杂度的方法是首先对式(5-49)求导并代入 $\frac{\mathrm{d}y}{\mathrm{d}x}=\tan(\theta-\pi/2)$，这样就有

$$\begin{cases} \boldsymbol{c}_1 = x - \boldsymbol{c}_3\sin\theta \\ \boldsymbol{c}_2 = y + \boldsymbol{c}_3\cos\theta \end{cases} \tag{5-50}$$

因此，如果可以知道梯度方向，那么对每个圆周点可分别直接求出 $\boldsymbol{c}_1$ 和 $\boldsymbol{c}_2$，而无须让 $\boldsymbol{c}_1$ 遍取所有可能的值来确定 $\boldsymbol{c}_2$。这样只需两个一维累加器数组就够了。

现在回到边缘连接问题上来。一种基于霍夫变换的连接方法如下所述：

(1)计算图像的梯度并对其设置门限得到一幅二值图像。

(2)将 $\rho\theta$ 平面内剖分为若干单元。

(3)对像素高度集中的地方检验其累加器单元的数目。

(4)检验选择的单元中像素之间的关系。

使用霍夫变换进行边缘连接的代码如下：

```
#-*-coding: utf-8-*-
import cv2
import numpy as np
# 两个回调函数
def HoughLinesP(minLineLength):
    tempIamge= scr.copy()
    lines= cv2.HoughLinesP(edges, 1, np.pi / 180, threshold= minLineLength, minLineLength= 180, maxLineGap= 40)
    for x1, y1, x2, y2 in lines[:, 0]:
        cv2.line(tempIamge, (x1, y1), (x2, y2), (0, 255, 0), 2)
    print(lines)
    cv2.imshow(window_name, tempIamge)
    cv2.imwrite('D:\example\ huofu.jpg', tempIamge)
# 临时变量
minLineLength= 20
# 全局变量
# minLINELENGTH= 20
window_name= "HoughLines Demo"
# 读入图片，模式为灰度图，创建窗口
scr= cv2.imread("D:/example/leven.jpg")
gray= cv2.cvtColor(scr, cv2.COLOR_BGR2GRAY)
print(gray.shape)
img= cv2.GaussianBlur(gray, (3, 3), 0)
edges= cv2.Canny(img, 50, 150, apertureSize= 3)
cv2.namedWindow(window_name)
# 初始化
HoughLinesP(minLineLength)
if cv2.waitKey(0)==27:
    cv2.destroyAllWindows()
```

图 5-13 为霍夫变换示例图。

(a)原图 (b)霍夫变换结果

图 5-13 霍夫变换示例图

三、基于图论的边缘连接方法

本节讨论一种基于图论的全局性边缘检测方法和边缘连接的方法。这种方法借助于图的表示方式，通过对图像中的各点对之间定义某一种代价函数，来确定图像的边缘点的连接。该方法具有良好的抗噪能力，缺点是计算量较大。

首先介绍一些关于图的基本概念。一个图可以表示为

$$G = (N, U)$$

式中：N 是一个有限非空节点集合；U 是一个取自于 N 的无序节点对的集合，U 中的每个点对 (n_i, n_j) 称为一条弧 $(n_i \in N, n_j \in N)$。

如果图中的弧具有方向性，即从节点 n_i 指向 n_j，称该弧为有向弧，且 n_j 为父节点 n_i 的子节点。确定一个节点的子节点的过程称为节点的扩展。在每幅图中对节点定义不同的层，比如第 0 层包括一个单节点，称为起始或根节点，最后一层节点称为目标节点。对任意一段弧可以定义一个代价 $c(n_i, n_j)$。对于节点序列 $n_1, n_2, \cdots, n_k$ 称为 n_1 到 n_k 的路径，其中每个节点 n_i 是节点 n_{i-1} 的子节点。这条路径的总代价为

$$c = \sum_{i=2}^{k} c(n_{i-1}, n_i) \tag{5-51}$$

边缘元素可以定义为两个互为 4 近邻的像素间的边界[图 5-14(a)中 p 和 q 之间的竖线与图 5-14(b)中 r 和 s 之间的横线]，则边缘定义为一系列相连的边缘像素。

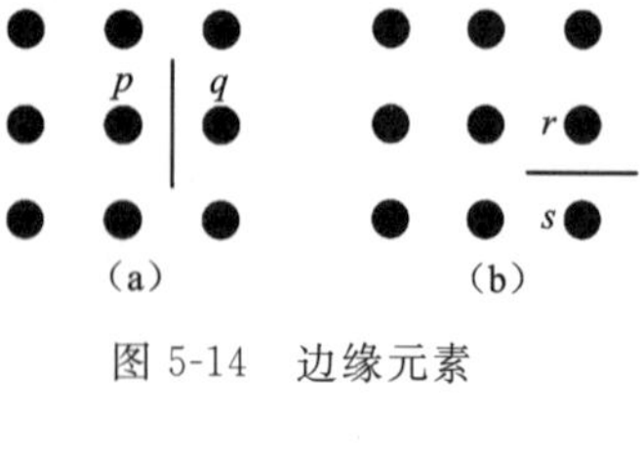

图 5-14 边缘元素

第四节 门限化处理

图像分割的本质是将图像中各个像素进行分类的过程。本节主要讨论针对图像像

素的灰度值，通过取阈值进行图像分类的方法，称为门限化处理。门限化处理也称阈值化处理，由于其原理简单、算法易行，所以成为图像分割中一类最为基本和重要的方法。

一、基本原理

这种图像分割方法是基于如下假设：每个区域是由许多灰度值相近的像素构成的，目标和背景之间的像素灰度值有较大的差异。该方法的基本思想是首先确定一个灰度阈值，然后将图像像素的灰度值与其比较，再将灰度值比阈值大的所有像素判归为某一目标并赋予同一个编号，最后将灰度值比阈值小的所有像素判归为背景并赋予另外一个相同的编号。如果待分割的目标内部灰度值及其背景的灰度值都比较均一，则门限化分割有望取得理想的效果。

如果图像中有 n 个灰度值不同的目标，每个目标内部像素的灰度值比较相近，而各个目标之间的灰度值有明显的差异，则可以在各目标灰度差异处设置 n 个阈值[T_0，T_1，…，T_{n-1}（$T_0 < T_1 < \cdots < T_{n-1}$）]进行如下的分割，这被称为多门限分割。

$$g(x,y)=\begin{cases} g_0 & f(x,y)\leqslant T_0 \\ g_1 & T_0 < f(x,y)\leqslant T_1 \\ \vdots & \vdots \\ g_{n-2} & T_{n-2} < f(x,y)\leqslant T_{n-1} \\ g_{n-1} & f(x,y) > T_{n-1} \end{cases} \tag{5-52}$$

二、基本全局门限

单门限是最简单的一种门限设置方法，这种方法能取得良好效果的前提是原始图像的直方图应具有较好的可分性，即存在两个明显的波峰和一个波谷。在直方图波谷处选择门限值即可达到对整个图像的分割，可以看出这是一种人工交互的方法。一种自动的全局门限算法步骤可描述如下：

(1)给定门限的一个初始值了。

(2)以 T 分割图像 $f(x,y)$，得到图像的两组像素区域 $G_1=\{f(x,y)\mid f(x,y)>T\}$ 和 $G_2=\{f(x,y)\mid f(x,y)\leqslant T\}$。

(3)分别计算区域 G_1 和 G_2 中所有像素的平均灰度值 μ_1 和 μ_2。

(4)按下式更新门限值：

$$T=\frac{1}{2}(\mu_1+\mu_2)$$

(5)重复步骤(2)到步骤(4)，直到相邻两次迭代所得的值之差小于预先设定的参

数 ε 。

初始门限值的设定决定了迭代步数的多少，一个好的初始门限值可以使迭代算法以较快的速度收敛到最终结果。如果能估计出背景和对象在图像中占据的面积大致相同，则一个良好的初始门限值为图像的平均灰度值。如果对象所占的面积小于背景，则背景的像素值会在图像中占据主导地位，此时灰度值的平均值就不是一个好的初始近似值，更合适的初值可选灰度值的中间值。步骤(5)中的参数 ε 用于描述相邻连续两次的迭代结果的差值。

三、最优全局门限

基于门限分割的关键在于门限的确定，如果门限选择得不合适，则可能将物体上的点归为背景，或者相反，将背景上的点归为物体。

从前文可知，灰度级直方图 $p(z)$ 可以考虑用做选择门限的依据。在直方图具有双峰的情况下，可以很容易地自动选择门限。此时，在直方图 $p(z)$ 上找到两个最大值，它们应相隔一定的距离，另外设这两个最大值的位置为 T_i 和 T_j ，然后找出 T_i 和 T_j 间 $p(z)$ 的最低点 T_0 ，对于 $T_i \leqslant T \leqslant T_j$ 的一切点均有 $P(T_0) \leqslant P(T)$ 。此时还可进一步检查直方图的平坦性，它可以用 $P(T_0)/\min[P(T_i),P(T_j)]$ 来量度，如果这个值很小，说明 $P(T_0)$ 比 $P(T_i)$ 或 $P(T_j)$ 小得多，这样，可以认为在直方图两个峰之间存在一个有意义的谷值 T_0 ，它就是分割图像的一个有用的门限。

另一种方法是利用两个单峰(即单最频值)密度函数(如正态密度函数) $p_1(x)$ 和 $p_2(x)$ 的加权和作为 $p(z)$ 的最佳近似，于是可以取位于 $p_1(x)$ 和 $p_2(x)$ 的峰值间的最低点作为谷值(可用作门限值)。对这种方法具体说明如下：假如预先已知一幅图像只包含背景和物体两种主要的亮度区域，它的直方图可以用亮度密度函数来表示，这个亮度密度函数是两个单峰密度函数的和或加权和(其中一个峰对应图像中的亮区，另一个峰对应暗区)，如图 5-15 所示。

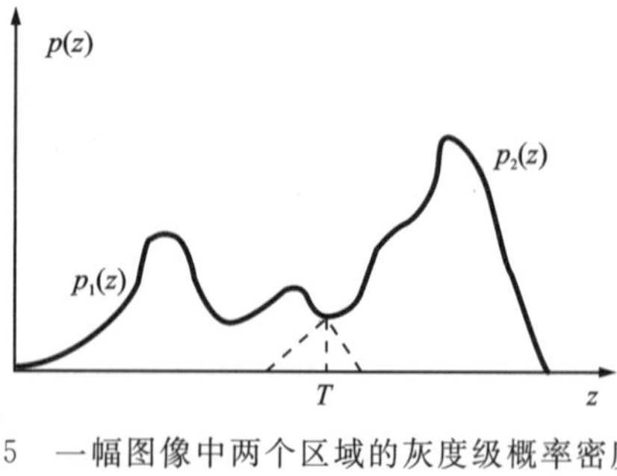

图 5-15　一幅图像中两个区域的灰度级概率密度函数

此时可以按照最小误差法来确定最佳门限。例如，设 $p_1(x)$ 和 $p_2(x)$ 均为正态密

度函数，则其混合亮度密度函数为

$$p(x) = P_1 p_1(x) + P_2 p_2(x) = \frac{P_1}{\sqrt{2\pi}\sigma_1}\exp\frac{-(x-\mu_1)^2}{2\sigma_1^2} + \frac{P_2}{\sqrt{2\pi}\sigma_2}\exp\frac{-(x-\mu_2)^2}{2\sigma_2^2} \tag{5-53}$$

式中：μ_1 和 μ_2 分别为两个区域中亮度的均值；σ_1 和 σ_2 分别为相应区域中亮度的标准偏差；P_1 和 P_2 分别为背景和物体出现的先验概率。

由于约束条件

$$P_1 + P_2 = 1$$

必须被满足，故混合密度只有 μ_1、μ_2、σ_1、σ_2、P_1（或 P_2）共 5 个未知参量，如果这些参量都已知，最佳门限就容易确定。

假设暗区相当于背景，亮区相当于物体，在这种情况下 $\mu_1 < \mu_2$，通常可以确定一个门限 T，使所有灰度级低于 T 的像素都作为背景点来考虑，而灰度级在 T 以上的所有点都考虑为物体上的点，于是物体上的点错分类成为背景上的点的概率为

$$E_1(T) = \int_{-\infty}^{T} p_2(x)\mathrm{d}x$$

同样，把背景上的点错分类为物体点的概率为

$$E_2(T) = \int_{T}^{\infty} p_1(x)\mathrm{d}x$$

因此，总的误差概率为

$$E(T) = P_2 E_1(T) + P_1 E_2(T)$$

为了求出分类误差为最小时的门限值，可以求 $E(T)$ 对 T 的导数，并使其结果等于零。得到

$$P_1 p_1(T) = P_2 p_2(T) \tag{5-54}$$

把给定的正态密度函数代入式(5-54)，取对数并化简后，得到一个二次方程

$$AT^2 + BT + C = 0 \tag{5-55}$$

式中：

$$A = \sigma_1^2 - \sigma_2^2$$

$$B = 2(\mu_1\sigma_2^2 - \mu_2\sigma_1^2)$$

$$C = \sigma_1^2\mu_2^2 - \sigma_2^2\mu_1^2 + 2\sigma_1^2\sigma_2^2\ln(\sigma_2 P_1/\sigma_1 P_2)$$

式(5-55)存在两个解，说明有两个门限值可供选择。如果两个方差相等，即 $P_1 = P_2$，此时最佳门限恰好就是两个区域中灰度均值的平均。

对于其他已知形式的单峰密度，如瑞利密度等，其最佳门限也可采取类似的方法进行确定。

四、p 参数法

对于如图 5-16 所示的灰度直方图，虽然有 3 个明显的波峰，但是 3 个区域的灰度分布彼此交叠，以致很难确定用以分割的波谷。如果这些区域的面积占整个图像面积的比例可以获知，则可采用 p 参数法来确定阈值进行图像分割。

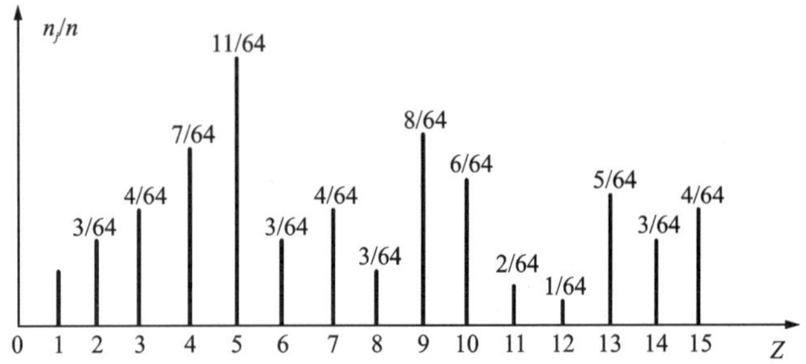

图 5-16 一幅图像的直方图

假设低灰度区域的面积比值为 p_1，考虑到 p_1 为直方图中代表该区域部分的频率累加值，因此，灰度 0 到 j $(j=0,1,\cdots,L-1)$ 的累加直方图函数值为

$$C_1(j)=\sum_{m=0}^{j}\frac{n_m}{n} \tag{5-56}$$

式中：n_m 为灰度级 m 的像素的个数；n 为图像总像素数。如果在某灰度级 j 处有

$$C_1(j)\approx p_1$$

则此时的 j 为从图像中分离出区域 1 的阈值 T_1，即

$$T_1=j\approx C_1^{-1}[p_1]$$

式中：$C_1^{-1}[p_1]$ 为由面积比 p_1 近似等于累加直方图函数来确定相应灰度值的反变换关系。

采取类似的方法可从图像中分离灰度高端的面积比为的 p_2 区域 2，不同之处在于直方图累加的方向应从高端到低端。令 $C_2(j)$ 为从灰度高端到低端的频率累加值，即

$$C_2(j)=\sum_{m=L-1}^{j}\frac{n_m}{n} \tag{5-57}$$

从图像中分离处区域 2 的阈值 T_2 为

$$T_2=j\approx C_2^{-1}[p_2]$$

如果图像中待分割的区域多于 3 个，可以在分离出最高端和最低端区域后剩余的图像中重复这一过程。

五、最大类间方差

图像灰度直方图的形状是变化不定的，在许多情况下，图像直方图有双峰但无明

显波谷或者是双峰与波谷都不明显，另外确定两个区域的面积也比较困难。在这种情况下，最大类间方差法往往能得到较为满意的结果。最大类间方差法是由 Ostu 于 1978 年提出的，其原理是利用类别方差作为判据，选取使类间方差最大的灰度值作为最佳阈值。

设一幅图像灰度值分为 $0 \sim L-1$ 级，n_i 为灰度级 i 的像素数目，则总像素数 $n = \sum_{i=0}^{L-1} n_i$，各像素值的概率 $p_i = n_i / n$。现在用一个整数 t 将图像中的像素按灰度级划分为两个区域 C_0 和 C_1，即

$$C_0 = \{0,1,\cdots,t\}, \quad C_1 = \{t+1,t+2,\cdots,L-1\}$$

则 C_0 产生的概率和均值分别为

$$\omega_0 = \sum_{i=0}^{t} p_i = \omega(t), \quad \mu_0 = \frac{1}{\omega_0}\sum_{i=0}^{t} ip_i = \frac{\mu(t)}{\omega(t)}$$

C_1 产生的概率和均值分别为

$$\omega_1 = \sum_{i=+1}^{L-1} p_i = 1-\omega(t), \quad \mu_1 = \frac{1}{\omega_1}\sum_{i=+1}^{L-1} ip_i = \frac{\mu-\mu(t)}{1-\omega(t)}$$

式中：$\mu = \sum_{i=0}^{L-1} ip_i$ 是整体图像灰度的平均值，此时有 $\mu = \omega_0\mu_0 + \omega_1\mu_1$。

同一区域常常具有灰度相似的特性，而不同区域之间则表现为明显的灰度差异，当被阈值 t 分离的两个区域间灰度差较大时，两个区域的均值和与整幅图像平均灰度值的差也较大，区域间的方差就是描述这种差异的有效参数，其表达式

$$\sigma_B^2(t) = \omega_0\,(\mu_0-\mu)^2 + \omega_1\,(\mu_1-\mu)^2 \tag{5-58}$$

式中：σ_B^2 为图像被阈值 t 分割后两个区域之间的方差。

显然，不同的 t 值，就会得到不同的区域间方差，也就是说，区域间的方差、两类区域的均值、两类区域的概率都是阈值 t 的函数，因此式(5-58)可写作

$$\sigma_B^2(t) = \omega_0(t)\,[\mu_0(t)-\mu]^2 + \omega_1(t)\,[\mu_1(t)-\mu]^2 \tag{5-59}$$

经过恒等变形，式(5-59)可进一步写作

$$\sigma_B^2(t) = \omega_0(t)\omega_1(t)\,[\mu_0(t)-\mu_1(t)]^2$$

当被分割的两个区域间方差达到最大时，被认为是两个区域的最佳分离状态，由此得到最佳阈值 T 为

$$T = \max[\sigma_B^2(t)]$$

最大类间方差法决定阈值无须人为设定其他参数，是一种自动阈值选择方法，它不仅适用于两个区域的单阈值选择，也可扩展到多区域的多阈值选择中去。最大类间方差分割代码如下：

```
1.import cv2
2.import numpy as np
3.from matplotlib import pyplot as plt
4.
5.image= cv2.imread("D:/wei/leven.jpg")                          # 读取图片
6.gray= cv2.cvtColor(image, cv2.COLOR_BGR2GRAY)                    # 色彩空间转换函数
7.ret1, th1= cv2.threshold(gray, 0, 255, cv2.THRESH_OTSU)  # 方法选择为 THRESH_OTSU
8.cv2.imshow('OSTU',th1 )
9.cv2.imwrite('D:\wei\ zuida.jpg',th1)
10.cv2.imshow('a',gray)
11.cv2.waitKey(0)
```

图 5-17 为对应的最大类间方差分割结果示例图。

(a)原图 (b)最大类间方差分割结果

图 5-17 对应的最大类间方差分割结果示例图

第五节 区域性检测

本节将介绍另外一些区域性检测方法,包括区域生长法、区域的分裂与合并。

一、区域生长法

令 R 表示整幅图像区域。图像分割可以看作是将 R 划分为 n 个子区域 $R_1, R_2, \cdots, R_n$ 的过程。

(1) $\bigcup_{i=1}^{n} R_i = R$。

(2) R_i 是一个连通的区域, $i = 1,2,\cdots,n$。

(3) $R_i \cap R_j = \varnothing$,对所有的 i 和 j, $i \neq j$。

(4) $P(R_i) = \text{TRUE}$，对于 $i = 1,2,\cdots,n$ 。

(5) $P(R_i \cup R_j) = \text{FALSE}$，对于 $i \neq j$ 。

这里，$P(R_i)$ 为定义在集合的点上的逻辑谓词；$\varnothing$ 为空集。

条件(1)说明分割必须是完全的，即每个像素必须属于一个区域。条件(2)要求同一区域中的点是连通的。条件(3)说明不同区域必须是不相交的，或者说，一个像素不能同时属于两个区域。条件(4)说明分割后同一区域内的像素必须具有某些相同特性（例如区域内的像素有相同的灰度级）。条件(5)说明不同区域 R_i 和 R_j 中的像素应具有某些不同特性。

顾名思义，区域生长法是一种根据预先定义的准则将像素或子区域聚合成更大区域的过程。它从一些已知点（或称为种子）开始，将与种子性质相似（如灰度级、彩色、组织、梯度或其他特性）的相邻像素附加到生长区域的每个种子上。再将这些新像素作为新的种子开始下一轮的生长，直到再没有满足条件的像素被包括进来。

一个简单的区域生长法的例子如图 5-18 所示。图 5-18(a)为待分割的图像，并在图像中选定种子像素 5（在相应的位置标为灰色）。区域生长的判断准则为：当前像素与种子像素的灰度值之差的绝对值小于某个阈值 T，则将该像素包括进种子所在的区域。图 5-18(b)所示为前面选定的种子点并且阈值 $T = 2$ 的生长结果。图 5-18(c)所示为以 1 为种子像素（在相应的位置标阴影）并以上述生长规则生长后的结果。

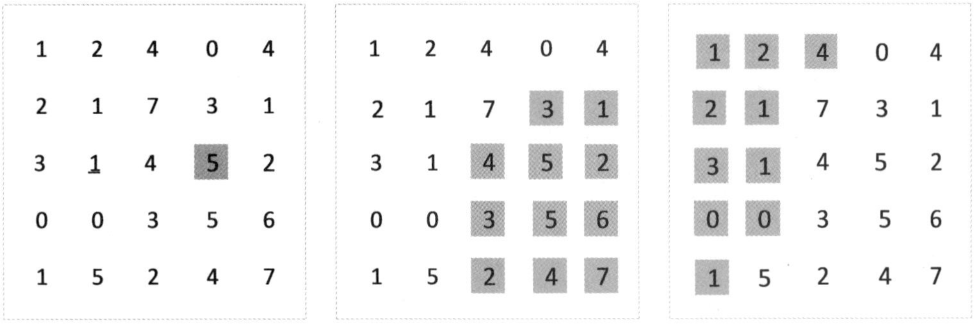

(a)　(b)　(c)

图 5-18　区域生长法示例

从上述例子可以看出，区域生长法的关键问题有三，即种子像素的选取、种子生长过程中的判断（相似性）准则以及种子生长的终止条件。

种子像素的选取应依具体问题而定，并没有一个统一的准则。例如对于红外目标的检测，由于目标点的辐射一般比较大，因此选择图像中亮度较大的点作为种子点较为合理。

相似性准则的确定不仅和具体的问题密切相关，而且也依赖于图像数据的类型。例如，对地观测卫星图像，如果没有彩色信息可用，这个问题将会变得非常困难。如果图像是单色的，需要用一组基于灰度集和空间性质的描绘（如矩和纹理）对区域进行分析。另外，为提高图像分割精度，在分割过程中，像素的连通性和邻近性也常常需要予以考虑。

终止条件一般是在生长过程中当相似性规则不满足时即终止。通常考虑的像素灰度级、纹理和颜色都是局部性质，都没有考虑到区域生长的“历史”。如果能引入一些区域形状、大小等的图像全局信息，有助于提高分割的效果。

区域生长法的图像分割的代码如下：

```
import numpy as np
import cv2
import PIL.Image as Image
class quyu(object):
    def __init__(self):
        pass
    def quyushengcheng(self,savepath):
        img= cv2.imread(savepath,0)
        img_array= np.array(img)# 图片转为数组方便操作

        [m,n]= img_array.shape# 返回图片的长和宽

        a= np.zeros((m,n))# 建立等大小空矩阵

        a[70,70]= 1 # 设立种子点
        k= 40 # 设立生长阈值

        isMyArea= 1
        # 开始循环遍历周围像素，种子长大。
        while isMyArea= = 1:
            isMyArea= 0
            lim= (np.cumsum(img_array* a)[- 1])/(np.cumsum(a)[- 1])
            for i in range(2,m):
                for j in range(2,n):
                    if a[i,j]= = 1:
                        for x in range(- 1,2):
                            for y in range(- 1,2):
```

```
28.                              if a[i+ x,j+ y]= = 0:
29.                                  if (abs(img_array[i+ x,j+ y]- lim)< = k):
30.                                      isMyArea= 1
31.                                      a[i+ x,j+ y]= 1
32.          data= img_array* a # 矩阵相乘获取生长图像的矩阵
33.          # new_img= Image.fromarray(data)# data 矩阵转化为二维图片
34.          new_img= np.array(data)
35.          cv2.imshow('a', new_img)
36.          cv2.waitKey(0)
37.if __name__ = = '__main__':
38.      path= 'D:/example/leven.jpg'
39.      a= quyu()
40.      a= a.quyushengcheng(path)
```

图 5-19 为区域生长法的图像分割结果。

(a)原图 (b)区域生长法结果

图 5-19　区域生长法的图像分割结果

二、区域的分裂与合并

区域生长过程是从一组种子点开始的,按照一定的生长准则将具有相似性的像素聚集在一起而得到最终的分割结果。另一种分割的方法是从整幅图像开始,首先将图像分割为一系列任意互不相交的区域,然后将它们进行聚合或拆分以满足分割的要求。下面将讨论一种利用图像四叉树表示的分裂合并算法。

令 R 表示整幅图像区域并选择一个谓词 P ,对其进行分割的一种方法是反复将分割得到的结果图像再次分为 4 个区域,直到对任意区域 R_i ,有 $p(R_i) = $ TRUE 。对任意区域,如果 $p(R) = $ FLASE ,就将这 4 个区域的每个区域再次分为 4 个区域;如此类推,直到 $p(R_i) = $ TRUE 。上述过程可用图 5-20 所示的四叉树来表示(即每个非叶子节点正好有 4 个子树)。这里树的根对应于整幅图像,每个节点对应于划分的子部分。

此时，只有再进行进一步的细分。

如果只使用拆分，可能会使得具有相同性质的相邻区域被分成两个部分。为此，可以在拆分的同时也进行区域合并来避免这一问题。这里合并的是那些相邻的区域，同时合并后的区域必须满足谓词 P 。也就是说，只有在 $P(R_i \cup R_j) = \text{TRUE}$ 时，两个相邻的区域 R_i 和 R_j 才能合并。

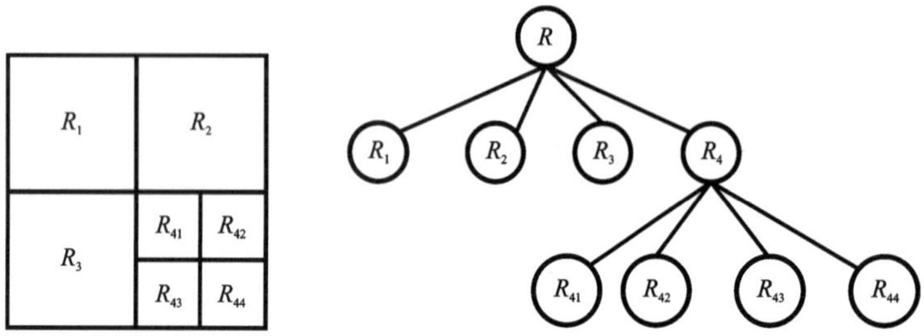

(a)被分割的图像　　(b)对应的四叉树

图 5-20　图像的四叉树表示

前面讨论的算法处理步骤总结如下：

(1)对于任何区域 R_i ，如果 $p(R_i) = \text{FLASE}$ ，就将每个区域都拆分为 4 个相连的不重叠区域。

(2)将 $P(R_j \cup R_k) = \text{TRUE}$ 的任意两个相邻区域 R_i 和 R_j 进行合并。

(3)当再无法进行聚合或拆分时操作停止。

对上述基本算法可作进一步的改进。例如，将图像首先分裂为一组图像块。然后对每个块进一步进行上述分裂，但进行合并时，首先仅将 4 个同属于一个父节点且满足逻辑谓词 P 的块并为一组。当不能再进行此类聚合时，再按照上述步骤(2)进行最后的区域合并。此时，合并区域的大小可能会有所不同。这种方法的主要优点是在合并的最后一步前，合并和分裂使用相同的四叉树。

分类和合并算法代码如下：

```
import numpy as np
import cv2
import matplotlib.pyplot as plt # plt 用于显示图片

# 判断方框是否需要再次拆分为四个
def judge(w0, h0, w, h):
    a= img[h0: h0 + h, w0: w0 + w]
    ave= np.mean(a)
```

```
    std= np.std(a, ddof= 1)
    count= 0
    total= 0
    for i in range(w0, w0 + w):
        for j in range(h0, h0 + h):
        # 注意！我输入的图片数灰度图，所以直接用的 img[j,i]，RGB 图像的话每个 img 像素是一个三维向量，不能直接与 avg 进行比较大小。
            if abs(img[j, i] - ave)< 1 * std:
                count + =1
            total + = 1
    if (count / total)< 0.95:# 合适的点还是比较少，接着拆
        return True
    else:
        return False

# # 将图像将根据阈值二值化处理，在此默认 125
def draw(w0, h0, w, h):
    for i in range(w0, w0 + w):
        for j in range(h0, h0 + h):
            if img[j, i] > 125:
                img[j, i]= 255
            else:
                img[j, i]= 0

def function(w0, h0, w, h):
    if judge(w0, h0, w, h)and (min(w, h)> 5):
        function(w0, h0, int(w / 2), int(h / 2))
        function(w0 + int(w / 2), h0, int(w / 2), int(h / 2))
        function(w0, h0 + int(h / 2), int(w / 2), int(h / 2))
        function(w0 + int(w / 2), h0 + int(h / 2), int(w / 2), int(h / 2))
    else:
        draw(w0, h0, w, h)

img= cv2.imread('D:/example/leven.jpg', 0)
img_input= cv2.imread('D:/example/leven.jpg', 0)# 备份

```

```
height, width= img.shape

function(0, 0, width, height)

cv2.imshow('input',img_input)
cv2.imshow('output',img)
cv2.imwrite('D:\example\ fenleihebing.jpg',img)
cv2.waitKey()
cv2.destroyAllWindows()
```

图 5-21 为分类和合并算法的结果。

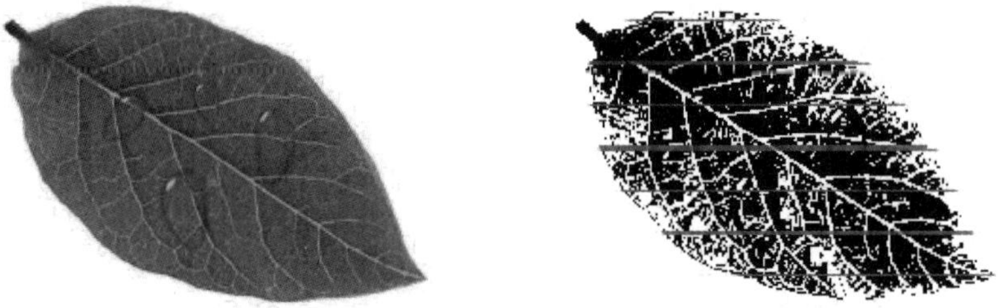

(a)原图　　(b)分类和合并算法结果

图 5-21　分类和合并算法结果

第六章　图像复原

图像复原是指根据对图像降质成因的知识建立降质模型，从客观的角度对降质图像进行处理，旨在尽可能地恢复原图像。图像复原与图像增强有着密切的联系，但也有区别。它们的目的都是在某种意义上改善图像的质量，但二者的处理方法和评价标准不同。图像增强一般利用人类视觉系统特性，使图像具有好的视觉效果，在图像增强过程中，并不分析图像降质的原因，也不要求接近原图像。图像复原则是图像降质的逆过程，利用图像降质过程中的全部或部分先验知识建立图像降质模型，通过求解图像降质过程的逆过程来恢复原图像，使图像尽可能地逼近原图像。对图像复原方法可以从不同的角度进行分类，按照图像复原是否附加约束条件限制，可将图像复原方法分为无约束复原方法和约束复原方法。无约束复原方法将复原问题表示为无约束最优化问题，最常用的无约束复原方法是在最小化均方误差准则下实现图像的恢复。

图像复原通常将图像降质过程建模为线性空间移不变过程，以及与图像不相关的加性噪声。本章介绍了多种图像复原方法，都是在图像降质模型以及图像先验知识的基础上，通过这些复原方法在某种最优准则下求解图像降质的逆过程来恢复原图像。在图像降质模型的基础上，本章主要描述了正则化约束的复原方法（如 Tikhonov 正则化和全变分正则化复原）和频域复原方法（如维纳滤波和平滑约束最小二乘复原）。低采样率是造成图像混叠的主要原因，在采样图像降质模型的基础上，结合最优倒易晶格和频域复原方法，解决混叠图像的复原问题。如同空域与频域图像增强方法，随机噪声可以在空域中使用卷积模板来实现降噪，周期噪声容易在频域中实现降噪。最后，简要描述了图像盲复原的基本问题和解决方法。

第一节　图像降质模型

由成像系统获取图像的过程为正问题，那么相应的反问题就是由观测的降质图像以及成像系统特性对原图像进行估计。图像复原的理论基础是图像降质模型，根据降质系统和噪声的部分信息或假设,对图像降质过程进行建模,求解降质模型的逆过程,从而尽可能精确地获得原图像的最优估计。

一、图像降质/复原过程模型

图像在采集、传输和处理的过程中,由于成像系统、记录设备、传输介质和后期处理等原因,造成图像质量下降,这种现象称为图像降质。引起图像降质的因素很多,大致归纳为系统带宽限制产生的频率混叠、成像设备与场景之间的相对运动产生的运动模糊、镜头聚焦不准、大气湍流效应产生的光学散焦模糊、光电转换器件的非线性、随机噪声干扰等。目前图像复原已经应用在许多领域,如天文学和医学成像领域等。

对于线性空间移不变系统,在空域中图像降质过程通常建模为如下的卷积形式

$$g(x,y)=f(x,y)*h(z,y)+\eta(x,y) \tag{6-1}$$

式中:$g(x,y)$ 表示观测图像,即模糊、有噪的降质图像;$f(x,y)$ 表示原图像,即进入图像采集系统前的图像;$h(z,y)$ 表示图像模糊的点扩散函数;$\eta(z,y)$ 表示加性噪声项。

式(6-1)描述了图像降质过程,原图像受到模糊和噪声的作用,生成观测图像。

如图 6-1 所示,图像降质过程通过降质函数 $h(z,y)$ 和加性噪声 $\eta(z,y)$ 来建模,图中,$f(x,y)$ 为原图像,$h(z,y)$ 为降质函数,$g(x,y)$ 为降质图像,$\eta(z,y)$ 为加性噪声,$\hat{f}(x,y)$ 为恢复图像。若将图像降质过程看作是正问题,则图像复原是反问题,它的任务是给定降质图像 $g(x,y)$,以及降质函数 $h(z,y)$ 和加性噪声 $\eta(z,y)$ 的所有或部分信息,根据建立的图像降质模型,对原图像 $f(x,y)$ 进行估计,使恢复图像 $\hat{f}(x,y)$ 尽可能地逼近原图像 $f(x,y)$。有关降质函数 $h(z,y)$ 和加性噪声 $\eta(z,y)$ 的信息越多,恢复图像 $\hat{f}(x,y)$ 就会越接近原图像 $f(x,y)$。注意,原图像 $f(x,y)$ 可以认为是在理想图像获取条件下所成的图像,它实际上并不存在。

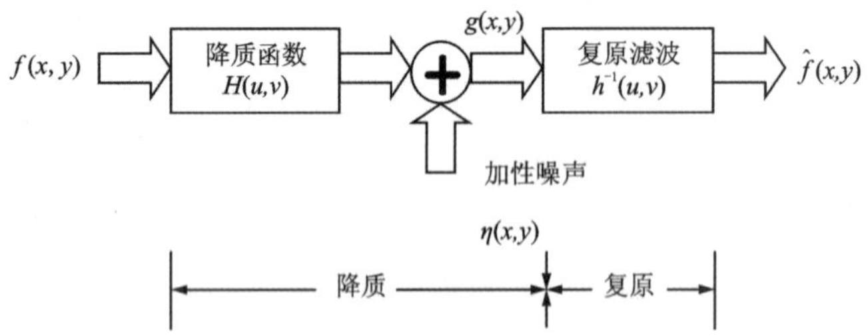

图 6-1 图像降质模型

图像复原的关键在于降质模型的建立,降质模型应该能够准确反映图像降质的成因。但是,给定降质模型,从降质图像 $g(x,y)$ 恢复原图像 $f(x,y)$ 的反问题并不是直接的。尽管降质模型是精确的,然而,仅依赖于降质模型的知识求解反问题是困难的。图像复原要求原图像 $f(x,y)$ 的知识,降质函数的精确知识、统计知识或其他先验知

识，以及加性噪声 $\eta(z,y)$ 的统计知识。该知识包括一般图像获取过程中由传感器或周围环境引起的噪声。由于降质图像是原图像与成像系统点扩散函数的卷积，因此图像复原也称为图像解卷积(image deconyolution)。

二、点扩散函数

在线性模型中，点扩散函数是对图像中的模糊进行建模。通常情况下，这个过程是不可逆的。理论上，当噪声项 $N(u,\nu)$ 时，若点扩散函数 $h(x,y)$ 的频谱 $H(u,\nu)$ 中没有零值，则与点扩散函数的卷积是可逆的。注意，这仅对于周期问题是有效的。从实际的角度来讲，这没有实用性，特别当降质模型中存在噪声的情况。为了说明这个问题，将卷积看成滤波操作。在这种情况下。点扩散函数 $h(x,y)$ 的傅里叶系数即为滤波器系数。当一些滤波器系数 $H(u,\nu)$ 很小时，相应的频域 $G(u,\nu)$ 将会很小，很有可能淹没在噪声中，信息的丢失导致信号的重建是不可能的。

1. 高斯模糊

高斯模糊是许多光学成像系统最常见的降质函数，标准差为 σ 的高斯模糊的点扩散函数定义为

$$h(x,y)=\frac{1}{\sigma\sqrt{2\pi}}\exp\left(-\frac{x^2+y^2}{2\sigma^2}\right) \tag{6-2}$$

2. 散焦模糊

光学仪器的聚焦不准造成的散焦模糊也是一种常见的模糊类型，半径为 r 的散焦模糊的点扩散函数定义为

$$h(x,y)=\begin{cases}\dfrac{1}{\pi r^2} & \sqrt{x^2+y^2}\leqslant r\\ 0 & \sqrt{x^2+y^2}>r\end{cases} \tag{6-3}$$

光学系统散焦的点扩散函数是一个均匀分布的圆形光斑。散焦模糊的频域零值是关于原点的等间距的同心圆，圆的半径与模糊半径 r 有关。模糊半径 r 与亮环的半径成正比，模糊程度越大，亮环的半径越大。实验表明，亮环的半径与模糊半径有如下大约 2 倍的关系

$$r\approx R/2 \tag{6-4}$$

式中：r 和 R 分别为模糊半径和亮环的半径。

3. 运动模糊

当成像仪器或物体在移动中曝光，会导致运动模糊，运动方向角度为 θ、运动距离为 d 个像素的运动模糊点扩散函数定义为

$$h(x,y)=\begin{cases}1/d & y = x\tan\theta, 0 \leqslant x \leqslant d\cos\theta \\ 0 & y \neq x\tan\theta, -\infty < x < \infty\end{cases} \tag{6-5}$$

当 $\theta = 0$ 时,运动为水平方向

$$h(x,y)=\begin{cases}1/d & y = 0, 0 \leqslant x \leqslant d \\ 0 & y \neq 0, -\infty < x < \infty\end{cases} \tag{6-6}$$

物体与成像系统相对运动的点扩散函数是一个均匀分布的角度为 0 的带状光斑。

图 6-2(a)为一幅运动模糊图像,运动方向角度 θ 为 110°、运动距离 d 为 15 个像素。图6-2(b)为图 6-2(a)所示图像的傅里叶谱,运动模糊图像的傅里叶谱呈现等间距的条纹,具体来说,任意角度的运动模糊图像的傅里叶谱沿着垂直于运动方向有一组等间距的条纹。水平方向的运动模糊图像的傅里叶谱具有等间距的竖直条纹,模糊程度(即运动距离)越大,条纹间距越小。如图 6-2(c)所示,对条纹图像再做一次傅里叶变换,从图中可以看到,在运动方向上有一条明显的、垂直于条纹方向的亮线,该亮线与水平轴的角度就是运动方向角度 θ 。

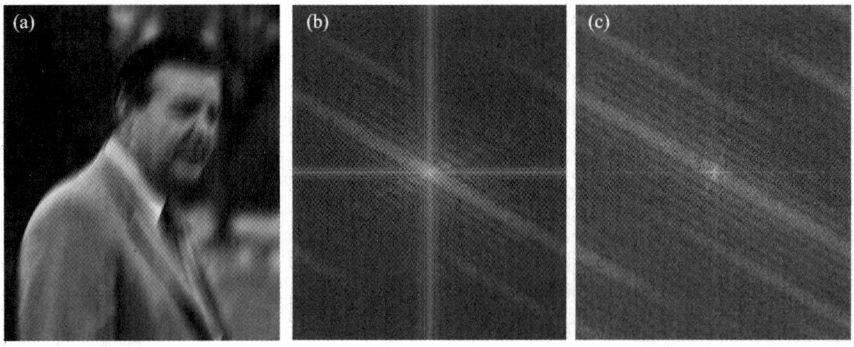

图 6-2 运动模糊图像及其傅里叶谱

(a)运动模糊图像($d=15$, $\theta=110$);(b)图(a)的傅里叶谱;(c)图(b)的傅里叶谱

代码如下:

```
# coding: utf- 8
import numpy as np
import cv2
import matplotlib.pyplot as plt


def motion_blur(image, degree= 30, angle= 110):
    image= np.array(image)
    M= cv2.getRotationMatrix2D((degree / 2, degree / 2), angle, 1)
    motion_blur_kernel= np.diag(np.ones(degree))
```

```
    motion_blur_kernel= cv2.warpAffine(motion_blur_kernel, M, (degree, degree))
    motion_blur_kernel= motion_blur_kernel / degree
    blurred= cv2.filter2D(image, - 1, motion_blur_kernel)

    #  convert to uint8
    cv2.normalize(blurred, blurred, 0, 255, cv2.NORM_MINMAX)

    blurred= np.array(blurred, dtype= np.uint8)
    return blurred

img= cv2.imread('path\\to\\图片')  #  直接读为灰度图像
img_ = motion_blur(img)
cv2.imshow('Source image', img)
cv2.imshow('blur image', img_)
cv2.imwrite('yundongmohu.jpg', img_)
f= np.fft.fft2(img_)  #  做频率变换
fshift= np.fft.fftshift(f)   #  转移像素做幅度谱
s1= np.log(np.abs(fshift))  #  取绝对值:将复数变化成实数取对数的目的为了将数据变化到 0
- 255
img_ = motion_blur(s1)
f= np.fft.fft2(img_)
fshift= np.fft.fftshift(f)
s2= np.log(np.abs(fshift))
plt.subplot(121)
plt.imshow(s1, 'gray')
plt.axis('off')  #  不显示坐标轴
plt.subplot(122)
plt.imshow(s2, 'gray')
plt.savefig('fl.jpg')
plt.axis('off')
plt.show()
cv2.waitKey()
```

对条纹图像中垂直于运动方向上的灰度值进行累加，显然，灰度值累加的结果具有等间距极小值的特征，其间距就是条纹的间距 l，由式(6-6)的傅里叶分析可知，频谱零值的间距为 $1/d$。对于离散的数字图像，运动距离 d 与条纹间距 l 的关系为

$$1/d = l/L \tag{6-7}$$

式中：二维离散傅里叶变换的频率矩形尺寸为 $L \times L$。

第二节 反问题

为了更好地理解反问题及其特性，本节将根据降质矩阵 $\boldsymbol{H}$ 的奇异值，解释病态问题的本质。图像降质过程矩阵的向量形式为

$$\boldsymbol{g} = \boldsymbol{H}\boldsymbol{f} + \boldsymbol{\eta} \tag{6-8}$$

式中：$\boldsymbol{g} \in R^{MN}$ 为降质图像的向量表示；$\boldsymbol{H} \in R^{MN \times MN}$ 为降质矩阵，在线性空间移不变条件下，$\boldsymbol{H}$ 为块循环矩阵；$\boldsymbol{f} \in R^{MN}$ 为原图像的向量表示。

图像复原实际上是求解线性反问题，即给定式(6-8)，求解 $\boldsymbol{f}$ 。

在缺乏有关噪声项 η 先验知识的情况下，通常寻找 $\boldsymbol{f}$ 的估计 $\hat{\boldsymbol{f}}$ ，使得 $\boldsymbol{H}\hat{\boldsymbol{f}}$ 在最小均方误差意义下最接近 $\boldsymbol{g}$ ，也就是使 η 的 2 范数平方 $\|\eta\|_2^2 = \|\boldsymbol{g} - \boldsymbol{H}\boldsymbol{f}\|_2^2$ 最小。由于无任何约束条件，可以将复原问题表示为如下的无约束最优化问题，即

$$\min_{f} \boldsymbol{L}(\boldsymbol{f}) = \|\boldsymbol{g} - \boldsymbol{H}\boldsymbol{f}\|_2^2 \tag{6-9}$$

根据无约束最优化问题的最优性条件，等价于 $\boldsymbol{L}(\boldsymbol{f})$ 对 $\boldsymbol{f}$ 的偏导数等于零，则有

$$\frac{\partial L(\boldsymbol{f})}{\partial \boldsymbol{f}} = 2\,\boldsymbol{H}^{\mathrm{T}}(\boldsymbol{g} - \boldsymbol{H}\boldsymbol{f}) = 0 \tag{6-10}$$

通过求解式(6-10)，$\boldsymbol{f}$ 的估计 $\hat{\boldsymbol{f}}$ 为

$$\hat{\boldsymbol{f}} = (\boldsymbol{H}^{\mathrm{T}}\boldsymbol{H})^{-1}\,\boldsymbol{H}^{\mathrm{T}}\boldsymbol{g} \tag{6-11}$$

假设降质矩阵 $\boldsymbol{H}$ 是非奇异的，即逆矩阵 $\boldsymbol{H}^{-1}$ 存在，理论上，通过矩阵求逆可得 $\boldsymbol{f}$ 的估计 $\hat{\boldsymbol{f}}$

$$\hat{\boldsymbol{f}} = \boldsymbol{H}^{-1}\boldsymbol{g} \tag{6-12}$$

式中：$(\boldsymbol{H}^{\mathrm{T}})^{-1}\,\boldsymbol{H}^{\mathrm{T}} = I$。

式(6-12)是无约束图像复原的线性代数解，将式(6-8)代入到式(6-12)中，可得

$$\hat{\boldsymbol{f}} = \boldsymbol{H}^{-1}(\boldsymbol{H}\boldsymbol{f}^{*} + \eta) = \boldsymbol{f}^{*} + \boldsymbol{H}^{-1}\eta \tag{6-13}$$

式中：$\boldsymbol{H}^{-1}\boldsymbol{H} = I$ 。

由式(6-13)可知，这样恢复的图像 $\hat{f}$ 由两部分组成：真实解 $\boldsymbol{f}^{*}$ 和包括噪声的项 $\boldsymbol{H}^{-1}\eta$ 。显然，这不是一个好的解。尽管假设前向模型是精确的，而噪声是未知的随机过程，若线性反问题是病态的。则矩阵 $\boldsymbol{H}$ 有较大的条件数。即 $\boldsymbol{H}$ 接近奇异。这样逆矩阵 $\boldsymbol{H}^{-1}$ 将有较大的元素，利用逆矩阵 $\boldsymbol{H}^{-1}$ 的直接解卷积将会在很大程度上放大噪声，造成 $\boldsymbol{H}^{-1}\eta$ 项淹没包含解 $\boldsymbol{f}$ 的项，这样的解是无用的。

若降质矩阵 $\boldsymbol{H}$ 是不可逆的，则存在以下 3 种情况：① $\boldsymbol{H} \in R^{n \times n}$ ，且不可逆，在这种

情况下，式(6-8)是奇异问题，没有唯一解，通过消除线性相关行，$m<n$，等同于第 2 种情况；②$\boldsymbol{H} \in R^{m\times n}$，且 $m<n$，在这种情况下，式(6-8)是欠定问题，有无穷多个解存在；③$\boldsymbol{H}\in R^{m\times n}$，且 $m>n$，在这种情况下，式(6-8)是超定问题，有最小二乘解。若没有唯一解，则该问题就是奇异的，为了重建唯一且有意义的解，需要附加一定的假设条件，这个过程称为正则化。

利用奇异值分解(singular value decomposition，SVD)推导这个线性反问题解的表达式。对于任意 $A \in R^{n\times n}$，奇异值分解定义为

$$A = \boldsymbol{U} \sum \boldsymbol{V}^{\mathrm{T}} = \sum_{i=1}^{N} \boldsymbol{u}_i \sigma_i \boldsymbol{v}_i{}^{\mathrm{T}} \tag{6-14}$$

其中，$\boldsymbol{U} \in R^{m\times m}$ 和 $\mathbf{V} \in R^{n\times n}$ 为标准正交矩阵，即 $\boldsymbol{U}^{\mathrm{T}}\boldsymbol{U} = I_m$，$\mathbf{V}^{\mathrm{T}}\mathbf{V} = I_n$，$\boldsymbol{\Sigma} \in R^{m\times n}$ 为对角矩阵 $\boldsymbol{\Sigma} = \mathrm{diag}(\sigma_1, \sigma_2, \cdots \sigma_p)$，$p = \min(m,n)$，$\sigma_i$ 称为奇异值，具有非负性，即

$$\sigma_1 \geqslant \sigma_2 \geqslant \cdots \geqslant \sigma_r > \sigma_{r+1} = \cdots = \sigma_p = 0$$

其中，r 称为矩阵 $\mathbf{A}$ 的秩。若矩阵 $\mathbf{A}$ 是可逆的，即 $r=n$ 且 $m=n$，它的逆矩阵为

$$\mathbf{A}^{-1} = \sum_{i=1}^{p} \boldsymbol{u}_i \sigma_i{}^{-1} \boldsymbol{v}_i{}^{\mathrm{T}} \tag{6-15}$$

条件数定义为矩阵的范数乘以其逆矩阵的范数

$$\mathrm{cond}(A) = \|\mathbf{A}\| \cdot \|\mathbf{A}^{-1}\| \tag{6-16}$$

这表明当矩阵 $\mathbf{A}$ 有很小的奇异值时，矩阵 $\mathbf{A}$ 有很大的条件数。从线性代数的分析可知，矩阵的条件数总是大于 1。正交矩阵的条件数等于 1，病态矩阵的条件数为较大的数，而奇异矩阵的条件数则为无穷大。

根据式(6-15)，甚至对于不可逆矩阵 $\boldsymbol{H}$，式(6-12)可以写为

$$\hat{\boldsymbol{f}} = \boldsymbol{f}^* + \boldsymbol{H}^{-1}\boldsymbol{g} = \sum_{i=1}^{p} \frac{\boldsymbol{u}_i{}^{\mathrm{T}}\eta}{\sigma_i} \boldsymbol{v}_i \tag{6-17}$$

若式(6-8)是奇异或欠定问题，则式(6-17)为最小范数解，即解的 2 范数 $\|\hat{f}\|_2$ 最小；若式(6-8)是超定问题，则式(6-17)为最小二乘解，即最小化残差的 2 范数 $\|\boldsymbol{g} - \boldsymbol{H}\boldsymbol{f}\|_2$ 的解。从式(6-17)可以看出，奇异值的衰减对于反问题解的重要性。若式(6-17)中秩 $r= \mathrm{rank}(\boldsymbol{H}) < p$ 替换 p，则这样的正则化解称为截断奇异值分解(truncated singular value decomposition，TSVD)正则化的解。

根据式(6-17)和式(6-13)，则有

$$\hat{\boldsymbol{f}} = \boldsymbol{H}^{-1}\boldsymbol{g} = \sum_{i=1}^{p} \frac{\boldsymbol{u}_i{}^{\mathrm{T}}\boldsymbol{g}}{\sigma_i} \boldsymbol{v}_i \tag{6-18}$$

从上式可以看出，奇异值衰减越快，若 $\boldsymbol{u}_i{}^{\mathrm{T}}\eta \gg \sigma_i$，则噪声的放大程度越严重。

通常情况下，矩阵 $\boldsymbol{H}$ 有两个重要的特征；①奇异值迅速衰减到零，且随着矩阵尺寸的增大，小奇异值的数量增多；②随着的 i 增大，即 σ_i 的减小，$\boldsymbol{u}_i$ 和 $\boldsymbol{v}_i$ 的分量有更频繁的

符号变化，这说明小奇异值对应高频成分，也就是说，在反问题中，高频成分会有更大的幅度放大。在大多数数值病态问题中都可以观察到这样的特征，但是，证明这点是困难的，甚至是不可能的。

第三节 正则化约束

约束复原在非约束复原方法的基础上采用一定的约束条件限制最小均方误差解。约束复原除了对降质系统的点扩散函数有一定的了解外，还需要对原图像和加性噪声的特性有一定的先验知识。本节讨论两种正则化约束复原方法——Tikhonov 正则化和全变分正则化方法，Tikhonov 正则化产生平滑的重建结果，而全变分正则化产生分段平滑的重建结果。

一、前向模型

当直接求解降质过程的逆过程，甚至附加正则化约束时，噪声振幅的放大看起来是一个普遍问题。因此，需要采用不同的方法来求解这样的病态反问题。考虑图像本身和降质矩阵，而不是降质矩阵的逆矩阵，这看起来是合理的。在这种情况下，试图寻找最接近给定数据的图像，同时满足一定的约束条件使线性反问题表现为良态。

1. 数据保真项与正则项

首先，定义数据保真函数，就是使恢复图像接近给定数据。数据保真函数是在恢复 $\boldsymbol{f}$ 的过程中，保证点扩散函数 h 对恢复图像 $\boldsymbol{f}$ 的模糊接近观测图像 $\boldsymbol{g}$，即在范数 $\|\boldsymbol{g}-\boldsymbol{Hf}\|_2$ 的度量下恢复原数据。这里使用 l_2 范数，也可以选择其他范数。数值实验表明，数据保真项中的范数选择对于问题解的影响很小。因此，通常选择容易求解的范数。在某种情况下，采用数据保真项的平方使问题的分析更加容易，但也改变了问题的本质，这对最小化求解过程有影响，特别是对于全变分范数这样的非线性约束。

由于问题的病态性，需要将一些约束条件加入到复原过程中。约束复原除了要求了解关于降质系统函数外，还要求知道噪声的统计特性、图像的某种特性、或噪声与图像的某些相关信息。最常用的约束项是解 $\boldsymbol{f}$ 的平滑约束。关于解 $\boldsymbol{f}$ 约束项中的范数选择是复原过程的关键，不同的范数选择会导致解 $\boldsymbol{f}$ 不同意义的平滑性。在后文中，将会看到选择不同范数的平滑特性和复原效果。

2. 约束最小化

当已知解的正则项信息时，正则化问题可表示为正则化约束下最小化 $\|\boldsymbol{g}-\boldsymbol{Hf}\|_2$

的问题，即

$$\min_f L(f)=\|\boldsymbol{g}-\boldsymbol{H}\boldsymbol{f}\|_2^2 \qquad \text{s.t. Reg}(\boldsymbol{f})\ \delta_R \tag{6-19}$$

当数据中的噪声可估计时，正则化约束最优化问题可表示为

$$\min_f L(f)=\text{Reg}(\boldsymbol{f}) \qquad \text{s.t.}\ \|\boldsymbol{g}-\boldsymbol{H}\boldsymbol{f}\|_2^2\ \delta_\eta \tag{6-20}$$

也可以引入 Lagrange 乘子，将约束最小化问题转换为如下的无约束最小化问题

$$\min_f L(f)=\|\boldsymbol{g}-\boldsymbol{H}\boldsymbol{f}\|_2+\lambda\text{Reg}(\boldsymbol{f}) \tag{6-21}$$

式中：λ 为 Lagrange 乘子，δ_R 和 δ_η 是与 λ 有关的量。

式(6-21)即为正则化解卷积方法的基本模型，平方项也经常用到。式(6-19)、式(6-20)和式(6-21)都需要选择合适的正则化参数 δ_R 、δ_η 和 λ 。

如前所述，通常需要一个没有高频振荡的平滑解，因此，要求 $\boldsymbol{f}$ 偏导数的范数较小，一种广泛使用的正则项为

$$\text{Reg}(\boldsymbol{f})=\|\boldsymbol{L}_d\boldsymbol{f}\|_p^p \tag{6-22}$$

其中，在离散问题中 $\boldsymbol{L}_d$ 表示 d 阶偏导数的有限差分近似，$\boldsymbol{L}_0=\boldsymbol{I}$ 为单位矩阵。在有限差分近似的情况下，$\boldsymbol{L}_d$ 是一个维数为 $(n-d)\times n$ 的矩阵，例如，一阶偏导数矩阵 $\boldsymbol{L}_1$ 为

$$\boldsymbol{L}_1=\begin{pmatrix}-1 & 1 & 0 & \cdots & 0 & 0\\ 0 & -1 & 1 & \cdots & 0 & 0\\ 0 & 0 & -1 & \cdots & 0 & 0\\ \vdots & \vdots & \vdots & & \vdots & \vdots\\ 0 & 0 & 0 & \cdots & -1 & 1\end{pmatrix}\in\mathbb{R}^{(n-1)\times n}$$

注意，没有必要考虑尺度因子，因为常数因子可以包含在 Lagrange 乘子 λ 中。

二、Tikhonov 正则化

当正则项的范数为 2 范数时，正则化问题称为 Tikhonov(TK)正则化。Tikhonov 正则化图像复原就是最小化如下目标函数

$$\boldsymbol{L}(\boldsymbol{f})=\|\boldsymbol{g}-\boldsymbol{H}\boldsymbol{f}\|_2^2+\lambda\|\boldsymbol{L}\boldsymbol{f}\|_2^2 \tag{6-23}$$

将式(6-23)中的两项合并，则式(6-23)可简化表示为

$$\boldsymbol{L}(\boldsymbol{f})=\|\tilde{\boldsymbol{g}}-\boldsymbol{K}\boldsymbol{f}\|_2^2 \tag{6-24}$$

其中，

$$\tilde{\boldsymbol{g}}=\begin{pmatrix}\boldsymbol{g}\\ \boldsymbol{0}\end{pmatrix},\boldsymbol{K}=\begin{pmatrix}\boldsymbol{H}\\ \sqrt{\lambda}\boldsymbol{L}\end{pmatrix} \tag{6-25}$$

Tikhonov 正则化的目标函数由两项组成，前一项为数据保真项，后一项为 Tikhonov 正则项。式(6-23)证明是凸函数，因此，存在唯一最小解。由于 2 范数的使用，Tikhonov 正则化产生光滑的边缘和振荡。当模糊信号中没有加入噪声时，选择一个足够小的 λ ，Tikhonov 正则化能够取得很好的去模糊效果。通常情况下，$\|\boldsymbol{L}\boldsymbol{f}\|_2^2$ 定

义为

$$\| \nabla \boldsymbol{f} \|_2 = \iint [G_x^2(x,y) + G_y^2(x,y)] \mathrm{d}x\mathrm{d}y \tag{6-26}$$

为了描述的简便性，式(6-26)以连续函数的形式表示。

1. 直接解

最小化式(6-23)是一个凸优化问题，可以直接求出精确解，式(6-23)可以写为

$$\begin{aligned} \boldsymbol{L}(\boldsymbol{f}) &= \| \boldsymbol{g} - \boldsymbol{Hf} \|_2^2 + \lambda \| \boldsymbol{Lf} \|_2^2 \\ &= (\boldsymbol{g} - \boldsymbol{Hf})^{\mathrm{T}}(\boldsymbol{g} - \boldsymbol{Hf}) + \lambda(\boldsymbol{Lf})^{\mathrm{T}}(\boldsymbol{Lf}) \end{aligned} \tag{6-27}$$

根据无约束凸优化问题的 KKT 条件，等价于$\boldsymbol{L}(\boldsymbol{f})$对$\boldsymbol{f}$求偏导数，并使其为零，则有

$$\nabla L(f) = \frac{\partial L(f)}{\partial \boldsymbol{f}} = -2\boldsymbol{H}^{\mathrm{T}}(\boldsymbol{g} - \boldsymbol{Hf}) + 2\lambda \boldsymbol{L}^{\mathrm{T}}\boldsymbol{Lf} = 0 \tag{6-28}$$

通过解式(6-28)，最优解$\hat{\boldsymbol{f}}$为

$$\hat{\boldsymbol{f}} = (\boldsymbol{H}^{\mathrm{T}}\boldsymbol{H} + \lambda \boldsymbol{L}^{\mathrm{T}}\boldsymbol{L})^{-1}\boldsymbol{H}^{\mathrm{T}}\boldsymbol{g} = \boldsymbol{H}_\lambda^{\#}\boldsymbol{g} \tag{6-29}$$

式中：$\boldsymbol{H}_\lambda^{\#}$ 称为 Tikhonov 正则逆。

式(6-29)是约束图像复原的线性代数解，通过调整参数λ可得最优解。式(6-29)中，如何选择$\boldsymbol{L}$是关键，若选择$\boldsymbol{R}_F^{-1}\boldsymbol{R}_\eta$替换$\boldsymbol{L}^{\mathrm{T}}\boldsymbol{L}$，则是维纳滤波；若选择$\boldsymbol{L}$为差分算子$\boldsymbol{L}_d$，则是抑制由于病态性引起数值变化剧烈的问题。

利用奇异值分解或广义奇异值分解(generalized singular value decomposition, GSVD)的解来分析正则化参数λ对最优化问题(6-29)的影响。广义奇异值分解是奇异值分解的推广，定义在两个矩阵$\boldsymbol{H} \in \mathbb{R}^{m\times p}$和$\boldsymbol{L} \in \mathbb{R}^{n\times p}$上，其中，$m \geqslant p \geqslant n$。$\boldsymbol{H}$和$\boldsymbol{L}$有相同的列数，$\boldsymbol{L}$为行满秩。矩阵对($\boldsymbol{H}$，$\boldsymbol{L}$)的广义奇异值分解定义为

$$\boldsymbol{H} = \boldsymbol{U}\begin{pmatrix} \boldsymbol{Z} \\ \boldsymbol{0} \end{pmatrix}\boldsymbol{X}^{\mathrm{T}}, \boldsymbol{L} = \boldsymbol{V}(\boldsymbol{M}, \boldsymbol{0})\boldsymbol{X}^{\mathrm{T}} \tag{6-30}$$

式中：$\boldsymbol{U} \in \mathbb{R}^{m\times m}$和$\boldsymbol{V} \in \mathbb{R}^{n\times n}$为标准正交矩阵，即$\boldsymbol{U}^{\mathrm{T}}\boldsymbol{U} = I_m$，$\boldsymbol{V}^{\mathrm{T}}\boldsymbol{V} = I_n$。矩阵$\boldsymbol{X} \in \mathbb{R}^{p\times q}$是非奇异的，这里，$q = \min(m+n, p)$，矩阵$\boldsymbol{Z}$和$\boldsymbol{M}$是对角矩阵，对角元素分别为$\zeta_1, \cdots, \zeta_q$和$\mu_1, \cdots, \mu_q$，对角元素$\zeta_i$和$\mu_i$是非负且有序的，即

$$0 \leqslant \zeta_1 \leqslant \cdots \leqslant \zeta_q \leqslant 1, 1 \geqslant \mu_1 \geqslant \cdots \geqslant \mu_q > 0$$

并且对角矩阵$\boldsymbol{Z}$和$\boldsymbol{M}$满足归一化的关系，可写为

$$\boldsymbol{Z}^{\mathrm{T}}\boldsymbol{Z} + \boldsymbol{M}^{\mathrm{T}}\boldsymbol{M} = I \tag{6-31}$$

也就是说，矩阵$\boldsymbol{Z}$和$\boldsymbol{M}$的对角元素ζ_i和μ_i之间的关系为

$$\zeta_i^2 + \mu_i^2 = 1, i = 1, 2, \cdots, q \tag{6-32}$$

广义奇异值γ_i定义为

$$\gamma_i = \frac{\zeta_i}{\mu_i} \tag{6-33}$$

在奇异值和广义奇异值的基础上，式(6-27)的精确解可表示为

$$\hat{\boldsymbol{f}} = \sum_{i=1}^{p} \nu_i \frac{\boldsymbol{u}_i^{\mathrm{T}}\boldsymbol{g}}{\sigma_i} \nu_i \tag{6-34}$$

$$\hat{\boldsymbol{f}} = \sum_{i=1}^{q} \nu_i \frac{\boldsymbol{u}_i^{\mathrm{T}}\boldsymbol{g}}{\zeta_i} x_i + \sum_{i=q+1}^{p} (\boldsymbol{u}_i^{\mathrm{T}}\boldsymbol{g})\boldsymbol{x}_{\mathrm{i}} \tag{6-35}$$

其中，滤波因子 ν_i 为

$$\nu_i = \begin{cases} \dfrac{\sigma_i^2}{\sigma_i^2 + \lambda^2}, L = I_n \\ \dfrac{\gamma_i^2}{\gamma_i^2 + \lambda^2}, L \neq I_n \end{cases} \tag{6-36}$$

式中：σ_i 和 γ_i^2 分别为奇异值和广义奇异值。

奇异值 σ_i 以递减的顺序排列，广义奇异值 γ_i^2 以递增的顺序排列。奇异值分解和广义奇异值分解的 $\boldsymbol{u}_i$ 和 ν_i 分别以各自相应的顺序排列。在前面提到的精确解并不是准确的，因为它忽略了 $\boldsymbol{g}$ 中有噪声这个事实。

2. 参数选择

在式(6-23)中，若减小 λ 值，则加强对数据保真项的比重，目的是增强图像的边缘、纹理等细节，但是，也不可避免地增强了噪声；若增大 λ 值，则加强对平滑项的比重，目的是抑制噪声的放大，但是，复原图像趋于模糊。不同的参数 λ 在信号的平滑程度($\| \nabla \boldsymbol{f} \|_2$ 较小)与数据保真($\| \boldsymbol{g} - \boldsymbol{H}\boldsymbol{f} \|_2$ 较小)之间进行权衡，而最优参数应在两者之间达到折中。

一种参数选择方法是绘制 L 曲线，遍历参数空间中所有的 λ 值，求取每一个参数 λ 下的解 $\boldsymbol{f}$，并计算相应的数据保真项 $\| \boldsymbol{g} - \boldsymbol{H}\hat{\boldsymbol{f}} \|_2$ 和平滑项 $\| \nabla \hat{f} \|_2$，然后在 $\| \boldsymbol{g} - \boldsymbol{H}\hat{\boldsymbol{f}} \|_2 - \| \nabla \hat{\boldsymbol{f}} \|_2$ 平面上相应的坐标处绘制为一点，连接这个平面上所有 λ 值对应的点就构成了 **L** 曲线，过多的平滑滤波导致很大的误差 $\| \boldsymbol{g} - \boldsymbol{H}\boldsymbol{f} \|_2$，而过少的平滑滤波导致很大的 $\| \nabla \boldsymbol{f} \|_2$。**L** 曲线分析的目标是寻求这两个正则项都尽可能小时，也就是在 **L** 曲线的拐点处对应的参数 λ。

参数选择的统计方法从观察参数的统计特性出发估计参数 λ，一般认为数据保真项是一个服从 x^2 分布的随机变量，利用随机变量的自由度估计正则化参数。参数 λ 的估计是一个热门的研究领域，更多的参数选择方法请参见相关的学术论文。

三、全变分正则化

全变分正则化(total variation，TV)方法要求 j 偏导数的 1 范数，最小化。全变分

正则化具有一个最重要的性质是，由于全变分正则项采用 1 范数，允许重建信号中边缘的跳跃，特别适用于分段光滑信号的重建。

与 Tikhonov 正则化类似，全变分正则化图像复原就是最小化如下目标函数

$$J(\boldsymbol{f}) = \| \boldsymbol{g} - \boldsymbol{H}\boldsymbol{f} \|_2^2 + \lambda \| \nabla \boldsymbol{f} \|_1 \tag{6-37}$$

全变分正则化的目标函数同样由两项组成，前一项为数据保真项，后一项为全变分正则项。以连续函数的形式表示，$\| \nabla \boldsymbol{f} \|_1$ 定义为 $\iint |\nabla f(x,y)| \mathrm{d}x\mathrm{d}y$。有两种梯度的计算公式

$$\| \nabla_{\text{iso}} f(x,y) \|_1 = \iint [G_x^2(x,y) + G_y^2(x,y)]^{\frac{1}{2}} \mathrm{d}x\mathrm{d}y \tag{6-38}$$

$$\| \nabla_{\text{ani}} f(x,y) \|_1 \approx \iint |G_x(x,y)| + |G_y(x,y)| \mathrm{d}x\mathrm{d}y \tag{6-39}$$

式(6-38)计算的梯度具有各向同性，而式(6-39)是梯度的近似计算，避免了平方和开方运算，是各向异性梯度算子。

在特定条件下，全变分正则化的信号重建具有如下特性：①能够保持原信号的边缘；②降低原信号的对比度；③对比度的降低直接与正则化参数 λ 成正比，间接与常数区域的尺度成正比。若 $\boldsymbol{L}$ 是一阶偏导数的一阶有限差分近似，则全变分正则化的主要问题是它仅能够恢复分段连续的函数，通过阶梯函数逼近平滑曲线。高阶偏导数的全变分正则项能够恢复分段平滑的曲线。

第四节 频域复原

频域图像复原的过程，就是根据原图像和降质模型的全部或部分先验知识，按照某种最优性准则，设计图像复原滤波器，在频域中进行图像复原处理。本节主要讨论目前广泛使用的维纳滤波和约束最小二乘滤波等频域复原方法。

一、逆滤波复原

频域中最简单、最基础的图像复原方法是逆滤波法。对于线性空间移不变降质系统，且加性噪声的情况，式(6-1)给出了空域卷积形式的降质模型，根据卷积定理和傅里叶变换的性质，对式(6-1)两端做傅里叶变换，在频域中降质模型可表示为

$$G(u,v) = H(u,v)F(u,v) + N(u,v) \tag{6-40}$$

式中：$H(u,v)$ 称为系统传递函数，它是系统冲激响应函数 $h(x,y)$ 的傅里叶变换，

$G(u,\nu)$ 、$F(u,\nu)$ 和 $N(u,\nu)$ 分别为降质图像 $g(x,y)$ 、原图像 $f(x,y)$ 和加性噪声 $\eta(x,y)$ 的傅里叶变换。

当 $h(x,y)$ 称为点扩散函数时，$H(u,\nu)$ 也称为光学传递函数(optical transfer function，OTF)。频域图像复原就是已知 $G(u,\nu)$ 、$H(u,\nu)$ 和 $N(u,\nu)$ 的统计特征估计 $F(u,\nu)$,进而计算 $\hat{F}(u,\nu)$ 的傅里叶逆变换 $\hat{f}(x,y)$ 。

若不考虑加性噪声项 $\eta(x,y)$,则式(6-38)可以写成为

$$G(u,\nu)=H(u,\nu)F(u,\nu) \tag{6-41}$$

在已知 $G(u,\nu)$ 和 $H(u,\nu)$ 的情况下,用 $H(u,\nu)$ 除 $G(u,\nu)$ 就是直接逆滤波过程,可表示为

$$\hat{F}(u,\nu)=\frac{G(u,\nu)}{H(u,\nu)} \tag{6-42}$$

这是逆滤波法复原的基本原理。计算 $\hat{F}(u,\nu)$ 的傅里叶逆变换,就可恢复原图像,即

$$\hat{f}(x,y)=\mathcal{F}^{-1}\{\hat{F}(u,\nu)\}=\mathcal{F}^{-1}\left\{\frac{G(u,\nu)}{H(u,\nu)}\right\} \tag{6-43}$$

理论上,若已知降质图像的傅里叶变换 $G(u,\nu)$ 和降质系统的传递函数 $H(u,\nu)$,则估计原图像的傅里叶变换 $F(u,\nu)$,进而由傅里叶逆变换就可以估计原图像 $f(x,y)$ 。然而,由式(6-43)可知,若降质系统函数 $H(u,\nu)$ 为零值或者很小的值,则即使没有噪声,也无法准确地恢复 $F(u,\nu)$ 。此外,在有加性噪声项的情况下,逆滤波可表示为

$$\hat{F}(u,\nu)=F^{*}(u,\nu)+\frac{N(u,\nu)}{H(u,\nu)} \tag{6-44}$$

加性噪声项 $\eta(x,y)$ 是一个随机函数,它的傅里叶变换是未知的;并且,若 $H(u,\nu)$ 的值远小于 $N(u,\nu)$ 的值,则比值 $N(u,\nu)/H(u,\nu)$ 将会很大,放大了噪声项,这样更无法获得准确的估计 $\hat{F}(u,\nu)$ 。

实际中,频率原点 $H(0,0)$ 的值总是频谱 $H(u,\nu)$ 中的最大值。$H(u,\nu)$ 随 u 、ν 与原点距离的增大而迅速衰减,而噪声项 $N(u,\nu)$ 却一般变化缓慢。在这种情况下,只能在频率原点的邻近范围内进行恢复。因此,一种解决方案是限制滤波的频率,将频率范围限制为接近原点进行分析,就降低了零值的概率。在逆滤波模型中,对式(6-42)中的比值 $\hat{F}(u,\nu)$ 进行截断,使用理想低通滤波器截断可表示为

$$\tilde{F}(u,\nu)=H_{\text{ilp}}(u,\nu)\hat{F}(u,\nu)=\begin{cases}\hat{F}(u,\nu) & D(u,\nu)\leqslant D_0\\ 0 & \text{其他}\end{cases} \tag{6-45}$$

式中:$H_{\text{ilp}}(u,\nu)$ 为理想低通滤波器;D_0 为截止频率;$D(u,\nu)$ 表示点 (u,ν) 到频谱中心的距离。

这种方法的不足是恢复结果中出现明显的振铃效应。使用 n 阶巴特沃斯低通滤波器的截断可表示为

$$\widetilde{F}(u,\nu)=H_{\mathrm{blp}}(u,\nu)\hat{F}(u,\nu)=\frac{1}{1+[D(u,\nu)/D_0]^{2n}}\hat{F}(u,\nu) \qquad (6\text{-}46)$$

式中：$H_{\mathrm{blp}}(u,\nu)$ 为 n 阶巴特沃斯低通滤波器；D_0 为截止频率，在截止频率处的平滑过渡可以抑制振铃效应。

图 6-3(a)为一幅直接逆滤波 $\hat{F}(u,\nu)$ 的傅里叶谱，图 6-3(b)和图 6-3(c)分别为截止频率为 50 的理想低通滤波器和巴特沃斯低通滤波器对 $\hat{F}(u,\nu)$ 进行截断后的傅里叶谱。显然，这样处理由于截断了高频成分，图像趋于模糊。

(a)直接逆滤波 $\hat{F}(u,v)$ 的傅里叶谱　(b)理想低通滤波器截断　(c)巴特沃斯低通滤波器截断

图 6-3　傅里叶谱截断示意图

图 6-4 为利用逆滤波对进行运动模糊的图像进行图像复原的示例图。

(a)原图像　(b)运动模糊图像　(c)直接逆滤波

图 6-4　逆滤波复原结果

代码如下：

```
import matplotlib.pyplot as graph
import numpy as np
from numpy import fft
import math
```

```
import cv2
from skimage import morphology,data,color

# 仿真运动模糊
def motion_process(image_size, motion_angle):
    PSF= np.zeros(image_size)
    print(image_size)
    center_position= (image_size[0] - 1)/ 2
    print(center_position)

    slope_tan= math.tan(motion_angle * math.pi / 180)
    slope_cot= 1 / slope_tan
    if slope_tan < = 1:
        for i in range(15):
        offset= round(i * slope_tan)  # ((center_position- i)* slope_tan)
        PSF[int(center_position + offset), int(center_position - offset)]= 1
    return PSF / PSF.sum()  # 对点扩散函数进行归一化亮度
else:
    for i in range(15):
        offset= round(i * slope_cot)
        PSF[int(center_position - offset), int(center_position + offset)]= 1
    return PSF / PSF.sum()

# 对图片进行运动模糊
def make_blurred(input, PSF, eps):
    input_fft= fft.fft2(input)  # 进行二维数组的傅里叶变换
    PSF_fft= fft.fft2(PSF)+ eps
    blurred= fft.ifft2(input_fft * PSF_fft)
    blurred= np.abs(fft.fftshift(blurred))
    return blurred

def inverse(input, PSF, eps):  # 逆滤波
    input_fft= fft.fft2(input)
    PSF_fft= fft.fft2(PSF)+ eps  # 噪声功率,这是已知的,考虑 epsilon
    result= fft.ifft2(input_fft / PSF_fft)  # 计算 F(u,ν)的傅里叶反变换
    result= np.abs(fft.fftshift(result))
```

```
    return result

image= cv2.imread('path\\to\\img')
image= cv2.cvtColor(image, cv2.COLOR_BGR2GRAY)
img_h= image.shape[0]
img_w= image.shape[1]
graph.figure(1)
#  graph.xlabel("Original Image")
graph.axis("off")
graph.gray()
graph.imshow(image)  #  显示原图像
graph.savefig('nilvboyuantu.jpg')

graph.figure(2)
graph.gray()
#  进行运动模糊处理
PSF= motion_process((img_h, img_w), 60)
blurred= np.abs(make_blurred(image, PSF, 1e- 3))

#  graph.xlabel("Motion blurred")
graph.axis("off")
graph.imshow(blurred)

result= inverse(blurred, PSF, 1e- 3)  #  逆滤波
graph.figure(3)
graph.gray()
#  graph.xlabel("inverse deblurred")
graph.axis("off")
graph.imshow(result)

result= wiener(blurred, PSF, 1e- 3)  #  维纳滤波
graph.figure(4)
graph.gray()
#  graph.xlabel("wiener deblurred(k= 0.01)")
graph.axis("off")
graph.imshow(result)

graph.show()
```

二、维纳滤波复原

维纳滤波通过在统计意义上使原图像 $f(x,y)$ 与恢复图像 $\hat{f}(x,y)$ 之间的均方误差最小来求解恢复图像 $\hat{f}(x,y)$，最小化均方误差准则函数定义为

$$\min_{f(x,y)} \sigma_e^2 = E\{[f(x,y) - \hat{f}(x,y)]^2\} \tag{6-47}$$

式中：$E\{\}$ 表示数学期望；$\hat{f}(x,y)$ 称为给定 $g(x,y)$ 时 $f(x,y)$ 的最小均方估计。

因此，维纳滤波是一种最小均方误差滤波。

维纳滤波的目的是寻找 $f(x,y)$ 的一个估计 $\hat{f}(x,y)$，使得式(6-47)所示的均方误差最小。由估计理论可知，$\hat{f}(x,y)$ 是给定降质图像 $g(x,y)$ 时 $f(x,y)$ 的条件期望。维纳滤波建立在图像 $f(x,y)$ 和噪声 $\eta(x,y)$ 都是平稳随机过程的基础上，为了简化数学处理，假设恢复图像 $\hat{f}(x,y)$ 是降质图像 $g(x,y)$ 的线性函数，这时求取的 $\hat{f}(x,y)$ 称为线性均方估计，并假设复原系统具有线性空间移不变性，$w(x,y)$ 为复原系统的点扩散函数，由线性空间移不变系统理论可知

$$\hat{f}(x,y) = \int_{-\infty}^{\infty}\int_{-\infty}^{\infty} w(x-\alpha, y-\beta) g(\alpha,\beta) \mathrm{d}\alpha \mathrm{d}\beta \tag{6-48}$$

将式(6-48)代入式(6-47)，则有

$$\min_{w(x,y)} \sigma_e^2 = E\left\{\left[f(x,y) - \int_{-\infty}^{\infty}\int_{-\infty}^{\infty} w(x-\alpha, y-\beta) g(\alpha,\beta) \mathrm{d}\alpha \mathrm{d}\beta\right]^2\right\} \tag{6-49}$$

现在的目的是寻找使 σ_e^2 最小的冲激响应函数 $w(x,y)$。

由估计理论的正交性原理可知，最小化均方误差下最优线性滤波器 $w(x,y)$ 满足正交性条件，即

$$E\left[\left(f(x,y) - \int_{-\infty}^{\infty}\int_{-\infty}^{\infty} w(x-\alpha, y-\beta) g(\alpha,\beta) \mathrm{d}\alpha \mathrm{d}\beta\right) g(s,t)\right] = 0 \tag{6-50}$$

式(6-50)可写成

$$E[f(x,y)g(s,t)] = \int_{-\infty}^{\infty}\int_{-\infty}^{\infty} w(x-\alpha, y-\beta) E[g(\alpha,\beta)g(s,t)] \mathrm{d}\alpha \mathrm{d}\beta \tag{6-51}$$

由相关函数的定义可知，式(6-51)可写成

$$R_{fg}(x-s, y-t) = \int_{-\infty}^{\infty}\int_{-\infty}^{\infty} w(x-\alpha, y-\beta) R_{gg}(\alpha-s, \beta-t) \mathrm{d}\alpha \mathrm{d}\beta \tag{6-52}$$

通过变量替换，设 $x-s=k, y-t=l, \alpha-s=m, \beta-t=n$，则有

$$R_{fg}(k,l) = \int_{-\infty}^{\infty}\int_{-\infty}^{\infty} w(k-m, l-n) R_{gg}(m,n) \mathrm{d}m \mathrm{d}n \tag{6-53}$$

对式(6-53)两端做傅里叶变换，则有

$$S_{fg}(u,\nu) = W(u,\nu) S_{gg}(u,\nu) \tag{6-54}$$

假设原图像 $f(x,y)$ 和噪声 $\eta(x,y)$ 不相关，并且，其中至少一项数学期望为零，

则有

$$E[f(x,y)\eta(x,y)] = E[f(x,y)]E[\eta(x,y)] = 0 \tag{6-55}$$

由降质系统是线性空间移不变系统可知，$g(s,t) = \int_{-\infty}^{\infty}\int_{-\infty}^{\infty} h(s-\alpha,t-\beta) f(\alpha,\beta)\mathrm{d}\alpha\mathrm{d}\beta + \eta(s,t)$，并在式(6-55)假设条件的基础上，$S_{fg}(u,\nu)$ 的推导过程可描述为

$$\begin{aligned} R_{fg}(x-s,y-t) &= E[f(x,y)g(s,t)] \\ &= \int_{-\infty}^{\infty}\int_{-\infty}^{\infty} h(s-\alpha,t-\beta)E[f(x,y)f(\alpha,\beta)]\mathrm{d}\alpha\mathrm{d}\beta \\ &= \int_{-\infty}^{\infty}\int_{-\infty}^{\infty} h(s-\alpha,t-\beta)\,R_{ff}(x-\alpha,y-\beta)\mathrm{d}\alpha\mathrm{d}\beta \end{aligned} \tag{6-56}$$

通过变量替换，设 $x-s=k, y-t=l, x-\alpha=m, y-\beta=n$，则有

$$R_{fg}(k,l) = \int_{-\infty}^{\infty}\int_{-\infty}^{\infty} h(m-k,n-l)\,R_{ff}(m,n)\mathrm{d}m\mathrm{d}n \tag{6-57}$$

对式(6-57)两端做傅里叶变换，则有

$$S_{fg}(u,\nu) = H^*(u,\nu)\,S_{ff}(u,\nu) \tag{6-58}$$

同理，推导 $S_{gg}(u,\nu)$，可得

$$S_{gg}(u,\nu) = |H(u,\nu)|^2 S_{ff}(u,\nu) + S_{\eta\eta}(u,\nu) \tag{6-59}$$

式中：$H(u,\nu)$ 为降质函数；$|H(u,\nu)|^2 = H^*(u,\nu)H(u,\nu)$；$H^*(u,\nu)$ 表示 $H(u,\nu)$ 的复共轭；$S_{fg}(u,\nu) = F\{R_{fg}(x,y)\}$ 表示原图像 $f(x,y)$ 和降质图像 $g(x,y)$ 互相关函数的傅里叶变换；$S_{ff}(u,\nu) = F\{R_{ff}(x,y)\}$、$S_{gg}(u,\nu) = F\{R_{gg}(x,y)\}$ 和 $S_{\eta\eta}(u,\nu) = F\{R_{\eta\eta}(x,y)\}$ 分别表示原图像 $f(x,y)$、降质图像 $g(x,y)$ 和噪声 $\eta(x,y)$ 自相关函数的傅里叶变换。

结合式(6-54)、式(6-58)和式(6-59)，可得维纳滤波的传递函数为

$$\begin{aligned} W(u,\nu) &= \frac{S_{fg}(u,\nu)}{S_{gg}(u,\nu)} = \frac{H^*(u,\nu)\,S_{ff}(u,\nu)}{S_{ff}(u,\nu)\,|H(u,\nu)|^2 + S_{\eta\eta}(u,\nu)} \\ &= \frac{H^*(u,\nu)}{|H(u,\nu)|^2 + \dfrac{S_{\eta\eta}(u,\nu)}{S_{ff}(u,\nu)}} \end{aligned} \tag{6-60}$$

因此，在频域中，维纳滤波复原可表示为

$$\hat{F}(u,\nu) = W(u,\nu)G(u,\nu) = \left[\frac{H^*(u,\nu)}{|H(u,\nu)|^2 + \dfrac{S_{\eta\eta}(u,\nu)}{S_{ff}(u,\nu)}}\right]G(u,\nu) \tag{6-61}$$

式中：$\hat{F}(u,\nu)$ 为恢复图像 $\hat{f}(x,y)$ 的傅里叶变换；$G(u,\nu)$ 为降质图像 $g(x,y)$ 的傅里叶变换；$|H(u,\nu)|^2 = H^*(u,\nu)H(u,\nu)$，$S_{\eta\eta}(u,\nu) = |N(u,\nu)|^2$ 表示噪声 $\eta(x,y)$ 的功率谱；$S_{ff}(u,\nu) = |F(u,\nu)|^2$ 表示原图像 $f(x,y)$ 的功率谱。

功率谱密度函数与自相关函数是一对傅里叶变换。对于随机噪声而言，无法用确

定的函数表示，也就不能用频谱来表示，在这种情况下，通常用功率谱来描述它的频域特性。

这个结果就是由 Wiener 提出的著名的维纳滤波。式(6-61)方括号中的项组成的滤波器通常也称为最小均方误差滤波器或最小二乘误差滤波器。空域中的恢复图像 $f(x,y)$ 是频域估计 $\hat{f}(x,y)$ 的傅里叶逆变换。值得注意的是，若没有噪声项，噪声功率谱为零，则维纳滤波退化为逆滤波。对于有噪声的情况，维纳滤波利用噪声与信号的功率比对恢复过程进行修正，在信噪功率比较小的频率处，维纳滤波器系数 $|W(u,\nu)|$ 也较小，因而该频率分量对恢复图像的贡献较小，这显然是合理的。此外，当 $H(u,\nu)$ 为零或很小时，$W(u,\nu)$ 的分母不为零或接近零，维纳滤波不会出现数值计算问题。

当噪声项为白噪声时，白噪声的功率谱 $|N(u,\nu)|^2$ 为常数，这极大程度上简化了处理过程。假设原图像的功率谱也为常数，式(6-60)可简化为

$$W(u,\nu)=\frac{H^*(u,\nu)}{|H(u,\nu)|^2+\Gamma} \tag{6-62}$$

式中：Γ 为噪声与信号的功率比。

若平稳随机过程的统计特征未知时，也可以利用式(6-62)近似计算维纳滤波的传递函数，此时，Γ 近似为一个适当的常数。

维纳滤波的准则是以图像和噪声的相关函数为基础，同时要求图像和噪声都是平稳随机过程，并且它的功率谱密度函数是已知的。由于维纳滤波建立在最小化均方误差之上，这在统计平均意义上是最优性准则，而在人眼视觉感知上并非最优的。

在已知或已估计点扩散函数和噪声级的情况下，维纳滤波是一种有力的图像复原方法。在光学成像过程中，图像模糊主要由两个因素引起：其一，长时间曝光过程中成像设备的运动或者目标的运动而造成的运动模糊；其二，光学镜头散焦、大气湍流、短时间曝光(捕获的光子数少)而造成的散焦模糊。图 6-5 为对运动模糊图像进行维纳滤波复原的示例。

(a)运动模糊图像　　(b)维纳滤波复原结果

图 6-5　维纳滤波复原结果

代码如下：

```
import matplotlib.pyplot as graph
import numpy as np
from numpy import fft
import math
import cv2
from skimage import morphology,data,color
# 仿真运动模糊
def motion_process(image_size, motion_angle):
    PSF= np.zeros(image_size)
    print(image_size)
    center_position=(image_size[0] - 1)/ 2
    print(center_position)

    slope_tan=math.tan(motion_angle * math.pi / 180)
    slope_cot=1 / slope_tan
    if slope_tan < =1:
        for i in range(15):
            offset=round(i * slope_tan) # ((center_position- i)* slope_tan)
            PSF[int(center_position + offset), int(center_position - off-
            set)]=1
        return PSF / PSF.sum() # 对点扩散函数进行归一化亮度
    else:
        for i in range(15):
            offset=round(i * slope_cot)
            PSF[int(center_position - offset), int(center_position + off-
            set)]=1
        return PSF / PSF.sum()

# 对图片进行运动模糊
def make_blurred(input, PSF, eps):
    input_fft=fft.fft2(input) # 进行二维数组的傅里叶变换
    PSF_fft=fft.fft2(PSF)+ eps
    blurred=fft.ifft2(input_fft * PSF_fft)
    blurred=np.abs(fft.fftshift(blurred))
    return blurred

def inverse(input, PSF, eps): # 逆滤波
    input_fft=fft.fft2(input)
    PSF_fft=fft.fft2(PSF)+ eps # 噪声功率，这是已知的，考虑 epsilon
```

```
result= fft.ifft2(input_fft / PSF_fft)  #  计算 F(u,v)的傅里叶反变换
    result= np.abs(fft.fftshift(result))
    return result

def wiener(input, PSF, eps, K= 0.01):  #  维纳滤波,K= 0.01
    input_fft= fft.fft2(input)
    PSF_fft= fft.fft2(PSF)+ eps
    PSF_fft_1= np.conj(PSF_fft)/ (np.abs(PSF_fft)* * 2 + K)
    result= fft.ifft2(input_fft * PSF_fft_1)
    result= np.abs(fft.fftshift(result))
    return result

image= cv2.imread('path\\to\\img')
image= cv2.cvtColor(image, cv2.COLOR_BGR2GRAY)
img_h= image.shape[0]
img_w= image.shape[1]
graph.figure(1)
#  graph.xlabel("Original Image")
graph.axis("off")
graph.gray()
graph.imshow(image)  #  显示原图像

graph.figure(2)
graph.gray()
#  进行运动模糊处理
PSF= motion_process((img_h, img_w), 60)
blurred= np.abs(make_blurred(image, PSF, 1e- 3))

#  graph.xlabel("Motion blurred")
graph.axis("off")
graph.imshow(blurred)

graph.figure(3)
graph.gray()
result= wiener(blurred, PSF, 1e- 3)  #  维纳滤波
graph.figure(4)
graph.gray()
#  graph.xlabel("wiener deblurred(k= 0.01)")
```

```
graph.axis("off")
graph.imshow(result)
graph.savefig('weinalvbo.jpg')
graph.show()
```

三、平滑约束最小二乘复原

约束复原方法即在约束条件下求取最优解。设 $\boldsymbol{Q}$ 为 $\boldsymbol{f}$ 的线性算子，约束最小二乘复原将式(6-8)作为约束条件，设法寻找一个最优估计 $\hat{\boldsymbol{f}}$，使得 $\boldsymbol{Qf}$ 最小，可表示为如下约束最小化问题，即

$$\min_{f} L(\boldsymbol{f}) = \| \boldsymbol{Qf} \|_2^2 \qquad \text{s.t.} \ \| \boldsymbol{g} - \boldsymbol{Hf} \|_2^2 = \| \eta \|_2^2 \tag{6-63}$$

选择合适的有限差分算子 $\boldsymbol{Q}$ 对复原图像 $\hat{\boldsymbol{f}}$ 强加一定程度的光滑性约束。二阶拉普拉斯差分算子具有突出细节的作用，可以用于度量图像的平滑性，并且它是线性算子。回顾拉普拉斯差分算子可表示为

$$\nabla^2 f(x,y) = \frac{\partial^2 f(x,y)}{\partial x^2} + \frac{\partial^2 f(x,y)}{\partial y^2} \tag{6-64}$$

于是，式(6-63)的约束最优化问题可以写为

$$\min_{f} L(\boldsymbol{f}) = [\nabla^2 f(x,y)]^2 \qquad \text{s.t.} \ \| \boldsymbol{g} - \boldsymbol{Hf} \|_2^2 = \| \eta \|_2^2 \tag{6-65}$$

拉普拉斯算子 $\nabla^2 f(x,y)$ 可用如下模板来近似

$$\boldsymbol{p}(x,y) = \begin{bmatrix} 0 & 1 & 0 \\ 1 & -4 & 1 \\ 0 & 1 & 0 \end{bmatrix} \tag{6-66}$$

利用拉格朗日乘子法求解式(6-65)的约束最小化问题，根据拉格朗日乘子法，将式(6-65)的约束最优化问题写成无约束最优化的形式，即

$$\min_{f} L(\boldsymbol{f}) = \| \boldsymbol{g} - \boldsymbol{Hf} \|^2 + \lambda \| \boldsymbol{Pf} \|_2^2 \tag{6-67}$$

式中：常数 λ 为拉格朗日乘子；$\boldsymbol{P}$ 为卷积模板 $\boldsymbol{p}(\mathrm{x},\mathrm{y})$ 的卷积矩阵形式，根据卷积的计算式生成卷积矩阵。

等式(6-67)右端第一项为数据保真项，第二项为平滑项。拉格朗日乘子 λ 的作用是权衡恢复误差和平滑性约束在目标函数中所占的比重。图像 $f(x,y)$ 与模板 $\boldsymbol{p}(x,y)$ 的空域卷积等效于它们傅里叶变换的频域乘积，如前所述，首先对 $f(x,y)$ 和 $\boldsymbol{p}(x,y)$ 补零延拓来避免混叠失真，可以证明，式(6-62)的约束最小二乘复原的频域表达式为

$$\hat{F}(u,\nu) = \left[\frac{H^*(u,\nu)}{|H(u,\nu)|^2 + \lambda |P(u,\nu)|^2} \right] G(u,\nu) \tag{6-68}$$

式中：$H(u,\nu)$ 为降质函数，$|H(u,\nu)|^2 = H^*(u,\nu)H(u,\nu)$；$H^*(u,\nu)$ 表示 $H(u,\nu)$ 的复共轭；$\hat{F}(u,\nu)$ 表示恢复图像 $\hat{f}(x,y)$ 的傅里叶变换；$G(u,\nu)$ 表示降质图像 $g(x,y)$ 的傅里叶变换；$P(u,\nu)$ 表示拉普拉斯模板 $p(x,y)$ 的傅里叶变换—高通滤波器的传递函数

$$P(u,\nu) = -4\pi^2(u^2+\nu^2) \tag{6-69}$$

平滑约束最小二乘复原将平滑性约束的正则项加入到复原过程中,因此,这是一种正则化滤波方法。

上述讨论的约束最优化复原是在线性空间移不变降质系统,以及信号和噪声都是平稳随机过程的假设条件下推导的,但仍然是一种解决实际问题的方法。与维纳滤波类似,约束最小二乘意义上的最优复原在视觉效果上并不意味着最好。根据降质函数和噪声的统计特征,通过交互方式调整约束最小二乘复原中的唯一参数 λ 来达到最优估计。

第五节　混叠图像的复原

过低的采样密度会造成高频成分发生频谱混叠。本节首先分析采样图像频谱的组成以及混叠形成的原因,然后介绍一种结合最优倒易晶格和频域滤波的混叠图像复原方法。

一、采样图像频谱的组成

根据傅里叶理论可知,空域采样在频域的表现为频谱复制。空域信号以基 $\{\boldsymbol{e}_1,\boldsymbol{e}_2\}$ 延拓进行离散采样,在傅里叶域中频谱以对偶基 $\{\boldsymbol{e}_1^*,\boldsymbol{e}_2^*\}$ 进行周期性重复。倒易网格实际上是指图像经过傅里叶变换的频谱网格,由于图像采样网格与频谱网格互为对偶网格,对偶空间又称为倒易空间,故称对偶网格为倒易网格,倒易网格的周期重复单元称为倒易晶格。

1. 二维采样理论

在采样图像中,传感器采集的像素对应于二维平面上的点,因而像素的位置可以用二维向量空间的两个基向量的线性组合来表示,则一个规则的采样网格 Γ 可以表示为

$$\Gamma := \{n_1\boldsymbol{e}_1 + n_2\boldsymbol{e}_2 : n_1,n_2 \in \mathbb{Z}\} = \mathbb{Z}\boldsymbol{e}_1 + \mathbb{Z}\boldsymbol{e}_2 \tag{6-70}$$

其中,$\{\boldsymbol{e}_1,\boldsymbol{e}_2\}$ 为实数空间 R2 的基。其倒易网格(对偶网格)Γ^* 可以表示为

$$\Gamma^* := \{n_1\boldsymbol{e}_1^* + n_2\boldsymbol{e}_2^* : n_1,n_2 \in \mathbb{Z}\} = \mathbb{Z}\boldsymbol{e}_1^* + \mathbb{Z}\boldsymbol{e}_2^* \tag{6-71}$$

其中，$\{e_1^*, e_2^*\}$ 为倒易空间的基。采样网格 Γ 与其倒易网格 Γ^* 的基向量满足双正交关系，即 $\langle e_i^*, e_j\rangle = 2\pi\delta_{ij}$ 。正如一维情况下，时间与频率是一对对偶量，二维情况下，采样网格与倒易网格也是一对对偶量。正方形采样网格和正六边形采样网格分别可表示为

$$\Gamma_4 = \mathbb{Z}\begin{pmatrix}1\\0\end{pmatrix} + \mathbb{Z}\begin{pmatrix}0\\1\end{pmatrix} \tag{6-72}$$

$$\Gamma_6 = \mathbb{Z}\begin{pmatrix}0\\1\end{pmatrix} + \mathbb{Z}\begin{pmatrix}1/2\\ \sqrt{3}/2\end{pmatrix} \tag{6-73}$$

只有这两种网格可以通过正多边形平铺覆盖整个平面，它们对应的倒易网格分别为

$$\Gamma_4^* = 2\pi\left(\mathbb{Z}\begin{pmatrix}1\\0\end{pmatrix} + \mathbb{Z}\begin{pmatrix}0\\1\end{pmatrix}\right) \tag{6-74}$$

$$\Gamma_6^* = 2\pi\frac{2}{\sqrt{3}}\left(\mathbb{Z}\begin{pmatrix}\sqrt{3}/2\\ -1/2\end{pmatrix} + \mathbb{Z}\begin{pmatrix}0\\1\end{pmatrix}\right) \tag{6-75}$$

定义 $\Delta_\Gamma(\boldsymbol{x}) := \sum_{\gamma\in\Gamma}\delta(\boldsymbol{x}-\gamma)$ ，其中，$\langle f(\boldsymbol{x}), \delta(\boldsymbol{x}-\gamma)\rangle = \int f(\boldsymbol{x})\delta(\boldsymbol{x}-\gamma)\mathrm{d}\boldsymbol{x} = f(\gamma)$。$\Delta_\Gamma(\boldsymbol{x})$ 称为狄拉克梳状函数(Dirac Comb)，是由采样网格 Γ 的所有采样点处的单位脉冲函数组成。在采样网格 Γ 上对自然图像 $f(\boldsymbol{x})$ 进行采样可以简单地表示为 $\Delta_\Gamma(\boldsymbol{x})\cdot f(\boldsymbol{x})$ 。设 $\mathcal{F}$ 表示傅里叶变换，$\mathcal{F}^{-1}$ 表示傅里叶逆变换，连续函数的傅里叶变换及其逆变换可表示为

$$F(\boldsymbol{u}) = \mathcal{F}\{f(\boldsymbol{x})\} = \int_{\mathbb{R}^2} f(\boldsymbol{x})\,\mathrm{e}^{-j2\pi\langle x,u\rangle}\mathrm{d}\boldsymbol{x} \tag{6-76}$$

$$f(\boldsymbol{x}) = \mathcal{F}^{-1}\{F(\boldsymbol{u})\} = \int_{\mathbb{R}^2} F(\boldsymbol{u})\,\mathrm{e}^{j2\pi\langle x,u\rangle}\mathrm{d}\boldsymbol{u} \tag{6-77}$$

式中：$F(\boldsymbol{u})$ 表示 $f(\boldsymbol{x})$ 的傅里叶变换。由此可推导出傅里叶变换的两条基本性质为

$$\mathcal{F}\{f(\boldsymbol{x})\cdot g(\boldsymbol{x})\} = \mathcal{F}\{f(\boldsymbol{x})\} * \mathcal{F}\{g(\boldsymbol{x})\} \tag{6-78}$$

$$\mathcal{F}(\Delta_\Gamma) = |\mathcal{D}|\,\Delta_{\Gamma^*} \tag{6-79}$$

式中：$\mathcal{D}$ 表示倒易网格中的周期重复单元，即倒易晶格；$|\mathcal{D}|$ 表示倒易晶格的面积，即 $|\det(e_1^*, e_2^*)|$ 的定义与 $\Delta_{\Gamma^*}(u)$ 类似，表示倒易网格 Γ^* T"上所有格点位置处的单位脉冲函数之和。

根据式(6-78)和式(6-79)傅里叶变换的基本性质，采样 $g(x,y) = \Delta_\Gamma(\boldsymbol{x})\cdot f(\boldsymbol{x})$ 的傅里叶变换可表示为

$$G(\boldsymbol{u}) = \mathcal{F}\{\Delta_\Gamma(\boldsymbol{x})\cdot f(\boldsymbol{x})\} = |\mathcal{D}|\,\Delta_{\Gamma^*}(\boldsymbol{u}) * F(\boldsymbol{u}) \tag{6-80}$$

由式(6-80)可知，在采样网格 Γ 上的离散图像，在倒易网格 Γ^* 上的频谱是周期重

复的结论。换言之，当采样系统在以基向量 $\{e_1, e_2\}$ 延拓的空间采样网格 Γ 上对自然图像 $f(\boldsymbol{x})$ 采样时，在频域中表现为自然图像的频谱 $F(\boldsymbol{u})$ 以倒易网格 Γ^* 的对偶基向量 $\{e_1^*, e_2^*\}$ 展开形成频率空间。倒易晶格的面积 $\mathcal{D}$ 与采样单元的面积 $|\det(e_1, e_2)|$ 成反比，同时图像频谱将以 $\mathcal{D}$ 为周期在倒易网格 Γ^* 上进行周期延拓。

在理想情况下，当自然图像的频谱 $F(\boldsymbol{u})$ 包含于 $\mathcal{D}$ 时，抽取 $\mathcal{D}[k=0]$ 包含的频谱，再计算傅里叶逆变换就可完全重建原图 $f(\boldsymbol{x})$，这里 $\mathcal{D}[k=0]$ 表示零频率处的倒易晶格。然而，自然图像 $f(\boldsymbol{x})$ 包含丰富的具有高频特性的细节，因此，自然图像的频谱 $F(\boldsymbol{u})$ 具有较大的带宽。当采样系统的空间采样频率过低时，也就是说其对应的倒易晶格 $\mathcal{D}$ 的面积过小，周期延拓的频谱之间就可能相互重叠，这就是混叠形成的原因。在这种情况下，对 $\mathcal{D}[k=0]$ 包含的频谱计算傅里叶逆变换就无法完全重建原图像。

2. 狄拉克梳状函数与采样过程

本小节详细说明二维信号的采样过程，以及采样图像频谱与连续图像频谱之间的关系。一维狄拉克梳状函数表示沿 Z 轴分布的间隔为 1、强度为 1 的 $\delta_\gamma(x)$ 函数的无穷序列，可以表示为

$$\delta_\gamma(x) = \sum_{\gamma=-\infty}^{+\infty} \delta(x-\gamma), \gamma \in \mathbb{Z} \tag{6-81}$$

$\delta_\gamma(x)$ 函数的时域波形是周期为 γ 的单位脉冲序列，也称为理想采样函数，光学上常用狄拉克梳状函数 $\delta_\gamma(x)$ 表示点光源阵列。狄拉克梳状函数 $\delta_\gamma(x)$ 是周期为 γ 的周期函数，可以将 $\delta_\gamma(x)$ 展成，即

$$\delta_\gamma(x) = \sum_{n=-\infty}^{+\infty} F_n \boldsymbol{e}^{j2\pi nfx} \tag{6-82}$$

式中：$f = 1/\gamma$ 为基频，F_n 为 $\delta_\gamma(x)$ 傅里叶级数的系数。

根据单位冲激函数的抽样特性，可得

$$F_n = \frac{1}{\gamma}\int_{-\frac{\gamma}{2}}^{\frac{\gamma}{2}} \delta(x)\, \boldsymbol{e}^{-j2\pi nfx} \mathrm{d}x = \frac{1}{\gamma}, n \in \mathbb{Z} \tag{6-83}$$

可见，在周期为 γ 的单位脉冲序列 $\delta_\gamma(x)$ 的傅里叶级数中只包含位于 $u = nf, n \in \mathbb{Z}$ 的频率分量，每一个频率分量处是相等的，均等于 $1/\gamma$。

对式(6-82)两端做傅里叶变换，则有

$$\mathcal{F}\{\delta_\gamma(x)\} = \mathcal{F}\left\{\sum_{n=-\infty}^{+\infty} F_n \boldsymbol{e}^{j2\pi nfx}\right\} = \sum_{n=-\infty}^{+\infty} F_n \mathcal{F}\{\boldsymbol{e}^{j2\pi nfx}\} \tag{6-84}$$

根据傅里叶变换的频移性，并将(6-83)代入式(6-84)中，可知

$$\mathcal{F}\{\delta_\gamma(x)\} = \sum_{n=-\infty}^{+\infty} F_n \delta(u-nf) = f\sum_{n=-\infty}^{+\infty} \delta(u-nf) \tag{6-85}$$

可见，在周期为 γ 的单位脉冲序列 $\delta_\gamma(x)$ 的傅里叶变换中，同样，也只包含位于

$u=nf, n\in\mathbb{Z}$ 频率处的单位脉冲函数，其强度是相等的，均等于 f。由此可见，单脉冲的频谱是连续函数，而周期脉冲信号的频谱是离散函数。

设 $f(x)$ 为定义在区间 $(-\infty,+\infty)$ 内的连续函数，在一般情况下，采样过程通过单位脉冲序列 $\delta_\gamma(x)$ 与连续函数 $f(x)$ 相乘来实现，则有

$$f_s(x)=f(x)\,\delta_\gamma(x)=\sum_{\gamma=-\infty}^{+\infty}f(\gamma)\delta(x-\gamma),\gamma\in\mathbb{Z} \tag{6-86}$$

狄拉克梳状函数的乘法性质表明了连续函数 $f(x)$ 与狄拉克梳状函数 $\delta_\gamma(x)$ 相乘，产生一个强度为 $f(\gamma)$ 的脉冲序列，使连续分布的函数 $f(x)$ 变为离散分布的函数 $f(x)$，从而实现了对连续函数的等间距采样，因此，乘法性质也称为抽样性质。

二维狄拉克梳状函数 $\Delta_\Gamma(x,y)$ 为分布在平面 (x,y) 上，在 x 方向和 y 方向采样间距分别为 γ_x 和 γ_y（$\gamma_x>0,\gamma_y>0$）二维脉冲阵列，可以表示为

$$\Delta_\Gamma(x,y):=\sum_{m=-\infty}^{+\infty}\sum_{n=-\infty}^{+\infty}\delta(x-m\gamma_x,y-n\gamma_y) \tag{6-87}$$

在采样网格 Γ 上对二维连续函数 $f(x,y)$ 进行采样，所得离散函数用 $f(x,y)$ 表示，二维信号的采样过程可以表示为

$$g(x,y)=\Delta_\Gamma(x,y)\cdot f(x,y) \tag{6-88}$$

对二维狄拉克梳状函数 $\Delta_\Gamma(x,y)$ 进行傅里叶变换，由于狄拉克梳状函数的傅里叶变换仍然是频域的狄拉克梳状函数，可得

$$\begin{aligned}\mathcal{F}\{\Delta_\Gamma(x,y)\}&=\mathcal{F}\Big\{\sum_{m=-\infty}^{+\infty}\sum_{n=-\infty}^{+\infty}\delta(x-mT_x,y-nT_y)\Big\}\\&=f_xf_y\sum_{m=-\infty}^{+\infty}\sum_{n=-\infty}^{+\infty}\delta(u-mf_x,\nu-nf_y)\end{aligned} \tag{6-89}$$

式中：u 和 ν 为频率变量；$f_x=1/\gamma_x$ 和 $f_y=1/\gamma_y$ 分别为 x 方向和 y 方向上的采样频率。

定义 $\Delta_{\Gamma'}(u,\nu):=\sum\limits_{m=-\infty}^{+\infty}\sum\limits_{n=-\infty}^{+\infty}\delta(u-mf_x,\nu-nf_y)$ 表示 u 方向和 ν 方向间距分别为 f_x 和 f_y 的等间距脉冲阵列。在采样网格 Γ 上对连续函数 $f(x,y)$ 进行采样，所得离散函数 $g(x,y)$ 的傅里叶变换 $G(u,\nu)$ 可表示为

$$\begin{aligned}G(u,\nu)&=\mathcal{F}\{\Delta_\Gamma(x,y)\cdot f(x,y)\}=\mathcal{F}\{\Delta_\Gamma(x,y)\}*F(u,\nu)\\&=|\mathcal{D}|\,\Delta_{\Gamma'}(u,\nu)*F(u,\nu)\\&=|\mathcal{D}|\sum_{m=-\infty}^{+\infty}\sum_{n=-\infty}^{+\infty}F(u-mf_x,\nu-nf_y)\end{aligned} \tag{6-90}$$

式中：$|\mathcal{D}|=f_xf_y$。

从式(6-87)中可以看出，空域中连续函数 $f(x,y)$ 以间距 γ_x 和 f_y 采样的离散函数

$g(x,y)$ 的频谱是将 $f(x,y)$ 的频谱 $f(x,y)$ 在平面 (u,ν) 上以采样频率 f_x 和 f_y，为间距周期地重复而成，但是幅度变为原来的 $\mathcal{D}$ 倍。也就是说，对连续函数的采样导致其傅里叶变换在频域的周期性重复。

若 $f(x,y)$ 是带限函数，并且在 u 和 ν 方向最高频率分别为 u_c 和 ν_c，则当采样频率 ν_c 和 f_y 满足

$$f_x \geqslant 2u_c, f_y \geqslant 2\nu_c \tag{6-91}$$

从离散函数 $g(x,y)$ 的频谱 $G(u,\nu)$ 能够完整地抽取连续函数 $f(x,y)$ 的频谱，从而完全重建连续函数而不损失高频细节。信号最大额率的 2 倍称为奈奎斯特频率，这里。$2u_c$ 和 $2\nu_c$ 就是奈奎斯特频率。

对于连续带限信号，只要采样间距 γ_x 和 γ_y 充分小(即采样频率充分高)，在频域中周期性重复的离散采样信号频谱之间的间距就会充分大，从而保证相邻的频谱互不重叠。利用合适的低通滤波器就能抽取出连续函数的频谱，从而无损重建原始连续函数。反之若空采样频率小于奈奎斯特频率，则这些周期性重复的频谱就会相互重叠，导致频谱中高频成分发生混叠。

3. 采样图像的降质模型

前两小节描述了二维理想采样过程，对自然场景 $f(x,y)$ 进行采样直接获得采样图像 $g(x,y)$，但是实际情况并非这样理想，成像系统在图像获取过程中不可避免地会受到一些图像降质因素的影响。考虑图像获取过程中的模糊和噪声作用，采样图像的降质过程可建模为

$$g(x,y) = \Delta_\Gamma(x,y) \cdot \mathcal{F}^{-1}\{H(u,\nu)\} * f(x,y) + \eta(x,y) \tag{6-92}$$

其中，$g(x,y)$、$\Delta_\Gamma(x,y)$ 和 $f(x,y)$ 的含义如前所述，$H(u,\nu)$ 表示采样系统的传递函数，$\eta(x,y)$ 表示采样过程中引入的噪声。狭拉克梳状函数 $\Delta_\Gamma(x,y)$ 的作用是信号采样，如前所述，它是造成图像频谱在倒易网格上周期延拓而发生混叠效应的根源。

图像采集系统的传递函数 $H(u,v)$ 通常建模为感光元的传递函数 $H_{sen}(u,v)$、传感器运动的传递函数 $H_{mov}(u,\nu)$ 和光学系统的传递函数 $H_{opt}(u,v)$ 的乘积，可表示为

$$H(u,\nu) = H_{sen}(u,\nu)\, H_{mov}(u,\nu)\, H_{opt}(u,v) \tag{6-93}$$

式中：u 和 ν 表示频率变量。

感光元传递函数 $H_{sen}(u,\nu)$ 的形成是由于传感器并不是记录自然图像 $f(x,y)$ 在一点处的光强度，而是累积所有到达传感器感光元的光子，感光元通常是正方形的，如图 6-6 所示，图中 c 为感光元件的尺寸，因此

$$\begin{aligned} H_{sen}(u,\nu) &= \mathcal{F}\left\{\frac{1}{c^2}\mathbb{1}_{|x|<c/2} * 1_{|y|<c/2}\right\}\exp\left[-2\pi c(\beta_1 \mid u \mid + \beta_2 \mid \nu \mid)\right] \\ &= \mathrm{sinc}\,(\pi uc)\mathrm{sinc}\,(\pi\nu c)\exp\left[-2\pi c(\beta_1 \mid u \mid + \beta_2 \mid \nu \mid)\right] \end{aligned} \tag{6-94}$$

指数项考虑了相邻传感器之间的导电性，指数项中的两个参数 β_1 和 β_2 分别表示两个方向上相邻感光元件的导电性。

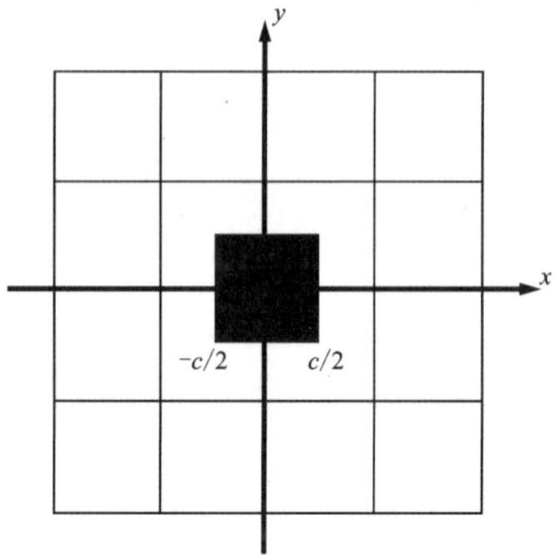

图 6-6 感光区域

$H_{mov}(u,\nu)$ 考虑了成像系统在成像过程中是运动的，也就是说在运动过程中采集图像，则有

$$H_{mov}(u,\nu)=\mathcal{F}\left\{\frac{1}{d}\mathbf{1}_{|\langle \boldsymbol{x},\boldsymbol{v}\rangle|<d/2}\right\}=\mathrm{sinc}(\pi\langle \boldsymbol{u},\boldsymbol{v}\rangle d) \tag{6-95}$$

式中：$\langle\cdot,\cdot\rangle$ 表示内积；$\boldsymbol{v}$ 表示运动方向；$\boldsymbol{d}$ 表示沿方向 $\boldsymbol{v}$ 的运动距离，$\boldsymbol{v}=(\boldsymbol{x},\boldsymbol{y})^{\mathrm{T}}$ 表示空间坐标；$\boldsymbol{u}=(u,\nu)^{\mathrm{T}}$ 表示频率变量。

光学系统一般是由多个折射的透镜组成的，它位于图像获取的前端，入射光穿过凸透镜组在焦平面上形成观测目标的光学影像。光学系统本身不是理想的，实质上相当于一个低通滤波器，光学系统传递函数 $H_{opt}(u,\nu)$ 的一般表达式为

$$H_{opt}(u,\nu)=\exp\left(-2\pi\alpha c\sqrt{u^2+\nu^2}\right) \tag{6-96}$$

式中：α 表示光学系统性能的参数，α 越大 $H_{opt}(u,\nu)$ 衰减越快，光学系统越不理想。

感光元和光学系统传递函数描述了图像采集系统的硬件特性，实际中这些硬件对信号的响应都存在一个频率界限，只允许各自频率界限内的频谱通过，该频率界限称为截止频率。由于图像信号成像时首先经过光学系统，光学系统的截止频率就决定了进入成像系统的信号是有限带宽的。当感光元阵列的空间采样频率小于光学系统的截止频率时，经过光学系统成像的频谱支撑域将大于倒易晶格，这就会造成混叠效应的发生。

4. 采样图像混叠频谱的形成

根据式(6-92)给出的采样图像的降质模型以及式(6-76)和式(6-77)给出的采样图像的傅里叶变换，可推导出采样图像 $g(x,y)$ 的频谱 $G(u,\nu)$ 为

$$G(u,\nu) = \mathcal{F}\{\Delta_{\Gamma}(x,y)\} * [H(u,\nu)F(u,\nu)] + N(u,\nu)$$
$$= |\mathcal{D}| \Delta_{\Gamma^*}(u,\nu) * [H(u,\nu)F(u,\nu)] + N(u,\nu) \tag{6-97}$$

设 $G_{\text{pure}}(u,\nu) = |\mathcal{D}| H(u,\nu)F(u,\nu)$ ，$G_{\text{alias}}(u,\nu) = \sum_{\gamma^* \in \Gamma^* \backslash 0} G(u+\gamma^*)$ ，则有

$$G(u,\nu) = G_{\text{pure}}(u,\nu) + G_{\text{alias}}(u,\nu) + N(u,\nu) \tag{6-98}$$

采样图像的频谱 $G(u,\nu)$ 由纯净谱 $G_{\text{pure}}(u,\nu)$ 、混叠谱 $G_{\text{alias}}(u,\nu)$ Galtim(u,x)和噪声谱 $N(u,\nu)$ 3 部分组成。

若原采样网格 Γ_{hr} 的两个基向量为

$$\boldsymbol{e}_{\text{hr1}} = (0,1)^{\text{T}}, \boldsymbol{e}_{\text{hr2}} = (1,0)^{\text{T}} \tag{6-99}$$

则降采样网格 Γ_{lr} 的两个基向量为

$$\boldsymbol{e}_{\text{lr1}} = (0,2)^{\text{T}}, \boldsymbol{e}_{\text{lr2}} = (2,0)^{\text{T}} \tag{6-100}$$

原采样网格 Γ_{hr} 和降采样网格 Γ_{lr} ，对应的倒易网格 $\Gamma_{\text{hr}}{}^*$ 和 $\Gamma_{\text{lr}}{}^*$ 的基向量分别为

$$\boldsymbol{e}_{\text{hr1}}^* = 2\pi(0,1)^{\text{T}}, \boldsymbol{e}_{\text{hr2}}^* = 2\pi(1,0)^{\text{T}} \tag{6-101}$$

$$\boldsymbol{e}_{\text{lr1}}^* = 2\pi\left(0,\frac{1}{2}\right)^{\text{T}}, \boldsymbol{e}_{\text{lr2}}^* = 2\pi\left(\frac{1}{2},0\right)^{\text{T}} \tag{6-102}$$

根据前文得出的结论，在降采样网格 Γ_{lr} 上对图像进行采样，在频域中原图像的频谱以倒易网格 $\Gamma_{\text{lr}}{}^*$ 的基向量 $\{\boldsymbol{e}_{\text{lr1}}^*, \boldsymbol{e}_{\text{lr2}}^*\}$ 为周期进行周期延拓。

二、最优倒易晶格

在倒易晶格的不同频率区域，混叠的大小不同。为此定义相对混叠 $a(u,\nu)$ 和相对噪声 $n(u,\nu)$ 为

$$a(u,\nu) = \frac{|G_{\text{alias}}(u,\nu)|}{|G_{\text{pure}}(u,\nu)|} \tag{6-103}$$

$$n(u,\nu) = \frac{|N(u,\nu)|}{|G_{\text{pure}}(u,\nu)|} \tag{6-104}$$

采样图像频谱中相对混叠和相对噪声都较小的频率分量构成的区域称为最优倒易晶格，数学表达式为

$$\mathcal{D}_{\text{opt}} := \{(u,\nu): a(u,\nu) < T_{\text{alias}} \,\&\, n(u,\nu) < T_{\text{noise}}\} \tag{6-105}$$

式中：T_{alias} 和 T_{noise} 分别为预设的相对混叠和相对噪声的阈值。

相对混叠和相对噪声的计算依赖于混叠谱 $G_{\text{alias}}(u,\nu)$ 、纯净谱 $G_{\text{pure}}(u,\nu)$ 和噪声谱 $N(u,\nu)$ 。假设噪声为高斯白噪声，这种噪声服从均值为 0，方差为 σ^2 的高斯分布，记为 $\eta \sim N(0,\sigma^2)$ ；另外，由 $G_{\text{pure}}(u,\nu)$ 和 $G_{\text{alias}}(u,\nu)$ 的定义可知 $G_{\text{pure}}(u,\nu)$ 和 $G_{\text{alias}}(u,\nu)$ 取决于传递函数 $H(u,\nu)$ 和自然图像频谱 $F(u,\nu)$ ，成像系统决定了它的传递函数 $H(u,\nu)$ ，而 $F(u,\nu)$ 为成像系统采集图像前的自然图像频谱。由于 $F(u,\nu)$ 是未知的，因此有必

要对 $F(u,\nu)$ 进行建模。通过分析大量自然图像频谱的衰减速度，$F(u,\nu)$ 可以近似建模为

$$|F(u,\nu)| \approx C|D(u,\nu)|^{-p} \tag{6-106}$$

式中：C 为常数；$D(u,\nu)$ 表示点 (u,ν) 到频谱中心的距离；p 表示自然图像频谱衰减速度的参数，$1 \leqslant p \leqslant 2$，实验表明，大多数图像的取值为 $p \approx 1.6$。

根据最优倒易晶格的定义，最优倒易晶格不仅能够滤除采样图像频谱中混叠和噪声较大的频率区域，而且可以充分利用采样图像频谱中的错位高频成分。

三、图像重建

前面讨论的图像复原方法都考虑了图像的模糊，但是这些方法没有考虑采样引起的混叠效应，在采样图像高频成分复原的同时也放大了混叠。在最优倒易晶格基础上结合频域滤波方法进行图像复原，能够有效解决模糊与混叠两方面的问题。

1. 频域复原方法

如前所述，维纳滤波本身就是频域中的图像复原技术，因而很容易与最优倒易晶格相结合。一些空域中的图像复原技术也可以转换到频域中从而与最优倒易晶格相结合。

1)维纳滤波

前文详细描述了维纳滤波频域复原方法，维纳滤波是一种经典的线性滤波器，它的频域系统函数可表示为

$$W(u,\nu) = \frac{H^*(u,\nu)}{|H(u,\nu)|^2 + \dfrac{|N(u,\nu)|^2}{|F(u,\nu)|^2}} = \frac{H^*(u,\nu)}{|H(u,\nu)|^2(1+n^2(u,\nu))} \tag{6-107}$$

式中：$n(u,\nu)$ 为式(6-104)定义的相对噪声；$H^*(u,\nu)$ 表示 $H(u,\nu)$ 的复共轭。

维纳滤波通过最小化恢复图像与原图像的均方误差，对加性高斯白噪声有较好的滤除能力。

利用维纳滤波进行图像复原可表示为

$$\hat{f}(x,y) = \mathcal{F}^{-1}\{W(u,\nu)G(u,\nu)\} \tag{6-108}$$

式中：$\hat{f}(x,y)$ 为恢复图像；$G(u,\nu)$ 为降质图像 $g(x,y)$ 的傅里叶变换。

由式(6-107)和式(6-108)可以看出，当采样图像频谱中某频率分量处的相对噪声较大时，维纳滤波器的系数较小，这意味着该频率分量对图像复原的贡献较小。也就是说，维纳滤波根据相对噪声的大小为采样图像频谱 $G(u,\nu)$ 中的不同频率分量赋予不同的权重，噪声较小的频率分量包含更多有用的信息，因而权重较大；而噪声较大的频率分量则具有较小的权重。因此，维纳滤波在去模糊的同时能够较好地滤除噪声。

然而传统的维纳滤波只考虑了噪声和模糊对图像质量的影响，没有考虑由于采样而引起的混叠效应，在去模糊的过程中，虽然可以滤除噪声，但同时也可能放大混叠。例如，采样图像频谱的某频率分量受噪声影响较小，但是却混叠了其他频率分量的频谱，由于维纳滤波器系数较大，因此放大了混叠频谱。改进的维纳滤波在频域滤波器中加入混叠项，其频域系统函数为

$$W(u,\nu) = \frac{H^*(u,\nu)}{|H(u,\nu)|^2[1+n^2(u,\nu)+a^2(u,\nu)]} \tag{6-109}$$

其中，$a(u,\nu)$ 为式(6-103)定义的相对混叠，$n(u,\nu)$ 为式(6-104)定义的相对噪声。可以看出，式(6-109)所示的维纳滤波考虑了混叠的影响，在相对混叠较大的频率分量处，维纳滤波器的系数同样较小，因而该耗率分量对图像复原的贡献也较小，因此，能够抑制恢复图像中的混叠效应。

当使用式(6-107)和式(6-108)进行图像复原时，实际上是对常规倒易晶格内的图像频谱进行维纳滤波。自然地，可以在最优倒易晶格上进行维纳滤波，即对最优倒易晶格内的图像频谱进行维纳滤波，可表示为

$$\hat{f}(x,y) = \mathcal{F}^{-1}\{W(u,\nu)G(u,\nu)|_{\mathcal{D}_{\text{opt}}}\} \tag{6-110}$$

其中，$\mathcal{D}_{\text{opt}}$ 表示最优倒易晶格。这样，虽然式(6-104)所示的维纳滤波没有考虑混叠效应，但是由于最优倒易晶格已经滤除了采样图像频谱中相对混叠较大的频率分量，因此维纳滤波就不会出现混叠放大的现象。

2)全变分正则化方法

全变分正则化方法是一种广泛使用的空域复原方法，能够恢复图像中的细节信息，并具有较好的边缘保持特性。全变分正则项约束的引入，理论上可以保证全局最优解的存在，并较好地保持图像边缘。全变分正则化方法就是最小化如下目标函数

$$\hat{f}(x,y) = \arg\min_{f(x,y)} \iint |\nabla f(x,y)| \mathrm{d}x\mathrm{d}y + \lambda \sum_{(x,y)\in\Gamma} |f(x,y)*h(x,y)-g(x,y)|^2 \tag{6-111}$$

式中：λ 为拉格朗日乘子。

全变分正则化方法由两部分组成，前一项是全变分正则项，后一项的物理意义为采样误差，也就是数据保真项。

式(6-111)中的数据保真项定义在空域中，根据帕赛瓦尔(Parseval)定理，在空域中图像的能量等于在频域中图像傅里叶变换的能量，即图像经过傅里叶变换其总能量保持不变。空域中 $|f(x,y)*h(x,y)-g(x,y)|^2$ 最小化等效于频域中 $|H(u,\nu)F(u,\nu)-G(u,\nu)|^2$ 最小化。因此，在频域中定义数据保真项的全变分正则化最优化问题为

$$\hat{f}(x,y) = \arg\min_{f(x,y)} \iint |\nabla f(x,y)| \mathrm{d}x\mathrm{d}y + \lambda \iint_{\mathcal{D}_{\text{vor}}} |H(u,\nu)F(u,\nu)-G(u,\nu)|^2 \mathrm{d}u\mathrm{d}\nu \tag{6-112}$$

式中：$\mathcal{D}_{\mathrm{vor}}$ 为常规倒易晶格。

至此，将空域中的数据保真项转换到了频域中，因而很自然地可以考虑进一步将式(6-112)中的数据保真项定义在最优倒易晶格上，即将式(6-112)中的 $\mathcal{D}_{\mathrm{vor}}$ 替换为 $\mathcal{D}_{\mathrm{opt}}$，就可以建立结合最优倒易晶格的全变分正则化复原模型，即

$$\hat{f}(x,y)=\arg\min_{f(x,y)}\iint|\nabla f(x,y)|\,\mathrm{d}x\mathrm{d}y+\lambda\iint_{\mathcal{D}_{\mathrm{opt}}}|H(u,\nu)F(u,\nu)-G(u,\nu)|^2\mathrm{d}u\mathrm{d}\nu \tag{6-113}$$

下面通过一个特例来说明在最优倒易晶格上定义数据保真项是如何避免混叠效应的。假设在常规倒易晶格 $\mathcal{D}_{\mathrm{vor}}$ 内的某频率 $\boldsymbol{u}$ 处，成像系统的传递函数 $H(\boldsymbol{u})$ 很小，$H(\boldsymbol{u})\approx 0,\boldsymbol{u}\in\mathcal{D}_{\mathrm{vor}}$，但是，$\dot{H}(\boldsymbol{u}+\boldsymbol{\gamma}^*)\gg 0$，$\boldsymbol{\gamma}^*$ 为倒易网格的基向量，$\boldsymbol{u}+\boldsymbol{\gamma}^*$ 表示按照倒易网格的基向量由 $\boldsymbol{u}$ 平移一个周期到 $\mathcal{D}_{\mathrm{vor}}$ 相邻的倒易晶格内的频率。很明显，频率 $\boldsymbol{u}$ 处的频率分量平移一个周期会混叠到 $\boldsymbol{u}+\boldsymbol{\gamma}^*$ 处，对 $\boldsymbol{u}+\boldsymbol{\gamma}^*$ 处的频率分量造成影响，简单起见，只考虑 $\boldsymbol{u}$ 与 $\boldsymbol{u}+\boldsymbol{\gamma}^*$ 之间的相互影响，即只考虑 $\mathcal{D}_{\mathrm{vor}}$ 与相邻倒易晶格的相互影响，则有

$$\begin{aligned}G(\boldsymbol{u})&=H(\boldsymbol{u})F(\boldsymbol{u})+H(\boldsymbol{u}+\boldsymbol{\gamma}^*)F(\boldsymbol{u}+\boldsymbol{\gamma}^*)\\&\approx H(\boldsymbol{u}+\boldsymbol{\gamma}^*)F(\boldsymbol{u}+\boldsymbol{\gamma}^*)\gg 0\end{aligned} \tag{6-114}$$

由于式(6-112)所示的全变分正则化复原方法并不知道混叠的存在，因此，它试图通过 $H(\boldsymbol{u})\approx 0$ 来对采样图像的频谱分量 $G(\boldsymbol{u})$ 解卷积，为了使式(6-109)中的数据保真项尽量小，也就是使 $|H(u,\nu)F(u,\nu)-G(u,\nu)|^2$ 尽量小，全变分正则化的复原结果在频率 $\boldsymbol{u}$ 处的频谱值 $\hat{F}(\boldsymbol{u})$ 会非常大，进而导致复原过程出现不稳定和混叠放大的问题。

在式(6-110)所示的全变分正则化方法中，数据保真项定义在最优倒易晶格上。当频率 $\boldsymbol{u}$ 受到较大的混叠时，该频率分量将被滤除在最优倒易晶格之外。同时，由于原本位于常规倒易晶格 $\mathcal{D}_{\mathrm{vor}}$ 外的频率 $\boldsymbol{u}+\boldsymbol{\gamma}^*$ 受到混叠影响较小，所以包含在最优倒易晶格之内，参与到全变分正则化复原的过程中，为恢复图像提供了有效的高频信息。

2. 采样图像重建框架

在最优倒易晶格的基础上，图像复原方法具体步骤总结如下：

(1)对采样图像进行像素补零的操作，并计算图像频谱 $G(u,\nu)$（等效于频域中的频谱周期延拓）。

(2)估计系统传递函数 $H(u,\nu)$、自然图像的频谱 $F(u,\nu)$ 以及噪声模型，计算相对混叠和相对噪声，根据设定的相对混叠和相对噪声的阈值计算最优倒易晶格 $\mathcal{D}_{\mathrm{opt}}$。

(3)提取最优倒易晶格 $\mathcal{D}_{\mathrm{opt}}$ 内的图像频谱 $G(u,\nu)$，结合上一小节介绍的频域复原方法实现采样图像的复原。

第六节　有噪图像的复原

在数字图像中,噪声主要来源于图像的获取和传输过程。在图像的获取过程中,成像系统噪声的因素来自环境条件、成像设备和传感器自身的质量等多个方面。例如,当使用成像传感器采集图像时,环境光照度和传感器温度是影响采集图像噪声数量的主要因素,噪声的程度受感光器件制造工艺的影响。在图像的传输过程中,噪声主要为传输信道的干扰噪声。

当一幅图像中噪声是唯一的降质因素时,$f(x,y)$ 因噪声 $\eta(x,y)$ 干扰而产生降质图像 $g(x,y)$,在空域中降质模型可以表示为

$$g(x,y) = f(x,y) + \eta(x,y) \tag{6-115}$$

式中:$g(x,y)$ 为有噪图像;$f(x,y)$ 为原图像;$\eta(x,y)$ 为加性噪声。

通常情况下,假设噪声与图像不相关。

一、噪声类型

为了对有噪图像进行恢复,有必要了解噪声的统计特性,以及噪声与图像之间的相关性质。图像噪声通常是一种空间上不相关的离散孤立像素的变化现象。在视觉上通常有误差的像素看起来与它们相邻的像素明显不同,这种现象是许多噪声模型和图像降噪的基础。在本节中,假设噪声独立于空间坐标,并且噪声与图像本身不相关。图像噪声是一个随机变量,一般用概率来描述,本节介绍一些常见的噪声类型及其概率密度函数(概率分布)。

1. 高斯噪声

高斯噪声的概率密度函数为

$$p(z) = \frac{1}{\sqrt{2\pi}\sigma}\exp\left[-\frac{(z-\mu)^2}{2\sigma^2}\right] \tag{6-116}$$

式中:μ 为数学期望;σ 为标准差。

高斯随机变量 z 的取值落在区间 $[(\mu-3\sigma),(\mu+3\sigma)]$ 内的概率约为99.73%,称为正态分布的 3σ 原则。在空域和频域中,高斯噪声数学上容易建模和处理,在实际应用中通常假设噪声为高斯噪声。

图 6-7(a)给出了高斯函数的曲线。高斯白噪声是白噪声的一个特例。所谓白噪声,是指图像中不同位置处的噪声是不相关的,其功率谱在整个频域中为常数,即其强度不随频率的增加而衰减。这一性质与光学中包括所有可见光频率的白光类似,因

此，称之为白噪声。白噪声的自相关函数为冲激函数。这表明白噪声在各位置处的取值杂乱无章，没有任何相关性。白噪声是一个数学上的抽象概念，实际上完全理想的白噪声并不存在，通常只要噪声保持常数功率谱的带宽远大于图像带宽，就可近似认为是白噪声。热噪声和散粒噪声在很宽的频率范围内具有均匀的功率谱密度，通常认为它们是白噪声。高斯白噪声是指噪声的概率密度函数满足正态分布统计特性，同时它的功率谱密度函数是常数的一类噪声。

2. 瑞利噪声

瑞利噪声的概率密度函数为

$$p(z)=\begin{cases}\dfrac{2}{b}(z-a)\exp\left[-\dfrac{(z-a)^2}{b}\right] & z\geqslant a\\ 0 & z<a\end{cases} \tag{6-117}$$

当一个二维随机向量的两个分量独立且服从同方差的正态分布时，这个向量的模服从瑞利分布。瑞利分布的数学期望 μ 和方差 σ^2 分别为

$$\mu=a+\frac{\sqrt{\pi b}}{2} \tag{6-118}$$

$$\sigma^2=\frac{b(4-\pi)}{4} \tag{6-119}$$

图 6-7(b)给出了瑞利分布的概率密度函数曲线。瑞利分布对于近似偏移的直方图十分有用。

3. 均匀分布噪声

均匀分布噪声的概率密度函数为

$$p(z)=\begin{cases}\dfrac{1}{b-a} & a\leqslant z\leqslant b\\ 0 & \text{其他}\end{cases} \tag{6-120}$$

均匀分布随机变量 z 的取值落在区间 $[a,b]$ 内的概率只与区间长度有关，而与区间的位置无关。均匀分布的数学期望 u 和方差 σ^2 分别为

$$\mu=\frac{a+b}{2} \tag{6-121}$$

$$\sigma^2=\frac{(b-a)^2}{12} \tag{6-122}$$

图 6-7(c)给出了均匀分布概率密度函数的曲线。在实际问题中，当无法区分随机变量在区间 $[a,b]$ 内取不同值的可能性时，就可以假定随机变量服从 $[a,b]$ 上的均匀分布。

4. 脉冲噪声

脉冲噪声的概率分布为

$$p(z)=\begin{cases}P_a & z=a\\ P_b & z=b\\ 0 & 其他\end{cases} \tag{6-123}$$

若 $b>a$，则灰度值 b 在图像中显示为亮点，灰度值 a 在图像中显示为暗点。图 6-7(d)给出了脉冲噪声的概率分布。若 P_a 和 P_b 均不为零，则脉冲噪声称为双极脉冲噪声。特别地，当二者近似相等时，双极脉冲噪声就类似于随机分布在图像中的胡椒和盐粒，由于这个原因，这种噪声常称为椒盐噪声。若 P_a 或 P_b 为零，则脉冲噪声称为单极脉冲噪声。

图 6-7(d)给出了脉冲函数的曲线。通常情况下椒盐噪声总是数字化允许的最小值和最大值，所以负脉冲以原点（胡椒点）出现在图像中，正脉冲以白点（盐粒点）出现在图像中。在这种情况下，对于一幅 8 位灰度图像，$a=0$（椒噪声）和 $b=255$（盐噪声）。

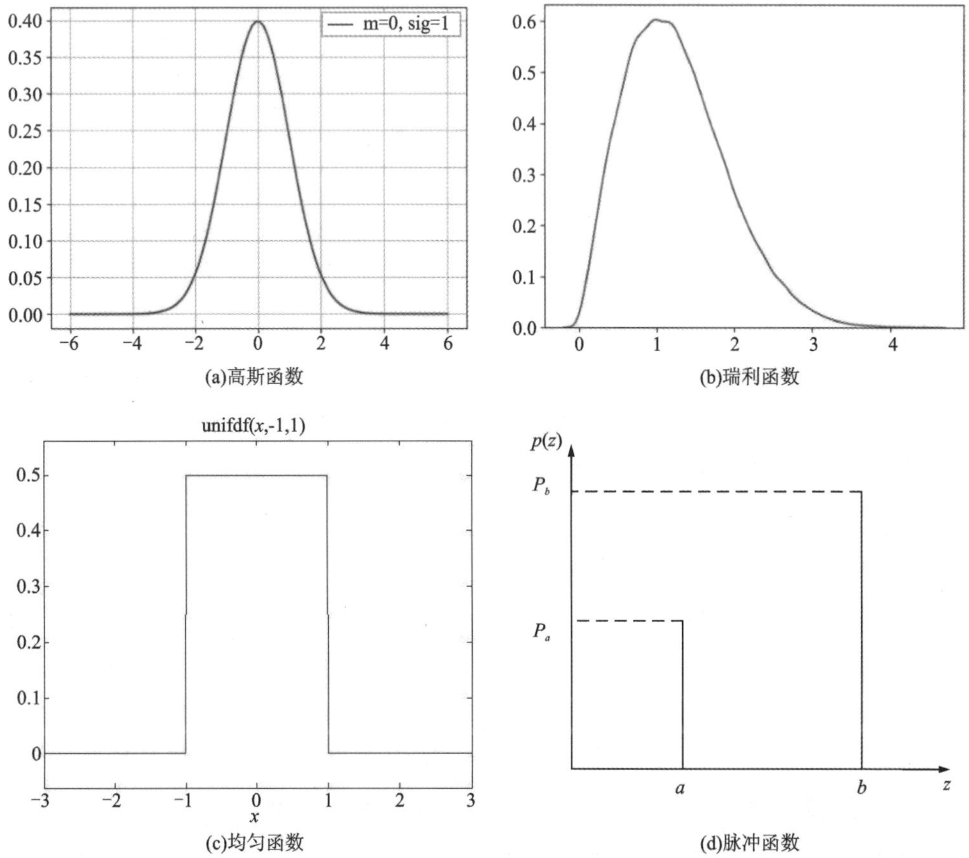

(a)高斯函数　(b)瑞利函数　(c)均匀函数　(d)脉冲函数

图 6-7　重要的概率密度函数

上述的概率密度函数为建立图像噪声模型提供了有用的工具。例如，在一幅图像中，高斯噪声源于电子电路噪声和低照度、高温引入的传感器噪声；脉冲噪声在瞬态的情况下产生；在医学成像过程中，由于受成像机制、仪器和受试者呼吸运动等影响，二维超声切面图像形成了特有的图像斑点(speckle)信号，具有瑞利分布特征。

二、自适应滤波

当一幅图像中的降质因素仅为噪声时，从降质图像中减去噪声是一个直接的方法。然而噪声服从随机分布，仅能获取噪声的统计特征信息，如高斯噪声的均值和方差、椒盐噪声的概率等。本小节讨论一种基于局部区域统计特征的自适应降噪滤波器。

样本均值和样本方差是随机变量的简单统计量，均值是邻域内像素平均灰度的量度，而方差是邻域内像素平均对比度的量度。自适应降噪滤波器作用于 $m \times n$ 矩形窗口定义的邻域 S_{xy} 内，其降噪过程可以写成

$$\hat{f}(x,y) = g(x,y) - \frac{\sigma_\eta^2}{\sigma_L^2 + \in}[g(x,y) - m_L] \tag{6-124}$$

式中：$\hat{f}(x,y)$ 为降噪图像；$g(x,y)$ 为有噪图像；σ_η^2 为噪声 $\eta(x,y)$ 的方差；σ_L^2 为邻域 S_{xy} 内像素的局部均值；σ_L^2 为邻域 S_{xy} 内像素的局部方差；S_{xy} 是以像素 (x,y) 为中心的邻域；$\in$ 为机器数，数量级为 10^{-6}，用于避免 0/0 型的不确定值情况。

对式(6-121)的自适应降噪滤波器的图像降噪说明描述如下：

(1)当噪声为零时，$g(x,y)$ 等于 $f(x,y)$。在这种情况下，σ_η^2 为零，直接返回 $g(x,y)$ 的值，即 $\hat{f}(x,y) = g(x,y)$。

(2)局部方差与边缘是高度相关的，当邻域 S_{xy} 内存在边缘时，局部方差 σ_L^2 较大，因而，比值 σ_η^2/σ_L^2 较小，通过返回 $g(x,y)$ 的近似值来保持边缘。

(3)当邻域 S_{xy} 内像素的局部方差 σ_L^2 与噪声方差 σ_η^2 相等时，返回邻域 S_{xy} 内像素的灰度均值 m_L。在局部区域与整幅图像具有相同噪声特性的情况下，通过简单平均计算来降低局部噪声。

自适应降噪滤波过程中唯一需要知道或估计的统计量是全局噪声方差 σ_η^2，其他参数能够通过邻域 S_{xy} 内的像素来计算。式(6-121)中的假设条件是 $\sigma_\eta^2 \leqslant \sigma_L^2$。由于模型中的噪声是加性和随机的，且邻域 S_{xy} 内像素是整幅图像的一个子集，因此，这是一个合理的假设。但是，很难确切地知道有关 σ_η^2 的知识，在实际中很可能不符合这个假设条件。为此，当条件 $\sigma_\eta^2 > \sigma_L^2$ 成立时，将比值 σ_η^2/σ_L^2 重置为 1。尽管这样的滤波器为非线性，然而，它可以避免当局部均值 m_L 充分小时，由于缺乏图像噪声方差的信息而产生无意义的结果，即负灰度值。

图 6-8(a)为一幅受均值为 0、方差为 0.001 的加性高斯噪声干扰的电路板图像。这是一幅具有较低噪声级的图像。图 6-8(b)显示了模板尺寸为 3×3 的均值滤波结果，在平滑噪声的同时模糊了图像。图 6-8(c)显示了窗口为 7×7 的自适应滤波结果，

与均值滤波结果相比，从总体噪声的减小情况来看，自适应滤波的效果与均值滤波类似，然而，自适应滤波图像的边缘更加清晰。例如，图中的圆形插孔和黑色的连接片，这说明自适应滤液在细节保持方面优于均值滤波，这是自适应滤波的优势，但是，由于卷积计算不再适用，自适应滤波性能提高的代价是增大了处理的时间。

(a)方差为0.001的高斯模糊噪声图像　(b)均值滤波图像　(c)自适应滤波图像

图 6-8　方差为 0.001 的高斯噪声图像和自适应滤波结果

图 6-9(a)为一幅受均值为 0、方差为 0.01 的加性高斯噪声干扰的电路板图像。这是一幅具有较高噪声级的图像。本例旨在说明估计方差 $\hat{\sigma}_\eta^2$ 与真实方差 σ_η^2 之间存在偏差时，对滤波结果的影响。图 6-9(b)为噪声方差估计准确时的自适应滤波结果，噪声的方差为 $\sigma_\eta^2=0.01$。图 6-9(c)为方差估计偏低的自适应滤波图像，噪声方差的估计为 $\hat{\sigma}_\eta^2=0.005$。图 6-9(d)为方差估计偏高的自适应述波图像，噪声方差的估计为 $\hat{\sigma}_\eta^2=0.02$。图 6-9(e)为方差估计过低的自适应滤波图像，噪声方差的估计为 $\hat{\sigma}_\eta^2=0.001$。图 6-9(f)为方差估计过高的自适应滤波围像，噪声方差的估计为 $\hat{\sigma}_\eta^2=0.1$。其中，窗口的尺寸为 7×7。若方差的估计值较低，则算法会因为校正量比准确值小而返回与原图像非常接近的图像；若方差的估计值较高，则造成方差的比值 σ_η^2/σ_L^2 总是重置为 1，这样，$\hat{f}(x,y)=m_L$，复原图像窗口内的像素均被邻域均值所取代，而导致图像趋于模糊。从图 6-9(c)和图 6-9(e)中可以看出，方差估计值越低，复原图像越接近原图像，从图 6-9(d)和图 6-9(f)中可以看出，方差估计值越高，复原图像越模糊。这个例子说明方差估计的准确性决定了复原图像的质量。

(a)方差为0.01的高斯噪声图像　(b)方差估计准确的滤波图像，噪声方差σ_η^2=0.01

(c)方差估计准确的滤波图像，噪声方差σ_η^2=0.005

(d)方差估计准确的滤波图像，噪声方差σ_η^2=0.02

(e)方差估计准确的滤波图像，噪声方差σ_η^2=0.001

(f)方差估计准确的滤波图像，噪声方差σ_η^2=0.1

图 6-9 方差为 0.01 的高斯噪声图像和自适应滤波结果

代码如下：

```
import numpy as np
import matplotlib.pyplot as plt
import cv2
from numpy import random

def Gaussnoise_func(image, mean= 0, var= 0.005):
    '''
    添加高斯噪声
    mean : 均值
    var : 方差
    '''
    image= np.array(image/255, dtype= float)  # 将像素值归一
    noise= np.random.normal(mean, var * * 0.5, image.shape)  # 产生高斯噪声
```

```
    out= image +  noise  #  直接将归一化的图片与噪声相加

    '''
    将值限制在(- 1/0,1)间,然后乘 255 恢复
    '''
    if out.min()<  0:
        low_clip=- 1.
    else:
        low_clip= 0.

    out= np.clip(out, low_clip, 1.0)
    out= np.uint8(out* 255)
    return out

def adaptive_denoise(image, kernel, sigma_eta= 1):

    epsilon= 1e- 6
    height, width= image.shape[:2]
    m, n= kernel.shape[:2]

    padding_h= int((m -  1)/ 2)
    padding_w= int((n -  1)/ 2)

    #  这样的填充方式,可以奇数核或者偶数核都能正确填充
    image_pad= np.pad(image, ((padding_h, m -  1 -  padding_h), \
                              (padding_w, n -  1 -  padding_w)), mode= "edge")

    img_result= np.zeros(image.shape)
    for i in range(height):
        for j in range(width):
            block= image_pad[i:i +  m, j:j +  n]
            gxy= image[i, j]
            z_sxy= np.mean(block)
            sigma_sxy= np.var(block)
            rate= sigma_eta / (sigma_sxy +  epsilon)
            if rate> =  1:
```

```
            rate=1

    img_result[i, j]=gxy - rate * (gxy - z_sxy)
    return img_result

# 自适应降噪滤波器处理高斯噪声
img_ori= cv2.imread(' path\\to\\图片', 0) # 直接读为灰度图像
kernel= np.ones([7, 7])
img_Gaussnoise= Gaussnoise_func(img_ori, 0, 0.01)
img_meandenoise= cv2.blur(img_Gaussnoise, (3, 3))
# img_arithmentic_mean= arithmentic_mean(img_ori, kernel= kernel)
# img_geometric_mean= geometric_mean(img_ori, kernel= kernel)
img_adaptive= adaptive_denoise(img_ori, kernel= kernel, sigma_eta= 0.1)

plt.figure(figsize= (10, 10))

# plt.subplot(121), plt.title('With Gaussian noise'), \
# plt.imshow(img_Gaussnoise, 'gray'), plt.xticks([]),plt.yticks([])
# plt.imshow(img_meandenoise, 'gray'), plt.xticks([]),plt.yticks([])
plt.imshow(img_adaptive, 'gray'), plt.xticks([]),plt.yticks([])
plt.savefig('adaptive_0.1.jpg')
plt.show()
```

第七节 盲复原

经典的复原方法，如空域中的正则化约束复原和频域中的逆滤波、维纳滤波和约束最小二乘滤波等，都要求已知模糊降质模型。然而在实际应用中，通常不能预先知道准确的降质模型，必须根据模糊图像确定降质模型，并同时对模糊图像进行复原，这类图像复原问题称为图像盲复原。简言之，图像盲复原就是在降质过程的所有信息或部分信息未知的情况下，仅利用降质图像来估计原图像和降质点扩散函数的过程。目前图像盲复原成为图像复原的研究重点。

一、盲复原问题描述

图像复原根据降质过程的信息是否可用分为两类。若降质过程是已知的，即点扩

散函数 $\hat{h}(x,y)$ 或点扩散函数的估计 $h(x,y)$ 是已知的，则从降质图像 $g(x,y)$ 恢复原图像 $f(x,y)$ 称为复原或解卷积，另外，若只有很少或根本没有关于点扩散函数的信息，称为盲复原或盲解卷积。

如前所述，降质图像 $g(x,y)$ 的解卷积是一个典型的反问题。这个反问题是病态的，甚至是奇异的。一种病态问题的解释为：输入数据的微小变化，即 $g(x,y)$ 或者 $g(x,y)$ 和 $h(x,y)$，引起输出数据的很大扰动或完全不同的输出，即 $f(x,y)$ 和 $h(x,y)$ 或者 $f(x,y)$，这意味着加入噪声会发生不可控制的放大。在这种情况下反问题的实际解是无用的。若反问题不存在唯一解，则这个问题是奇异的。如前所述，在这两种情况下，为了找到精确解，将正则项加入到复原过程中正则项通常为解决病态问题提供额外的信息。例如。关于图像平滑度的附加信息，大多数图像复原问题都是在恢复图像的平滑度（更少的噪声）与去模糊的程度之间进行折中。

盲复原问题的解不是唯一的，考虑式(6-1)的解对 (f_0,h_0)，若这是一个有效解，则数对 $(af_0,\frac{1}{a}h_0)$，$a\neq 0$ 也是一个有效解，需要提供额外的信息来解这个问题。因此，盲复原是奇异的，合理的正则项是必需的。

约束复原除了要求了解关于降质系统函数外，还要知道噪声的统计特性、图像的某种特性、或噪声与图像的某些相关信息。一般来说，要求 $\hat{\boldsymbol{f}}$ 和 $\hat{\boldsymbol{h}}$ 具有最小范数。$\hat{\boldsymbol{f}}$ 和 $\hat{\boldsymbol{h}}$ 范数的选择是复原过程的关键。不同的范数选择会导致 $\hat{\boldsymbol{f}}$ 或 $\hat{\boldsymbol{h}}$ 不同意义的平滑性。

盲复原问题可以转换为 $\hat{\boldsymbol{f}}$ 和 $\hat{\boldsymbol{h}}$ 范数约束下最小化 $\|\boldsymbol{g}-\boldsymbol{Hf}\|_2$，的问题，为了求解约束最小化问题，引入拉格朗日乘子，可表示为如下的目标函数

$$L(\boldsymbol{f},\boldsymbol{h}) = \|\boldsymbol{g}-\boldsymbol{Hf}\|_2+\lambda_f\|\hat{\boldsymbol{f}}\|_f+\lambda_h\|\hat{\boldsymbol{h}}\|_h \tag{6-125}$$

式中：λ_f 和 λ_h 为拉格朗日乘子。第一项为数据保真项，在恢复 $\boldsymbol{f}$ 和 $\boldsymbol{h}$ 的过程中，保证点扩散函数 $\boldsymbol{h}$ 的复原 $\hat{\boldsymbol{h}}$ 对恢复图像 $\hat{\boldsymbol{f}}$ 的模糊接近 $\boldsymbol{g}$，即在范数 $\|\boldsymbol{g}-\boldsymbol{Hf}\|_2$，的度量下恢复原图像。式(6-122)为正则化盲复原方法的基本模型，范数平方项也经常用到。

如前所述，为了寻求一个没有高频振荡的平滑解，通常的做法是对 $\hat{\boldsymbol{f}}$ 和 $\hat{\boldsymbol{h}}$ 的平滑约束，因此，要求 $\hat{\boldsymbol{f}}$ 和 $\hat{\boldsymbol{h}}$ 的偏导数 $|\boldsymbol{L}_d\hat{\boldsymbol{f}}|_p$ 和 $|\boldsymbol{L}_d\hat{h}|_q$ 具有最小范数，其中，在离散问题中 $\boldsymbol{L}_d$ 表示 d 阶偏导数的有限差分近似，p 和 q 通常选择 1 范数或 2 范数。

二、Tikhonov 正则化盲复原

当 $\boldsymbol{f}$ 和 $\boldsymbol{h}$ 的范数选取为 2 范数时，正则化问题称为 Tikhonov 正则化。Tikhonov 正则化盲复原可以表示为如下的最小化问题，即

$$L(\boldsymbol{f},\boldsymbol{h}) = \|\boldsymbol{g}-\boldsymbol{Hf}\|_2^2+\lambda_f\|\nabla\boldsymbol{f}\|_2^2+\lambda_h\|\nabla\boldsymbol{h}\|_2^2 \tag{6-126}$$

在这种情况下，使用范数的平方。当固定 $\boldsymbol{h}$ 时，式(6-126)是关于 $\boldsymbol{f}$ 的凸函数，能够

保证唯一解，同样，当固定 $\boldsymbol{f}$ 时，式(6-126)是关于 $\boldsymbol{h}$ 的凸函数。但是，这并不能说明 $L(\boldsymbol{f},\boldsymbol{h})$ 是关于 $\boldsymbol{f}$ 和 $\boldsymbol{h}$ 的凸函数。

You 和 Kaveh(1991)提出了交替最小化(Alternating Minimization，AM)算法求解式(6-126)的最优化问题。有两种方式实现交替最小化算法，一种方式是先最小化关于 $\boldsymbol{h}$ 的函数，再最小化关于 $\boldsymbol{f}$ 的函数(AMHF)，给定初始估计 $\boldsymbol{f}^0$，交替求解如下两式。

$$\boldsymbol{f}^{k-1} = \arg\min_{f} L(\boldsymbol{f},\boldsymbol{h}^{k-1}) \tag{6-127}$$

$$\boldsymbol{h}^{k} = \arg\min_{h} L(\boldsymbol{f}^{k-1},\boldsymbol{h}) \tag{6-128}$$

另一个方式是先最小化关于 $\boldsymbol{f}$ 的函数再最小化关于 $\boldsymbol{h}$ 的函数(AMFH)，交替求解如下两式。

$$\boldsymbol{f}^{k-1} = \arg\min_{f} L(\boldsymbol{f},\boldsymbol{h}^{k-1}) \tag{6-129}$$

$$\boldsymbol{h}^{k} = \arg\min_{h} L(\boldsymbol{f}^{k-1},\boldsymbol{h}) \tag{6-130}$$

其中：$k = 1,2,\cdots$ 。

对于每一个初始估计，交替最小化算法具有全局收敛性。同时，两个版本的交替最小化算法对于一个合适的初始估计产生相同的迭代序列。换句话说，对于给定的初始估计，存在唯一解。但是，最优化问题的解依赖于初始估计。初始值的选取非常重要，尤其是点扩散函数的初始估计，在接近精确解的范围内开始搜索最小值更容易找到全局极小值点。

三、全变分正则化盲复原

当 $\boldsymbol{f}$ 和 $\boldsymbol{h}$ 的范数选取为 1 范数时，正则化问题称为全变分正则化。全变分正则化盲复原可表示为如下最小化问题

$$J(\boldsymbol{f},\boldsymbol{h}) = \| \boldsymbol{g} - \boldsymbol{H}\boldsymbol{f} \|_2^2 + \lambda_f \| \nabla \boldsymbol{f} \|_1 + \lambda_h \| \nabla \boldsymbol{h} \|_1 \tag{6-131}$$

也可以结合全变分正则化和 Tikhonov 正则化。例如，对 $\boldsymbol{f}$ 采用全变分正则化约束，而对 $\boldsymbol{h}$ 采用 Tikhonov 正则化约束。全变分正则化盲复原问题通常也使用交替最小化算法求解。

与 Tikhonov 正则化相比，全变分正则化能够更好地恢复原信号。式(6-131)的最小值依赖于参数 λ_f 和 λ_h，增大其中之一可能导致最小值不稳定。此外，增大参数 λ_f 将会导致对比度损失。

第七章　数学形态图像处理

形态学(morphology)一词通常表示生物学的一个分支,主要研究动植物的形态和结构。数学形态学是以形状为基础进行图像分析的数学工具,因而使用了同一术语。数学形态学图像处理的主要内容是从图像中提取图像结构分量,如边界、骨架和凸包,这在区域形状和尺寸的表示和描述方面很有用。数学形态学主要以集合论为数学语言,具有完备的数学理论基础,并以膨胀和腐蚀这两个基本运算为基础,推导和组合出许多实用的数学形态学处理算法。

数学形态学是以形状为基础进行图像分析的数学工具,它以膨胀和腐蚀这两个基本运算为基础推导和组合出许多实用的数学形态学处理算法。本章首先简要介绍了数学形态学图像处理的背景和基础;然后重点介绍了二值图像形态学的基本运算,包括膨胀、腐蚀、开运算和闭运算,并讨论了以基本运算的组合形式定义的二值图像形态学的一系列实用算法,包括去噪、边界提取、孔洞填充、连通分量提取、骨架、凸包、细化、粗化、剪枝等;最后探讨了灰度图像形态学的基本运算,包括灰度膨胀和灰度腐蚀、灰度开运算和灰度闭运算,以及建立在基本运算基础上的几种灰度形态学算法,包括顶帽变换和底帽变换、灰度形态学重构。

第一节　数学形态背景

数学形态学(mathematical morphology)诞生于1964年。当时,法国巴黎矿业学院的马瑟荣(Matheron)正从事多孔介质的透气性与其纹理之间关系的研究工作,赛拉(Serra)在马瑟荣的指导下进行铁矿石的定量岩石学分析,以预测开采价值的研究工作。赛拉摒弃了传统的分析方法,设计了一个数字图像分析设备,并将它称为"纹理分析器"。在此期间,赛拉和马瑟荣的工作从理论和实践两个方面初步奠定了数学形态学的基础,形成了击中击不中运算、开闭运算等理论基础,以及纹理分析器的原型。

1966 年，马瑟荣和赛拉命名了数学形态学。1968 年 4 月，他们成立了法国枫丹白露数学形态学研究中心，巴黎矿业学院为该中心提供了研究基地。

赛拉分别于 1982 年和 1988 年出版了《图像分析与数学形态学》(*Image Analysis and Mathematical Morphology*)的第一卷和第二卷。因此，20 世纪 80 年代后，数学形态学迅速发展并广为人知。1984 年，法国枫丹白露成立了 MorphoSystem 指纹识别公司。1986 年，法国枫丹白露成立了 Noesis 图像处理公司。此外，全世界成立了十几家数学形态学研究中心，进一步奠定了数学形态学的理论基础。20 世纪 90 年代后，数学形态学广泛应用于图像增强、图像分割、边缘检测和纹理分析等方向，成为计算机数字图像处理的一个主要研究领域。

数学形态学是一种基于形状的图像处理理论和方法，数学形态学图像处理的基本思想是：选择具有一定尺寸和形状的结构元素度量并提取图像中相关形状结构的图像分量，以达到对图像分析和识别的目的。数学形态学可以用于二值图像和灰度图像的处理和分析。二值图像形态学的语言是集合论，在二值图像形态学中，所讨论的是由二维整数空间中的元素构成的集合，集合中的元素是像素在图像中的坐标 (x,y)，用集合表示图像中的不同目标。在灰度图像形态学中，所讨论的是三维整数空间中的函数，将像素的灰度值表示为像素在图像中坐标 (x,y) 的函数。

膨胀和腐蚀是数学形态学图像处理的两个基本运算，其他数学形态学运算或算法均以这两种基本运算为基础。二值图像形态学的基本运算包括膨胀、腐蚀、开运算、闭运算和击中击不中运算。在基本运算的基础上设计了多种二值图像形态学的实用算法，如去噪、边界提取、孔洞填充、连通分量提取、骨架、凸包、细化、粗化和剪枝。灰度图像形态学的基本运算包括灰度膨胀，灰度腐蚀，灰度开运算和灰度闭运算，在基本运算的基础上，灰度图像形态学的主要算法有顶帽变换、底帽变换和灰度形态学重构。数学形态学算法具有利于并行实现的结构，适合于并行操作，且硬件上容易实现。

第二节　形态学基础

本节及后续的三节将讨论二值图像形态学。二值图像形态学的操作对象是二维整数空间 $\mathbb{Z}^2$ 中的元素。本节建立和说明二值图像形态学中的几个重要概念。

一、集合运算

当讨论二值图像形态学时，将二值图像看成其中所有 1 像素构成的集合，从集合的角度进行研究。用集合 $\mathcal{A}$ 表示二值图像，元素 p 表示 1 像素在二值图像中的坐标

(x,y)。元素 p 属于集合 $\mathcal{A}$ 是指元素 p 是集合 $\mathcal{A}$ 中的元素，记作 $p \in \mathcal{A}$；元素 p 不属于集合 $\mathcal{A}$ 是指元素 p 不是集合 $\mathcal{A}$ 中的元素，记作 $p \notin \mathcal{A}$。

1. 并集、交集、差集和补集

集合 $\mathcal{A}$ 和集合 $\mathcal{B}$ 中的所有元素构成的集合称为，$\mathcal{A}$ 和 $\mathcal{B}$ 的并集，记作 $\mathcal{A} \cup \mathcal{B}$，定义为

$$\mathcal{A} \cup \mathcal{B} = \{p | p \in \mathcal{A} | p \in \mathcal{B}\} \tag{7-1}$$

如 7-1(a)所示，集合 $\mathcal{A}$ 和集合 $\mathcal{B}$ 的并集 $\mathcal{A} \cup \mathcal{B}$ 包含的元素属于，$\mathcal{A}$ 或者属于 $\mathcal{B}$。

集合 $\mathcal{A}$ 和集合 $\mathcal{B}$ 中的共同元素构成的集合称为 $\mathcal{A}$ 和 $\mathcal{B}$ 的交集，记作，$\mathcal{A} \cap \mathcal{B}$，定义为

$$\mathcal{A} \cap \mathcal{B} = \{p | p \in \mathcal{A} \& p \in B\} \tag{7-2}$$

如图 7-1(b)所示，集合 $\mathcal{A}$ 和集合 $\mathcal{B}$ 的交集 $\mathcal{A} \cap \mathcal{B}$ 包含的元素同时属于 $\mathcal{A}$ 和 $\mathcal{B}$。

不在集合 $\mathcal{A}$ 中的元素构成 $\mathcal{A}$ 的补集，记作 $\mathcal{A}^c$，定义为

$$\mathcal{A}^c = \{p | p \notin \mathcal{A}\} \tag{7-3}$$

如图 7-1(c)所示，集合 $\mathcal{A}$ 的补集 $\mathcal{A}^c$ 是不属于集合 $\mathcal{A}$ 的元素集合。

在集合 $\mathcal{A}$ 中同时又不在集合 $\mathcal{B}$ 中的元素构成的集合称为 $\mathcal{A}$ 与 $\mathcal{B}$ 的差集，记作 $\mathcal{A}-\mathcal{B}$，定义为

$$\mathcal{A} - \mathcal{B} = \mathcal{A} \cap \mathcal{B}^c = \{p | p \in \mathcal{A} \& p \notin \mathcal{B}\} \tag{7-4}$$

如图 7-1(d)所示，集合 $\mathcal{A}$ 与集合 $\mathcal{B}$ 的差集 $\mathcal{A}-\mathcal{B}$ 是属于集合 $\mathcal{A}$ 但不属于集合 $\mathcal{B}$ 的元素集合。

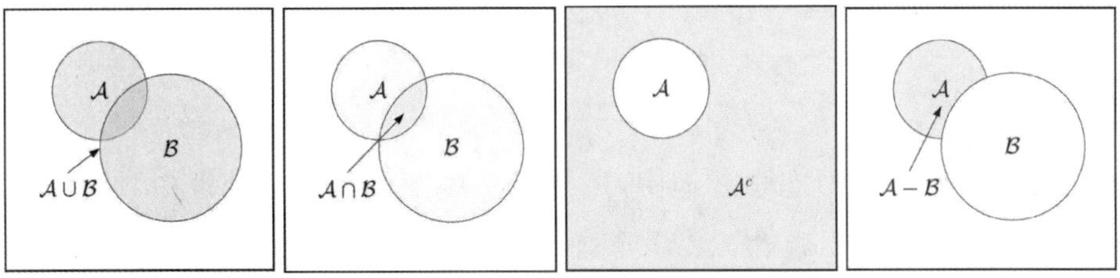

(a)并集　(b)交集　(c)补集　(d)差集

图 7-1　并集、交集、补集、差集示意图

2. 平移、映射

集合 $\mathcal{A}$ 的映射构成的集合，记作 $\hat{\mathcal{A}}$，定义为

$$\hat{\mathcal{A}} = \{p \mid p = -q, q \in \mathcal{A}\} \tag{7-5}$$

如图 7-2(a)所示，集合 $\mathcal{A}$ 的映射集合，$\mathcal{A}$ 包含的元素为集合，$\mathcal{A}$ 中的每一个坐标关于原点的镜像坐标。

集合 $\mathcal{A}$ 的平移 z 构成的集合，记作 $(\mathcal{A})_z$，定义为

$$(\mathcal{A})_z = \{p \mid p = q + z, q \in \mathcal{A}\} \tag{7-6}$$

如图 7-2(b)所示，集合$\mathcal{A}$的平移集合 $(\mathcal{A})_z$，包含的元素为集合$\mathcal{A}$中的每一个坐标与位移 $\boldsymbol{z} = (x_0, y_0)^{\mathrm{T}}$ 相加而形成的新坐标。

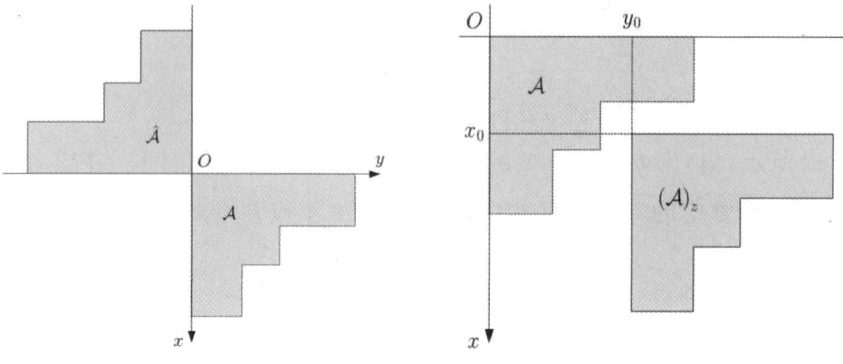

(a)集合的映射集合 (b)集合的平移集合

图 7-2 集合映射和平移示意图

二、二值图像的逻辑运算

二值图像形态学将二值图像看成是目标像素的集合，集合中的元素属于二维整数空间 $\mathbb{Z}^2$ 。并集、交集、差集和补集等集合运算可以直接应用于二值图像。对应于二值图像所用的主要逻辑运算——与、或、非。集合运算与逻辑运算具有一一对应的关系，具体地讲，集合补集运算对应于逻辑非运算，集合并集运算对应于逻辑或运算，集合交集运算对应于逻辑与运算。

三、结构元素

无论是在二值图像形态学处理中，还是在灰度图像形态学处理中，结构元素都是数学形态学中的一个重要概念。数学形态学运算是使用结构元素对二值图像或灰度图像进行操作，结构元素的尺寸远小于待处理图像的尺寸。在二值图像形态学中，结构元素是一个由0 值和 1 值组成的矩阵。每一个结构元素有一个原点，结构元素中的原点指定待处理像素的位置，结构元素中的 1 值定义了结构元素的邻域，输出图像中对应原点的值建立在输入图像中相应像素及其邻域像素比较的基础上。

第三节　二值图像形态学基本运算

二值图像形态学的基本运算是定义在集合上的运算，当涉及两个集合时，并不将它们同等对待。一般而言，设 $\mathcal{A}$ 表示二值图像，$\mathcal{B}$ 表示结构元素。在二值图像形态学运算的过程中，将二值图像和结构元素均看成集合。二值图像形态学运算是使用结构元素 $\mathcal{B}$ 对二值图像 $\mathcal{A}$ 进行操作。通常情况下。二值图像形态学运算是对二值图像中 1 像素区域进行的。

一、膨胀与腐蚀

膨胀和腐蚀是数学形态学图像处理的两个基本运算，它是数学形态学图像处理的基础。在二值图像形态学中，膨胀是在图像中目标边界周围增添像素，而腐蚀是移除图像中目标边界的像素。增添和移除的像素数取决于结构元素的尺寸和形状。二值图像形态学中的另外 3 种基本运算——开运算、闭运算和击中击不中运算都是以膨胀和腐蚀的不同组合形式定义的，本节后面介绍的二值图像形态学实用算法也均建立在膨胀和腐蚀这两种基本运算的基础上。注意，原点可以属于结构元素，也可以不属于结构元素，这两种情况下的运算结果有所不同。

1. 膨胀

结构元素 $\mathcal{B}$ 对集合 $\mathcal{A}$ 的膨胀，记作 $\mathcal{A} \oplus \mathcal{B}$，定义为

$$\mathcal{A} \oplus \mathcal{B} = \{z \mid (\hat{\mathcal{B}})_z \cap \mathcal{A} \neq \emptyset\} \tag{7-7}$$

式中：$\emptyset$ 表示空集。

结构元素 $\mathcal{B}$ 对集合 $\mathcal{A}$ 膨胀的过程为：将结构元素 $\mathcal{B}$ 关于原点的映射 $\mathcal{B}$ 平移 z，集合 $\mathcal{A}$ 与结构元素 $\mathcal{B}$ 的映射平移 $(\hat{\mathcal{B}})_z$ 的交集不为空集。换句话说，结构元素 $\mathcal{B}$ 对集合 $\mathcal{A}$ 膨胀生成的集合是 $\mathcal{B}$ 的映射平移集合与集合 $\mathcal{A}$ 相交至少有一个非零元素时，$\mathcal{B}$ 的原点位置的集合。

图 7-3 给出了一个二值图像膨胀的图例。通过选择合适的结构元素，膨胀运算的作用是填补目标区域中的小孔，连接目标区域中的断裂部分。对于图 7-3(a)所示的二值图像，图 7-3(b)和图 7-3(c)分别为 3×3 方形结构元素和 15×15 方形结构元素的膨胀运算结果。从图中可以看到，膨胀运算扩张了白色的目标区域，填补了目标区域中尺寸小于结构元素的孔洞和缺口。

代码如下：

```
import matplotlib.pyplot as plt
import cv2
import numpy as np
from scipy import ndimage as ndi
```

```
from skimage.filters import roberts


img= cv2.imread('path\\to\\img', 0)
ret, thresh1= cv2.threshold(img, 153, 255, cv2.THRESH_BINARY)
kernel= np.uint8(np.zeros((3, 3)))
for x in range(3):
    kernel[x, 2]= 1
    kernel[2, x]= 1
# 膨胀图像
dilated= cv2.dilate(thresh1, kernel)
plt.imshow(eroded, 'gray')
plt.savefig('eroded3.jpg')
plt.show()
```

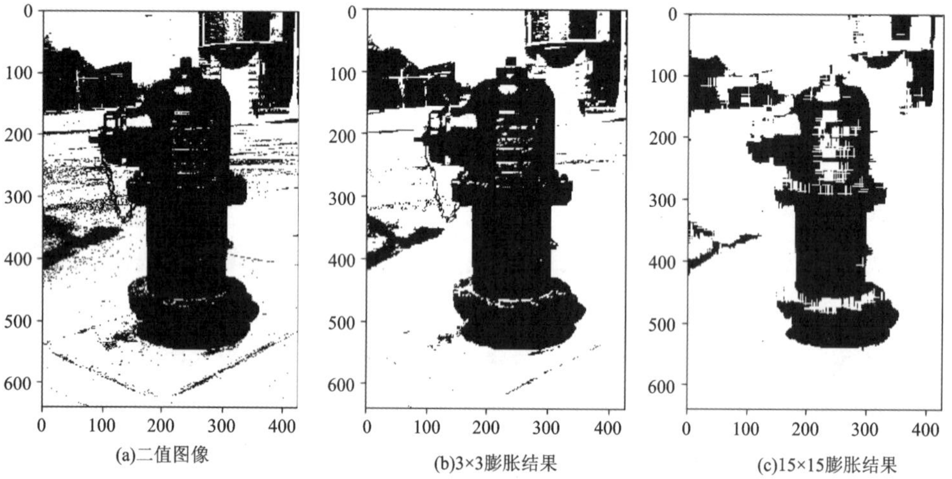

图 7-3　不同尺寸方形结构元素的膨胀示例

2. 腐蚀

结构元素 $\mathcal{B}$ 对集合 $\mathcal{A}$ 的腐蚀，记作 $\mathcal{A} \ominus \mathcal{B}$，定义为

$$\mathcal{A} \ominus \mathcal{B} = \{ z \mid (\mathcal{B})_z \subseteq \mathcal{A} \} \tag{7-8}$$

结构元素 $\mathcal{B}$ 对集合 $\mathcal{A}$ 腐蚀的过程为：将结构元素 $\mathcal{B}$ 平移 z 后仍包含在集合 $\mathcal{A}$ 中。换句话说，结构元素 $\mathcal{B}$ 对集合 $\mathcal{A}$ 腐蚀生成的集合是 $\mathcal{B}$ 的平移集合完全包含在集合 $\mathcal{A}$ 中时，$\mathcal{B}$ 的原点位置的集合。

图 7-4 给出了一个二值图像腐蚀的图例。通过选择合适的结构元素，腐蚀运算的作用是消除孤立的小目标，平滑目标区域的毛刺和突出部分。对于图 7-4(a)所示的二值图像，图 7-4(b)和图 7-4(c)分别为 3×3 方形结构元素和 15×15 方形结构元素的腐

蚀运算结果。从图中可以看到，腐蚀运算收缩了白色的目标区域，消除了尺寸小于结构元素的目标和毛刺。

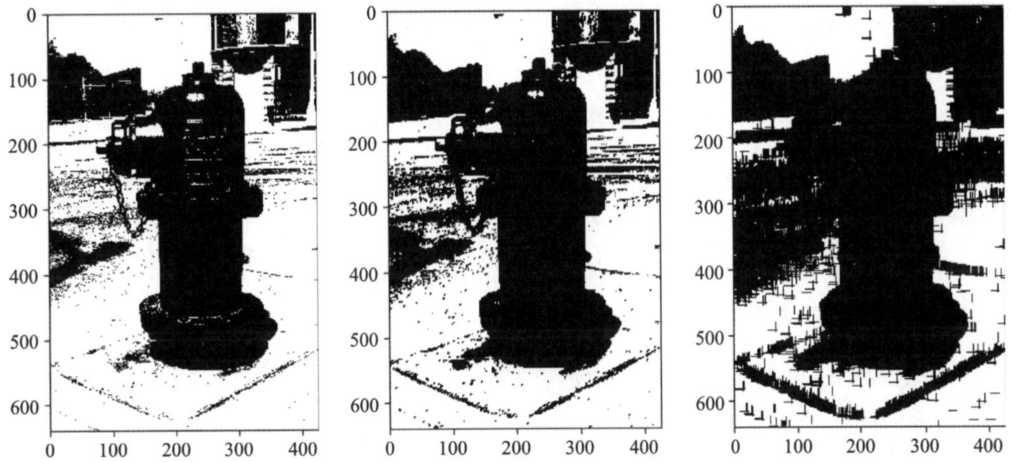

(a)二值图像　(b)3×3 腐蚀结果　(c)15×15腐蚀结果

图 7-4　不同尺寸方形结构元素的腐蚀示例

代码如下：

```
import matplotlib.pyplot as plt
import cv2
import numpy as np
from scipy import ndimage as ndi
from skimage.filters import roberts

img= cv2.imread('path\\to\\img', 0)
ret, thresh1= cv2.threshold(img, 153, 255, cv2.THRESH_BINARY)
kernel= np.uint8(np.zeros((3, 3)))
for x in range(3):
     kernel[x, 2]=1
     kernel[2, x]=1
# 腐蚀图像
eroded= cv2.erode(thresh1, kernel)
plt.imshow(eroded, 'gray')
plt.savefig('eroded3.jpg')
plt.show()
```

3. 膨胀与腐蚀的对偶性

由前两小节可知，结构元素 $\mathcal{B}$ 对集合 $\mathcal{A}$ 的膨胀运算 $\mathcal{A} \oplus \mathcal{B}$，可写为

$$\mathcal{A} \oplus \mathcal{B} = \{z \mid (\hat{\mathcal{B}})_z \cap \mathcal{A} \neq \varnothing\} \tag{7-9}$$

结构元素 $\mathcal{B}$ 对集合 $\mathcal{A}$ 的腐蚀运算 $\mathcal{A} \ominus \mathcal{B}$，可写为

$$\mathcal{A} \ominus \mathcal{B} = \{z \mid (\mathcal{B})_z \subseteq \mathcal{A}\} \tag{7-10}$$

通过比较式(7-9)和式(7-10)可以发现，膨胀运算和腐蚀运算的定义非常相似。对图像中目标区域的膨胀(腐蚀)运算相当于对图像中背景区域的腐蚀(膨胀)运算，具体地说，结构元素 $\mathcal{B}$ 对集合 $\mathcal{A}$ 腐蚀的补集等价于映射 $\mathcal{B}$ 对补集 $\mathcal{A}^c$ 的膨胀，而结构元素 $\mathcal{B}$ 对集合 $\mathcal{A}$ 膨胀的补集也等价于映射 $\mathcal{B}$ 对补集 $\mathcal{A}^c$ 的腐蚀。因此，腐蚀运算和膨胀运算是一对互为对偶的操作。膨胀运算与腐蚀运算的对偶性可表示为

$$(\mathcal{A} \ominus \mathcal{B})^c = (\mathcal{A}^c \oplus \hat{\mathcal{B}}) \tag{7-11}$$

$$(\mathcal{A} \oplus \mathcal{B})^c = (\mathcal{A}^c \ominus \hat{\mathcal{B}}) \tag{7-12}$$

膨胀运算与腐蚀运算的对偶性表明，二值图像形态学的基本运算本质上只有一个，整个二值图像形态学体系建立在一个基本运算的基础上。

二、开运算与闭运算

开运算和闭运算是以膨胀和腐蚀运算的组合形式定义的。开运算能够消除小尺寸的目标和细小的毛刺、断开细长的桥接部分而使目标区域分离。闭运算能够填补目标区域内部小尺寸的孔洞和细窄的缺口、桥接狭窄的断裂部分而使目标区域连通。开运算和闭运算的结合具有消除小目标和手刺、填补小孔洞和缺口，并在不明显改变目标区域面积的条件下平滑较大目标边界的作用。

1. 开运算

开运算为先腐蚀后膨胀的运算，结构元素 $\mathcal{B}$ 对集合 $\mathcal{A}$ 的开运算，记作 $\mathcal{A} \circ \mathcal{B}$，定义为

$$\mathcal{A} \circ \mathcal{B} = (\mathcal{A} \ominus \mathcal{B}) \oplus \mathcal{B} \tag{7-13}$$

2. 闭运算

闭运算为先膨胀后腐蚀的运算，结构元素 $\mathcal{B}$ 对集合 $\mathcal{A}$ 的闭运算，记作 $\mathcal{A} \bullet \mathcal{B}$，定义为

$$\mathcal{A} \bullet \mathcal{B} = (\mathcal{A} \oplus \mathcal{B}) \ominus \mathcal{B} \tag{7-14}$$

图 7-5 给出了一个二值图像开运算的图例。在图 7-5(a)所示的二值图像中，图 7-5(b)和图 7-5(c)分别给出的是开运算和闭运算后的结果图。

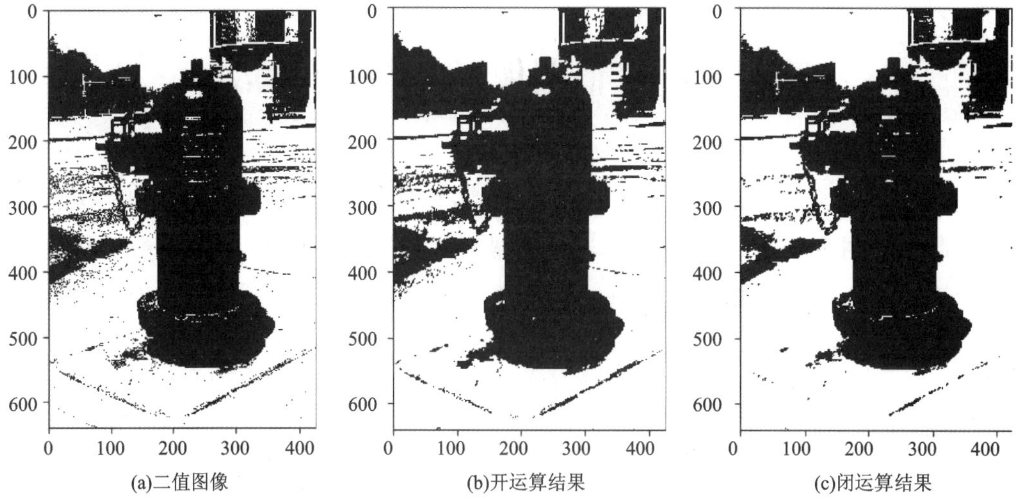

图 7-5 开闭运算示例

代码如下：

```
import matplotlib.pyplot as plt
import cv2
import numpy as np
from scipy import ndimage as ndi
from skimage.filters import roberts

img = cv2.imread('path\\to\\img', 0)
ret, thresh1= cv2.threshold(img, 153, 255, cv2.THRESH_BINARY)
kernel= np.uint8(np.zeros((3, 3)))
for x in range(3):
    kernel[x, 2]=1
    kernel[2, x]=1
# 闭运算
dilated = cv2.dilate(thresh1, kernel)
eroded = cv2.erode(dilated, kernel)
# 开运算
eroded = cv2.erode(thresh1, kernel)
dilated = cv2.dilate(eroded, kernel)
# plt.imshow(eroded, 'gray')
plt.show()
```

第四节 二值图像形态学实用算法

上一节介绍了二值图像形态学的基本运算,包括膨胀、腐蚀、开运算和闭运算。二值图像形态学的主要应用是提取对表示和描述形状有用的图像分量。本节将讨论以基本运算的组合形式定义的一系列二值图像形态学的实用算法,包括去噪、边界提取、孔洞填充、连通分量提取、骨架、凸包、细化、粗化、剪枝等。

一、去噪

二值化图像处理后通常会存在噪声,如孤立的前景噪声和目标区域中的小孔等。如前所述,开运算和闭运算的结合处理是一种简单的图像去噪方法。设 $\mathcal{A}$ 表示二值图像,$\mathcal{B}$ 表示结构元素,去噪过程一般为先开运算后闭运算,可表示为

$$\tilde{\mathcal{A}} = (\mathcal{A} \circ \mathcal{B}) \bullet \mathcal{B} \tag{7-15}$$

式中:$\tilde{\mathcal{A}}$ 为去除噪声后的图像。

根据目标的形状和噪声的尺寸,应选择合适形状和尺寸的结构元素。

正如前文所描述的那样,开运算和闭运算结合的形态学后处理会影响目标原本的边界和形状。特别当目标本身尺度较小时。这种去噪处理很容易破坏边界的细节。因此。对于复杂边界的目标,一般不建议使用这种形态学方法对二值图像进行后处理。

二、边界提取

结构元素$\mathcal{B}$对集合 $\mathcal{A}$ 腐蚀的作用是收缩目标区域,集合 $\mathcal{A}$ 与腐蚀集合 $\mathcal{A} \ominus \mathcal{B}$ 的差集也就是腐蚀运算移除的目标边界元素构成 $\mathcal{A}$ 的边界集合,边界提取的过程可表示为

$$\beta(\mathcal{A}) = \mathcal{A} - (\mathcal{A} \ominus \mathcal{B}) \tag{7-16}$$

式中:$\beta(\mathcal{A})$ 表示集合 $\mathcal{A}$ 的边界集合。

根据所需要的边界连通性和宽度,应选择合适尺寸和形状的结构元素,使用 3×3 方形结构元素可以提取单像素宽的 4 连通边界,使用 3×3 菱形结构元素可以提取单像素宽的 8 连通边界,使用 5×5 结构元素可以提取 2～3 个像素宽的边界。

三、孔洞填充

孔洞是指由连通的边界包围的背景区域。孔洞填充的形态学算法是以集合的膨胀、补集和交集的组合形式定义的。设 $\mathcal{A}$ 表示边界集合,$\mathcal{B}$ 表示结构元素,给定边界内

的一个点 p，初始集合 χ_0 中点 p 所在位置的值为 1，其他位置的值为 0，孔洞填充的过程可表示为

$$\chi_k = (\chi_{k-1} \oplus \mathcal{B}) \cap \mathcal{A}^c, \chi_0 = \{p\}, k = 1,2,\cdots \tag{7-17}$$

当 $\chi_k = \chi_{k-1}$ 时，在第 k 步迭代终止，此时，χ_k 为孔洞填充的最终结果，χ_k 与其边界 $\mathcal{A}$ 的并集构成目标区域。若对膨胀不加以限制，则膨胀过程将填充整幅图像。因此，在每一次迭代中，与 $\mathcal{A}^c$ 的交集将膨胀集合限制在区域内部，将这种在一定约束条件下的膨胀过程称为条件膨胀。根据边界的连通性应选择合适的结构元素 $\mathcal{B}$，对于 8 连通边界，使用菱形结构元素进行条件膨胀；对于 4 连通边界，使用方形结构元素进行条件膨胀。

对于某些具有圆盘形状特征的目标，由于镜面反射、光照不均匀、亮度变化等原因，图像中的目标区域内部出现孔洞而呈现环状圆圈。在进一步的图像分析之前，有必要首先填充环状圆圈包围的孔洞。图 7-6(a)为一张英语段落的图像，图 7-6(b)为通过孔洞填充处理后的效果图。

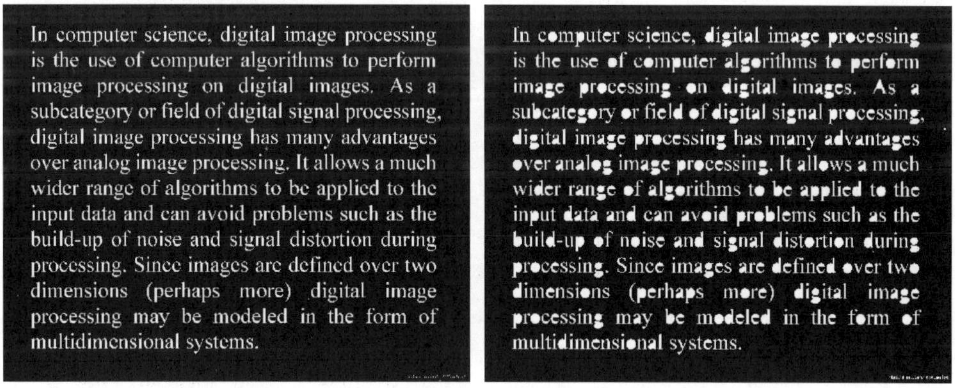

(a)英文语段　　(b)孔洞填充结果

图 7-6　孔洞填充示例

代码如下：

```
import numpy as np
import cv2 as cv
from matplotlib import pyplot as plt

img= cv.imread("path\\to\\img")

#  二值化
```

```
imgray= cv.cvtColor(img, cv.COLOR_BGR2GRAY)
imgray[imgray < 100]= 0
imgray[imgray > = 100]= 255

# 原图取补得到 MASK 图像
mask= 255 - imgray

# 构造 Marker 图像
marker= np.zeros_like(imgray)
marker[0, :]= 255
marker[- 1, :]= 255
marker[:, 0]= 255
marker[:, - 1]= 255
marker_0= marker.copy()

# 形态学重建
SE= cv.getStructuringElement(shape= cv.MORPH_CROSS, ksize= (3, 3))
while True:
      marker_pre= marker
      dilation= cv.dilate(marker, kernel= SE)
      marker= np.min((dilation, mask), axis= 0)
      if (marker_pre= = marker).all():
          break
dst= 255 - marker
filling= dst - imgray

# 显示
plt.figure(figsize= (12, 6))  # width * height
plt.imshow(dst, cmap= 'gray'), plt.axis("off")
plt.show()
```

四、连通分量提取

连通分量提取的形态学算法是以集合的膨胀和交集的组合形式定义的。设 y 表示集合 $\mathcal{A}$ 中的连通分量，$\mathcal{B}$ 表示结构元素，给定连通分量 y 中的一个点 p，初始集合 X_0 中点 p 所在位置的值为 1，其他位置的值为 0。连通分量提取的过程可表示为

$$\chi_k = (\chi_{k-1} \oplus \mathcal{B}) \cap \mathcal{A}, \chi_0 = \{p\}, k = 1,2,\cdots \tag{7-18}$$

当 $\chi_k = \chi_{k-1}$ 时，在第 k 步迭代终止，此时，$y = \chi_k$ 为连通分量提取的最终结果。式(7-18)在形式上与式(7-17)相似，不同之处仅在于集合 $\mathcal{A}$ 代替了其补集 $\mathcal{A}^c$，这是因为式(7-18)中连通分量提取过程搜索的是 1 像素，即目标像素。而式(7-17)中孔洞填充过程搜索的是 0 像素，即背景像素。同理，在每一次迭代中，条件膨胀通过与集合 $\mathcal{A}$ 的交集将膨胀集合限制在连通分量内部。根据连通分量的连通性应选择合适的结构元素 $\mathcal{B}$，对于 8 连通的连通分量提取，使用方形结构元素进行条件膨胀，对于 4 连通的连通分量提取，使用菱形结构元素进行条件膨胀。

五、骨架

骨架是指在不改变目标拓扑结构的条件下，利用单像素宽的细线表示目标。目标的骨架与目标本身具有相同数量的连通分量和孔洞，简言之，骨架保持了目标的欧拉数。目前已有多种不同的骨架定义以及骨架提取算法，例如，直接骨架、形态学骨架、Voronoi 图骨架等。

形态学骨架是利用二值图像形态学的方法提取目标的骨架。设 $\mathcal{A}$ 表示目标集合，$\mathcal{B}$ 表示结构元素，一种形态学骨架计算式为

$$\mathcal{S}(\mathcal{A}) = \bigcup_{k=0}^{K} \mathcal{S}_k(\mathcal{A}) \tag{7-19}$$

式(7-19)表明，集合 $\mathcal{A}$ 的骨架 $\mathcal{S}(\mathcal{A})$ 是由骨架子集 $\mathcal{S}_k(\mathcal{A})$ 的并集构成。骨架子集 $\mathcal{S}_k(\mathcal{A})$ 定义在腐蚀和开运算组合形式的基础上，其计算式为

$$\mathcal{A} \ominus k\mathcal{B} = (\mathcal{A} \ominus (k-1)\mathcal{B}) \ominus \mathcal{B} = (\cdots((\mathcal{A} \ominus \mathcal{B}) \ominus \mathcal{B}) \ominus \cdots) \ominus \mathcal{B} \tag{7-20}$$

式中：$\mathcal{A} \ominus k\mathcal{B}$ 表示结构元素 $\mathcal{B}$ 对集合 $\mathcal{A}$ 的连续 k 次腐蚀，可表示为

$$\mathcal{S}_k(\mathcal{A}) = (\mathcal{A} \ominus k\mathcal{B}) - (\mathcal{A} \ominus k\mathcal{B}) \circ \mathcal{B}, k = 0,1,\cdots,K \tag{7-21}$$

K 为骨架子集的计算次数，其数学表达式为

$$K = \max\{k \mid \mathcal{A} \ominus k\mathcal{B} \neq \varnothing\} \tag{7-22}$$

该数学式说明，K 表示结构元素 $\mathcal{B}$ 将集合 $\mathcal{A}$ 腐蚀成为空集之前的最大迭代次数，换句话说，超过 K 次迭代，结构元素 $\mathcal{B}$ 将集合 $\mathcal{A}$ 腐蚀为空集。

骨架提取的过程是可逆的，集合 $\mathcal{A}$ 可以用骨架子集 $\mathcal{S}_k(\mathcal{A})$ 进行重构，其计算式为

$$\mathcal{A} = \bigcup_{k=0}^{K} (\mathcal{S}_k(\mathcal{A}) \oplus k\mathcal{B}) \tag{7-23}$$

式中：$\mathcal{S}_k(\mathcal{A}) \oplus k\mathcal{B}$ 表示结构元素 $\mathcal{B}$ 对骨架子集 $\mathcal{S}_k(\mathcal{A})$ 的连续 k 次膨胀，可表示为

$$\begin{aligned} \mathcal{S}_k(\mathcal{A}) \oplus k\mathcal{B} &= (\mathcal{S}_k(\mathcal{A}) \oplus (k-1)\mathcal{B}) \oplus \mathcal{B} \\ &= (\cdots((\mathcal{S}_k(\mathcal{A}) \oplus \mathcal{B}) \oplus \mathcal{B}) \cdots) \oplus B \end{aligned} \tag{7-24}$$

式(7-24)中的 K 决定了式(7-24)中膨胀运算的次数。

如图 7-7(a)所示为二值图像,图 7-7(b)为对应目标的骨架图像。需要补充说明的是,形态学骨架提取算法经常会产生毛刺或分支,后面的形态学剪枝算法用于删除骨架算法产生的这些端点。

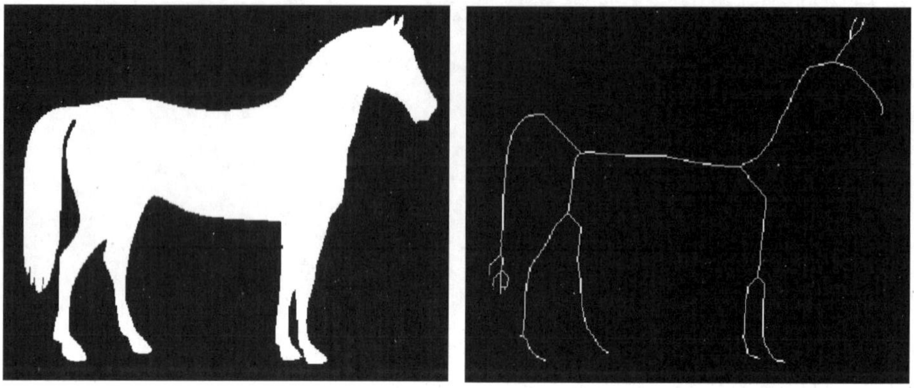

(a)二值图像 (b)骨架提取结果

图 7-7 形态学骨架提取示例

代码如下:

```
from skimage import morphology,data,color
import matplotlib.pyplot as plt

image= color.rgb2gray(data.horse())
image= 1- image # 反相
# 实施骨架算法
skeleton= morphology.skeletonize(image)

# 显示结果
fig, ax2= plt.subplots(nrows= 1, ncols= 1)

# ax1.imshow(image, cmap= plt.cm.gray)
# ax1.axis('off')
# ax1.set_title('original', fontsize= 20)

ax2.imshow(skeleton, cmap= plt.cm.gray)
ax2.axis('off')
# ax2.set_title('skeleton', fontsize= 20)
fig.tight_layout()
plt.show()
```

六、细化

细化是在保持目标连通性和边界几何特征的条件下，利用线状结构来表示图像中的连通分量。细化的过程是不断删除目标区域的边界像素，将目标区域细化成为单像素宽的线状结构来表示。结构元素 $\mathcal{B}$ 对集合 $\mathcal{A}$ 的细化，记作 $\mathcal{A}\otimes\mathcal{B}$，定义在击中击不中运算的基础上，其计算式为

$$\mathcal{A}\otimes\mathcal{B}=\mathcal{A}-(\mathcal{A}\circledast\mathcal{B})=\mathcal{A}\cap(\mathcal{A}\circledast\mathcal{B}) \tag{7-25}$$

式中：$\mathcal{A}\otimes\mathcal{B}$ 称为一次独立的细化操作。

定义一组结构元素 $\mathcal{B}=\{\mathcal{B}^1,\mathcal{B}^2,\cdots,\mathcal{B}^n\}$，结构元素组 $\mathcal{B}$ 连续作用于集合 $\mathcal{A}$，可表示为

$$\mathcal{A}\otimes\mathcal{B}=(\cdots((\mathcal{A}\otimes\mathcal{B}^1)\otimes\mathcal{B}^2)\cdots)\otimes\mathcal{B}^n,\mathcal{B}=\{\mathcal{B}^1,\mathcal{B}^2,\cdots,\mathcal{B}^n\} \tag{7-26}$$

式中：$\mathcal{B}^i$ 为 $\mathcal{B}^{i-1}$ 旋转角度的形式。

整个过程依次使用结构元素 $\mathcal{B}^1,\mathcal{B}^2,\cdots,\mathcal{B}^n$ 执行式(7-25)中的细化操作，后一次是在前一次的结果上继续执行细化操作。根据式(7-26)完成一组结构元素称为一次迭代。反复进行迭代，直至不再发生变化为止，此时，目标区域删减为单像素宽的细线。

对于图 7-7(a)所示的二值图像，图 7-8 为对应目标的细化结果，将具有一定面积的目标区域用一组细线来表示。在图像识别或数据压缩时，经常要用到目标区域的细化结构。

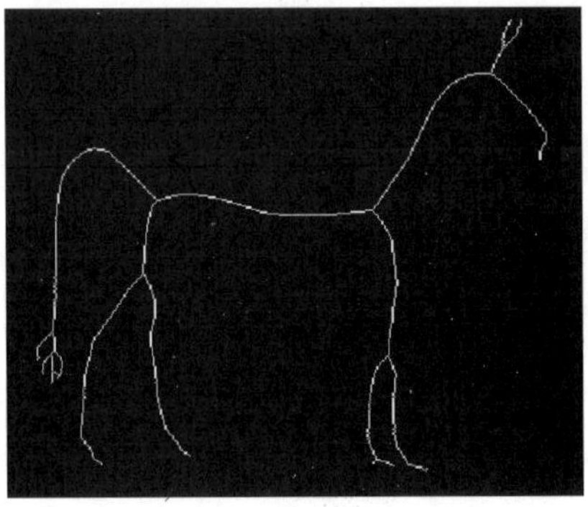

图 7-8　形态学细化示例

代码如下：

```
from skimage import morphology,data,color
import matplotlib.pyplot as plt
import numpy as np
```

```
# img=cv2.imread('xihua_test.png',0)
image=color.rgb2gray(data.horse())
image=1-image # 反相

skel, distance=morphology.medial_axis(image, return_distance=True)
dist_on_skel=distance*skel
dist_on_skel=dist_on_skel.astype(np.uint8)*255
fig, ax2=plt.subplots(nrows=1, ncols=1)
ax2.imshow(dist_on_skel, cmap=plt.cm.gray)
ax2.axis('off')

fig.tight_layout()
plt.show()
```

七、粗化

粗化与细化在形态学上是对偶的过程。结构元素 $\mathcal{B}$ 对集合 $\mathcal{A}$ 的粗化，记作 $\mathcal{A} \odot \mathcal{B}$，也定义在击中击不中运算的基础上，其计算式为

$$\mathcal{A} \odot \mathcal{B} = \mathcal{A} \cup (\mathcal{A} \circledast \mathcal{B}) \tag{7-27}$$

式中：$\mathcal{A} \odot \mathcal{B}$ 称为一次独立的粗化操作。

如同细化处理，定义一组结构元素 $\mathcal{B} = \{\mathcal{B}^1, \mathcal{B}^2, \cdots, \mathcal{B}^n\}$，结构元素组 $\mathcal{B}$ 连续作用于集合 $\mathcal{A}$，可表示为

$$\mathcal{A} \odot \mathcal{B} = (\cdots((\mathcal{A} \odot \mathcal{B}^1) \odot \mathcal{B}^2)\cdots) \odot \mathcal{B}^n, \mathcal{B} = \{\mathcal{B}^1, \mathcal{B}^2, \cdots, \mathcal{B}^n\} \tag{7-28}$$

式中：$\mathcal{B}^i$ 为 $\mathcal{B}^{i-1}$ 旋转角度的形式。

整个过程依次使用结构元素 $\mathcal{B}^1, \mathcal{B}^2, \cdots, \mathcal{B}^n$ 执行式(7-27)中的粗化操作，后一次是在前一次的结果上继续执行粗化操作。根据式(7-28)完成一组结构元素称为一次迭代。反复进行迭代，直至不再发生变化为止。粗化和细化具有相同形式的结构元素，只是将所有的 1 值和 0 值互换。

八、剪枝

剪枝实际上是对骨架和细化的补充，它的作用是删除骨架和细化产生的毛刺或分支。字符识别中常用的方法是分析每一种字符的骨架，由于字符笔画的不均匀性，在腐蚀的过程中造成骨架经常存在毛刺或分支。本节中的形态学剪枝以击中击不中运算为基础，剪枝的过程中不断删除分支的端点。设 $\mathcal{B}$ 表示端点检测的结构元素序列，使用结构元素序列 $\mathcal{B}$ 对骨架集合 $\mathcal{A}$ 进行 k 次迭代细化，可表示为

$$\chi_k^1 = \mathcal{A} \otimes k\mathcal{B} \tag{7-29}$$

式中：χ_k^1 表示细化集合。

结构元素序列 $\mathcal{B} = \{\mathcal{B}^1, \mathcal{B}^2, \cdots, \mathcal{B}^n\}$ 由两组不同结构的结构元素组成，每组结构元素中，$\mathcal{B}^i$ 是 $\mathcal{B}^{i-1}$ 旋转角度的形式。结构元素序列 $\mathcal{B}$ 对骨架集合，$\mathcal{A}$ 执行细化过程的次数 k 由分支的像素长度决定。

使用结构元素序列 $\mathcal{B}$ 检测细化集合 χ_k^1 中的所有端点，端点集合 χ^2 的计算式为

$$\chi^2 = \bigcup_{i=1}^{n} (\chi_k^1 \circledast \mathcal{B}^i) \tag{7-30}$$

式中：$\mathcal{B}^i, i = 1, 2, \cdots, n$ 属于结构元素序列 $\mathcal{B} = \{\mathcal{B}^1, \mathcal{B}^2, \cdots, \mathcal{B}^n\}$。

将骨架集合 $\mathcal{A}$ 作为定界符，对端点集合进行条件膨胀，条件膨胀将膨胀集合限制在骨架集合 $\mathcal{A}$ 中，端点膨胀集合 χ^3 可表示为

$$\chi^3 = (\chi^2 \oplus \mathcal{H}) \cap \mathcal{A} \tag{7-31}$$

式中：$\mathcal{H}$ 为 3×3 方形结构元素。

当分支的终点连接或接近骨架时，式(7-29)的细化操作可能删除骨架集合 $\mathcal{A}$ 中的有效端点。上述两式的作用是恢复端点邻域的像素，而不会再恢复细化过程中已删除的分支。

第五节　灰度图像形态学算法

本节探讨灰度图像形态学的基本运算，包括灰度膨胀和灰度腐蚀、灰度开运算和灰度闭运算，以及建立在基本运算基础上的几种灰度形态学算法，包括顶帽变换和底帽变换、灰度形态学重构。二值图像形态学的操作对象是集合，而灰度图像形态学的操作对象是函数。在本节中，$f(x, y)$ 表示灰度图像，$b(x, y)$ 表示结构元素，其中，(x, y) 表示像素在图像中的坐标。在灰度图像形态学中，将灰度图像 $f(x, y)$ 和结构元素 $b(x, y)$ 看成空间坐标 (x, y) 的二维函数。

一、灰度膨胀与腐蚀

灰度膨胀和灰度腐蚀是灰度图像形态学中的两个基本运算，其他灰度图像形态学操作都建立在这两种基本运算的基础上。在灰度图像形态学中，平坦结构元素(flat structure)中的 1 值指定了结构元素的邻域，换句话说，平坦结构元素的灰度图像形态学运算作用于灰度图像中结构元素邻域的对应像素，其中，灰度膨胀是计算结构元素邻域对应像素的灰度最大值。灰度腐蚀是计算结构元素邻域对应像素的灰度最小值。

1. 灰度膨胀

在灰度图像形态学中，结构元素 $b(x, y)$ 对二维函数 $f(x, y)$ 的灰度膨胀，记作

$f \oplus b$，定义为

$$(f \oplus b)(s,t) = \max\{f(s-x,t-y)+b(x,y) \mid (s-x,t-y) \in \mathcal{D}_f;(x,y) \in \mathcal{D}_b\} \tag{7-32}$$

式中：$\mathcal{D}_f$ 和 $\mathcal{D}_b$ 分别为 $f(x,y)$ 和 $b(x,y)$ 的定义域。

通常情况下，$\mathcal{D}_b$ 的尺寸远小于 $\mathcal{D}_f$ 的尺寸。$f(x,y)$ 和 $b(x,y)$ 是函数而不是二值图像形态学中的集合。$(s-x,t-y)$ 必须在 $f(x,y)$ 的定义域 $\mathcal{D}_f$ 内，且 (x,y) 必须在 $b(x,y)$ 的定义域 $\mathcal{D}_b$ 内，这个条件与二值图像膨胀定义中的条件相似，即结构元素 $\mathcal{B}$ 和集合 $\mathcal{A}$ 的交集至少应有一个元素。注意，式(7-32)的形式与二维空域卷积相似，所不同的是加法运算代替了卷积中的乘积运算，最大值运算代替了卷积中的求和运算。为了直观理解灰度膨胀运算的概念，将式(7-32)简化为一维函数表达式，可表示为

$$(f \oplus b)(s) = \max\{f(s-x)+b(x) \mid s-x \in \mathcal{D}_f;x \in \mathcal{D}_b\} \tag{7-33}$$

回顾卷积的讨论，$f(-x)$ 是 $f(x)$ 关于 z 轴原点的反褶。在卷积运算中，当 s 为正值时，则函数 $f(s-x)$ 向右平移，当 s 为负时，则 $f(s-x)$ 向左平移。$(s-x)$ 必须在 $f(x)$ 的定义域 $\mathcal{D}_f$ 内，且 x 必须在 $b(x)$ 的定义域 $\mathcal{D}_b$ 内。式(7-33)中也可以写成 $b(x)$ 被平移，而 $f(x)$ 不被平移。由于通常 $\mathcal{D}_b$ 的尺寸远小于 $\mathcal{D}_f$ 的尺寸，式(7-33)中给出的索引项表示形式更加简单。从概念上讲，无论以 $b(x)$ 滑过函数 $f(x)$，还是以 $f(x)$ 滑过 $b(x)$ 是没有区别的。

若以 $b(x)$ 滑过 $f(x)$，则直观上更容易理解灰度膨胀的实际原理。式(7-32)表明，灰度膨胀运算以结构元素的定义域内求取 $f+b$ 的最大值为基础。对灰度图像进行膨胀运算的结果为：①若结构元素均为正值，则输出图像比输入图像明亮；②当灰暗细节的尺寸小于结构元素时，灰度膨胀会消除灰暗细节部分，其程度取决于所用结构元素的取值与形状。

实际应用中，灰度膨胀通常使用平坦结构元素，平坦结构元素为二值矩阵。在这种情况下，灰度膨胀实际上是二值矩阵中 1 值元素在灰度图像中对应像素的最大值运算，平坦灰度膨胀计算式可简化为

$$(f \oplus b)(s,t) = \max\{f(s-x,t-y) \mid (s-x,t-y) \in \mathcal{D}_f;(x,y) \in \mathcal{D}_b\} \tag{7-34}$$

式中：指定 $b(x,y)$ 在定义域 $\mathcal{D}_b$ 内的函数值为 0。

平坦结构元素的灰度膨胀等效于最大值滤波，邻域像素由 $\mathcal{D}_b$ 的形状决定。

2. 灰度腐蚀

在灰度图像形态学中，结构元素 $b(x,y)$ 对二维函数 $f(x,y)$ 的灰度腐蚀，记作 $(f \ominus b)$，定义为

$$(f \ominus b)(s,t) = \min\{f(x-s,y-t)-b(x,y) \mid (x-s,y-t) \in \mathcal{D}_f;(x,y) \in \mathcal{D}_b\} \tag{7-35}$$

式中：$\mathcal{D}_f$ 和 $\mathcal{D}_b$ 分别为 $f(x,y)$ 和 $b(x,y)$ 的定义域。

通常情况下，$\mathcal{D}_b$ 的尺寸远小于 $\mathcal{D}_f$ 的尺寸。$f(x,y)$ 和 $b(x,y)$ 是函数而不是二值图像形态学中的集合。$(x-s,y-t)$ 必须在 $f(x,y)$ 的定义域 $\mathcal{D}_f$ 内，且 (x,y) 在必须在 $b(x,y)$ 的定义域 $\mathcal{D}_b$ 内，这个条件与二值图像腐蚀定义中的条件相似，即结构元素$\mathcal{B}$必须完全包含在集合$\mathcal{A}$中。注意，式(7-35)在形式上与二维空域相关相似，所不同的是减法运算代替了相关中的乘积运算，最小值运算代替了相关中的求和运算。

同样地，通过简单的一维函数直观说明灰度腐蚀的概念。对于单变量函数，灰度腐蚀的表达式简化为

$$(f\ominus b)(s)=\min\{f(x-s)-b(x)\mid x-s\in\mathcal{D}_f;x\in\mathcal{D}_b\} \tag{7-36}$$

回顾相关的讨论，当 s 为正值时，则函数 $f(x-s)$ 向右平移；当 s 为负值时，则函数 $f(x-s)$ 向左平移。$(x-s)$ 必须在 $f(x)$ 的定义域 $\mathcal{D}_f$ 内，且 x 必须在 $b(x)$ 的定义域 $\mathcal{D}_b$ 内。同理，无论以 $b(x)$ 滑过函数 $f(x)$，还是以 $f(x)$ 滑过 $b(x)$ 是没有区别的。式(7-36)中也可以写成 $b(x)$ 被平移，而 $f(x)$ 不被平移。但是，这样将导致式中的索引项表达变得复杂。

式(7-35)表明，灰度腐蚀运算以结构元素的定义域内求取 $(f-b)$ 的最小值为基础。对灰度图像进行腐蚀运算的结果为：①若结构元素均为正值，则输出图像比输入图像灰暗；②当明亮细节的尺寸小于结构元素时，则灰度腐蚀会消除明亮细节部分，其程度取决于所用结构元素的取值与形状。

同样，灰度腐蚀通常也使用平坦结构元素，在这种情况下，灰度腐蚀运算二值矩阵中1 值元素在灰度图像中对应像素的最小值运算，平坦灰度腐蚀计算式可简化为

$$(f\ominus b)(s,t)=\min\{f(x-s,y-t)\mid(x-s,y-t)\in\mathcal{D}_f;(x,y)\in\mathcal{D}_b\} \tag{7-37}$$

式中：指定 $b(x,y)$ 在定义域 $\mathcal{D}_b$ 内的函数值为 0。

平坦结构元素的灰度腐蚀等效于最小值滤波，邻域像素由 $\mathcal{D}_b$ 的形状决定。

灰度膨胀和灰度腐蚀可以结合使用，形态学梯度定义为灰度膨胀图像与灰度腐蚀图像的差值，可表示为

$$g=(f\oplus b)-(f\ominus b) \tag{7-38}$$

式中：g 表示形态学梯度图像；f 表示输入图像；b 表示结构元素。

边缘处于图像中不同灰度级的相邻区域之间，图像梯度是检测图像局部灰度级变化的量度。灰度膨胀扩张图像的亮区域，灰度腐蚀收缩图像的亮区域，这两者之间的差值突出了图像中的边缘。只要结构元素的尺寸适当，由于减法运算的抵消，均匀区域就不会受到影响。图 7-9 分别给出了一个平坦结构元素的灰度膨胀和灰度腐蚀的图例，同时给出了相应的形态学梯度图像。

(a)灰度图像
(b)灰度膨胀结果
(c)灰度腐蚀图像
(d)形态学梯度图像

图 7-9 灰度图像的膨胀和腐蚀和形态等梯度示例

代码如下：

```
import matplotlib.pyplot as plt
import cv2
import numpy as np
from scipy import ndimage as ndi
from skimage.filters import roberts

img= cv2.imread('path\\to\\img', 0)
kernel= np.uint8(np.zeros((9, 9)))
for x in range(9):
    kernel[x, 2]= 1
    kernel[2, x]= 1

# 腐蚀膨胀运算
eroded= cv2.erode(img, kernel)
dilated= cv2.dilate(img, kernel)

result= cv2.absdiff(dilated, eroded)
edges= roberts(result)
binary= ndi.binary_fill_holes(edges)
```

```
plt.imshow(edges, 'gray')
plt.axis("off")
plt.show()
```

二、灰度开运算与闭运算

灰度图像的开运算和闭运算与二值图像的对应运算具有相同的形式。在灰度图像形态学中，结构元素 b 对灰度图像 f 的灰度开运算，记作 $f \circ b$，定义为

$$f \circ b = (f \ominus b) \oplus b \tag{7-39}$$

如同二值图像中的情况，灰度开运算首先执行灰度腐蚀运算，然后执行灰度膨胀运算。

在灰度图像形态学中，结构元素 b 对灰度图像 f 的灰度闭运算，记作 $f \bullet b$，定义为

$$f \bullet b = (f \oplus b) \ominus b \tag{7-40}$$

如同二值图像中的情况，灰度闭运算首先执行灰度膨胀运算，然后执行灰度腐蚀运算。灰度开运算和闭运算具有简单的几何解释。灰度图像可以视为一个二维函数 $f(x,y)$，在三维空间中平面维表示空间坐标 (x,y)，空间维表示灰度值 $f(x,y)$。在这个三维坐标系中，图像呈现为不连续曲面，坐标 (x,y) 在曲面上的点表示函数值 $f(x,y)$。当使用圆盘结构元素 b 对二维函数 f 进行灰度开运算和闭运算时，将该结构元素视为滑动的圆盘。圆盘结构元素 b 对二维函数 f 开运算的几何解释为，推动圆盘沿着曲面的下方滑动，使圆盘在曲面的整个下方移动。当圆盘滑过 f 的整个下方时，圆盘接触到的曲面的最高点就构成了灰度开运算 $f \circ b$ 的曲面。同理，圆盘结构元素 b 对二维函数 f 闭运算的几何解释为，推动圆盘沿着曲面的上方滑动，使圆盘在曲面的整个上方移动。当圆盘滑过 f 的整个上方时，圆盘接触到的曲面的最低点就构成了灰度闭运算 $f \bullet b$ 的曲面。

本例选择与例 7-9 灰度图像的膨胀和腐蚀中相同的示例图像和结构元素。图 7-10(a)为图 7-9(a)所示图像的灰度开运算结果，图 7-10(b)为图 7-9(a)所示图像的灰度闭运算结果。

(a)灰度开运算结果　　(b)灰度闭运算结果

图 7-10　灰度开闭运算示例

代码如下：

```
import matplotlib.pyplot as plt
import cv2
import numpy as np
from scipy import ndimage as ndi
from skimage.filters import roberts

img= cv2.imread('path\\to\\img', 0)
kernel= np.uint8(np.zeros((9, 9)))
for x in range(9):
    kernel[x, 2]= 1
    kernel[2, x]= 1

# 开运算
eroded= cv2.erode(img, kernel)
dilated_kai= cv2.dilate(eroded, kernel)
# 闭运算
dilated= cv2.dilate(img, kernel)
eroded_bi= cv2.erode(dilated, kernel)

# result= cv2.absdiff(dilated, eroded)
# edges= roberts(result)
# binary= ndi.binary_fill_holes(edges)

plt.imshow(eroded_bi, 'gray')
plt.axis("off")
plt.show()
```

三、顶帽与底帽变换

形态学顶帽(top-hat)变换和底帽(bottom-hat)变换定义在灰度开运算和闭运算的基础上。结构元素 b 对灰度图像 f 的顶帽变换定义为 f 与其灰度开运算的差值 $(f \circ b)$，可表示为

$$h_{\text{top}} = f - (f \circ b) \tag{7-41}$$

结构元素 b 对灰度图像 f 的底帽变换定义为 f 的灰度闭运算 $(f \bullet b)$ 与 f 本身的差值，

可表示为

$$h_{\mathrm{bot}} = (f \cdot b) - f \tag{7-42}$$

灰度开运算和闭运算通过使用与目标尺寸不相匹配的结构元素能够消除图像中的明亮和灰暗目标。顶帽变换和底帽变换则通过图像减法的作用仅保留灰度开运算和闭运算中消除的明亮和灰暗目标。因此,顶帽变换和底帽变换能够应用于图像中的目标提取。顶帽变换适用于暗背景亮目标的情况下亮目标的提取,而底帽变换适用于亮背景暗目标的情况下暗目标的提取。

四、灰度形态学重构

灰度形态学重构是一种重要的形态学变换。前面介绍的灰度图像形态学操作都是利用一幅图像和一个结构元素,而灰度形态学重构利用两幅图像来约束图像变换,其中一幅称为标记图像(marker),另一幅称为模板图像(mask)。灰度形态学重构是在模板图像的约束下,对标记图像进行处理。

设 f 和 g 分别表示标记图像和模板图像,f 和 g 的尺寸相同,且对于灰度值,$f \leqslant g$ 。f 关于 g 的 1 次测地膨胀(geodesic dilation)定义为

$$D_g^{(1)}(f) = \min\{f \oplus kb, g\} \tag{7-43}$$

式中:$f \oplus kb$ 表示结构元素 b 对标记图像 f 的连续 k 次灰度膨胀。

1 次测地膨胀的过程为,首先执行结构元素 b 对标记图像 f 的灰度膨胀,然后关于每一个像素(x,y)计算灰度膨胀结果与模板图像 g 的最小值。f 关于 g 的 n 次测地膨胀定义为

$$D_g^{(n)}(f) = D_g^{(1)}\{D_g^{(n-1)}(f)\}, D_g^{(0)}(f) = f \tag{7-44}$$

式(7-43)实际上表明 $D_g^{(n)}(f)$ 是式(7-42)的 n 次迭代,初始值 $D_g^{(0)}(f)$ 为标记图像 f 。

标记图像 f 关于模板图像 g 的膨胀式形态学重构 $R_g^D(f)$ 定义为,f 关于 g 的测地膨胀经过式(7-43)的迭代过程直至膨胀不再发生变化为止,可表示为

$$R_g^D(f) = D_g^{(n)}(f) \tag{7-45}$$

式中:n 满足 $D_g^{(n)}(f) = D_g^{(n-1)}(f)$ 。

开运算重构(opening by reconstruction)和闭重构运算(closing by reconstruction)是两种常用的灰度形态学重构技术,不同于灰度开运算和灰度闭运算,这两种运算都定义在膨胀式形态学重构的基础上。在开重构运算中,首先对灰度图像进行腐蚀运算,但是,不同于灰度开运算中腐蚀运算后进行膨胀运算,而是利用腐蚀图像作为标记图像,而原图像作为模板图像,执行膨胀式形态学重构。灰度图像 f 的 k 次开重构运算,记作 $R_{\mathrm{open}}^{(n)}(f)$,定义为 f 的 k 次灰度腐蚀的膨胀式形态学重构,可表示

$$R_{\text{open}}^{(n)}(f) = R_f^D\{f \ominus kb\} \tag{7-46}$$

式中：$R_{\text{open}}^{(n)}(f)$ 表示结构元素 b 对灰度图像 f 的连续 k 次灰度腐蚀；$R_f^D\{\cdot\}$ 表示关于模板图像 f 的膨胀式形态学重构操作。

开重构运算的作用是保持灰度腐蚀后保留的图像内容的整体形状。同理，闭重构运算与灰度闭运算的不同之处在于，闭重构运算中对灰度膨胀运算后并不是执行灰度腐蚀运算，而是将膨胀图像的灰度反转作为标记图像，原图像的灰度反转作为模板图像，执行膨胀式形态学重构，然后对结果图像的灰度求反来实现的。灰度图像 f 的 k 次闭重构运算，记作 $R_{\text{close}}^{(n)}(f)$，可表示为

$$R_{\text{close}}^{(n)}(f) = (R_{f^c}^D\{(f \oplus kb)^c\})^c \tag{7-47}$$

式中：$f \oplus kb$ 表示结构元素 b 对灰度图像 f 的连续 k 次灰度膨胀；$(\cdot)^c$ 表示灰度反转图像；$R_{f^c}^D\{\cdot\}$ 表示关于模板图像 f^c 的膨胀式形态学重构操作。闭重构运算的作用是保持灰度膨胀后保留的图像内容的整体形状。

顶帽重构变换和底帽重构变换也是有用的灰度图像形态学技术，与顶帽变换和底帽变换类似，顶帽重构变换定义为灰度图像 f 与其开重构运算 $R_{open}^{(n)}(f)$ 的差值，可表示为

$$h_{\text{top}}^R = f - R_{\text{open}}^{(n)}(f) \tag{7-48}$$

底帽重构变换定义为灰度图像的闭重构运算 $R_{\text{close}}^{(n)}(f)$ 与灰度图像 f 本身的差值，可表示为

$$h_{\text{bot}}^R = R_{\text{close}}^{(n)}(f) - f \tag{7-49}$$

与顶帽变换和底帽变换相比，顶帽重构变换和底帽重构变换能够更好地提取图像中的亮目标和暗目标。

参考文献

陈岗，2021. 图像处理理论解析与应用[M]. 北京：电子工业出版社.

段大高，王建勇，2013. 图像处理与应用[M]. 北京：北京邮电大学出版社.

范立南，韩晓微，张广渊，2007. 图像处理与模式识别[M]. 北京：科学出版社.

何川，胡昌华，2018. 图像处理并行算法与应用[M]. 北京：化学工业出版社.

李明磊，2019. 图像处理与视觉测量[M]. 北京：中国原子能出版社.

任明武，2022. 图像处理与图像分析基础：C/C++语言版[M]. 北京：清华大学出版社.

桑红石，袁雅婧，2019. 图像处理 ASIC 设计方法[M]. 武汉：华中科技大学出版社.

田萱，王亮，丁琪，2019. 基于深度学习的图像语义分割方法综述[J]. 软件学报，30(2)：440-468.

田岩，彭复员，2009. 数字图像处理与分析[M]. 武汉：华中科技大学出版社.

佟喜峰，王梅，2019. 图像处理与识别技术：应用与实践[M]. 哈尔滨：哈尔滨工业大学出版社.

王育坚，鲍泓，袁家政，2011. 图像处理与三维可视化[M]. 北京：北京邮电大学出版社.

杨高科，2018. 图像处理、分析与机器视觉：基于 LabVIEW[M]. 北京：清华大学出版社.

禹晶，2015. 数字图像处理[M]. 北京：机械工业出版社.

章毓晋，2018. 图像工程[M]. 北京：清华大学出版社.

赵荣春，赵忠明，1995. 数字图象处理导论[M]. 西安：西北工业大学出版社.

郑南宁，1998. 计算机视觉与模式识别[M]. 北京：国防工业出版社.

左飞，2017. 图像处理中的数学修炼[M]. 北京：清华大学出版社.

J. R. Parker，2012. 图像处理与计算机视觉算法及应用[M]. 景丽，译. 北京：清华大学出版社.

MILAN SONKA, VACLAV HLAVAC, ROGER BOYLE,2016. 图像处理、分析与机器视觉[M]. 兴军亮，艾海舟,等译. 北京:清华大学出版社.

RAFAEL C. GONZALEZ, RICHARD E. WOODS, 2017. 数字图像处理[M]. 阮秋琦，阮宇智,等译. 北京：电子工业出版社.

CHENG M, MITRA N, HUANG X, et al. ,2014. Global contrast based salient region detection[J]. IEEE Transactions on Pattern Analysis and Machine Intelligence, 37(3): 569-582.

CONG R, LEI J, FU H, et al. ,2018. Review of visual saliency detection with comprehensive information[J]. IEEE Transactions on Circuits and Systems for Video Technology, 29(10): 2941-2959.

MNIH V, HEESS N, GRAVES A, et al. ,2014. Recurrent models of visual attention [J]. IEEE Transactions on Pattern Analysis and Machine Intelligence, 3:2204-2212.

SUN T, WANG Y, YANG J, et al. ,2017. Convolution neural networks with two pathways for image style recognition[J]. IEEE Transactions on Image Processing, 26(9): 4102-4113.